Fokus Mathematik

kompakt

Grundwissen 5-10

Gymnasium

Bayern

Erarbeitet von der Verlagredaktion

Verwendete Beiträge von:
Achim Brunnermeier, München; Carina Freytag, Ingolstadt;
Christoph Gräupner, Augsburg; Rosemarie Härtinger, Straubing;
Andreas Herz, Kempten; Fritz Kammermeyer, Nürnberg;
Heinrich Kilian, Würzburg; Kristina Kurz, Würzburg;
Manfred Peteranderl, Immenstadt; Hans-Ulrich Rübesamen, Cottbus;
Jürgen Sauer, Forchheim; Bernhard Sauermann, Olching;
Dr. Reiner Schmähling, Samerberg; Brigitte Schmitt, Lindau a. B.;
Dr. Michael Sinzinger, Irlerstein; Anton Wagner; Mühldorf;
Emmeram Zebhauser, Neubeuern; Monika Zebhauser, Neubeuern;
Jürgen Zechel, Bayreuth

Cornelsen

Redaktion: Dr. Peter Birnbaum

Grafik: Christian Görke, Berlin; Ulrich Sengebusch, Geseke

Zwischentitel: Hans Herschelmann

Layoutkonzept: Jürgen Brinkmann, Wolfgang Lorenz

Herstellung: Regine Schmidt

Technische Umsetzung: CMS – Cross Media Solutions GmbH, Würzburg

www.cornelsen.de

1. Auflage, 1. Druck 2009

Alle Drucke dieser Auflage sind inhaltlich unverändert
und können im Unterricht nebeneinander verwendet werden.

Druck: Firmengruppe APPL, aprinta druck, Wemding

ISBN: 978-3-464-54201-9

Inhalt gedruckt auf säurefreiem Papier aus nachhaltiger Forstwirtschaft.

Inhalt

5

Zeig, was du kannst!

1 Das Diagramm zeigt die Fahrgastzahlen des Busunternehmens Schnell in den ersten drei Monaten des Jahres.

a) Gib die Anzahl der Fahrgäste pro Monat in einer Tabelle an.

b) In den drei folgenden Monaten steigen die Fahrgastzahlen jeden Monat um 200 Personen. Zeichne ein Diagramm dazu.

c) Wie groß war die Gesamtzahl der Fahrgäste in den ersten sechs Monaten des Jahres?

d) Trage bei 1500 Fahrgästen eine waagrechte Linie durch alle Säulen ein. Welche Bedeutung hat dieser Wert?

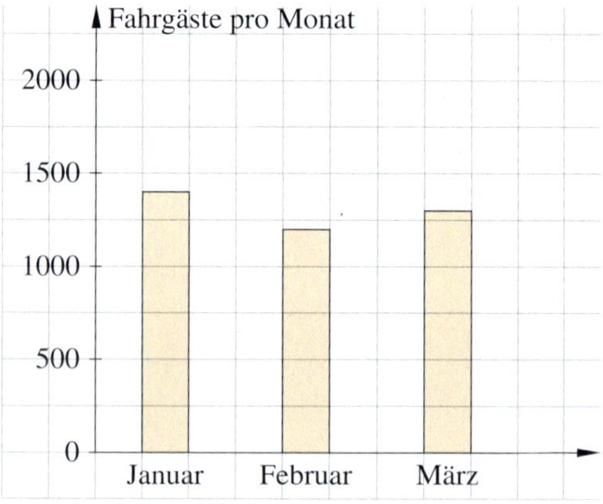

2 Schreibe die Zahlen in Ziffern.

a) sechs Milliarden neunzig Millionen einhundertsechs

b) dreiundzwanzig Billionen fünfzig Millionen vierundsechzigtausendelf

c) die kleinste elfstellige Zahl, die alle Ziffern mindestens einmal enthält

3 Gib, wenn möglich, den Vorgänger und den Nachfolger als Zahlwort an.

a) 990 909 099 **b)** 300 200 100 **c)***) MMDCCLXXXIX

4 *) Schreibe die Zahl in Ziffern und als Zahlwort.

a) 10^{15} **b)** DCCXLI **c)** $7 \cdot 10^{7}$ **d)** CDXLIV

5 *) Schreibe mit römischen Zahlzeichen.

a) 777 **b)** 89 **c)** 1924

6 *) Aus welchen einzelnen Zahlzeichen werden die römischen Zahlen gebildet? Welche Regeln musst du dabei beachten?

*) Die römischen Zahlen gehören jetzt nicht mehr zum Stoff der Jahrgangsstufe 5.

Aufg.-Nr.	Punkte	Lösungshinweis
1	12 P	Siehe S. 19; Anzahlen veranschaulichen.
2	6 P	Siehe S. 19; Zehnersystem.
3	6 P	Siehe S. 19; Zehnersystem.
4	8 P	ohne Hinweis
5	6 P	ohne Hinweis
6	4 P	ohne Hinweis

Lösungen Seite 14

32–42 Punkte

29–35 Punkte

21–28 Punkte

Zeig, was du kannst!

1 Berechne.

a)
  123 456
+ 456 789

b)
  987 321
− 789 123

c) 48 683 + 98 932 + 48 527
d) 207 347 − 90 761 − 87 521

2 Finde die passenden Lösungszahlen durch Überschlag.

a) 74 825 + 4959 + 9846
b) 41 555 + 4927 − 8062
c) 4858 + 38 021 + 55 070

Lösungszahlen: 38 420, 54 544, 89 630, 90 900, 97 949, 99 999

3 Rechne geschickt im Kopf. Beschreibe, wie du vorgegangen bist.

a) 97 + 623 + 177 + 103
b) 122 + 92 + 478 − 42

4 Welche natürlichen Zahlen können eingesetzt werden?

a) ■ + 4883 = 6328
b) ■ − 6709 = 3210
c) 6420 − ■ < 1572

5 Stelle den Term auf, und berechne seinen Wert:
Addiere zur größten vierstelligen Zahl die zweitgrößte fünfstellige Zahl.

6 Gliedere den Term mit Worten.

a) 334 − (154 + 12)
b) (125 + 77) − (66 − 44)

7 Berechne.

a) 5898 + 5899 + 5900 + 5901 + 5902
b) 7653 − 724 + 725 − 726 + 727

8 Sandra unternimmt eine dreitägige Radtour. Vor der Abfahrt zeigt der Kilometerzähler ihres Fahrrads 1387 km an. Am ersten Tag fährt sie 46 km, davon 8 km über Kopfsteinpflaster. Die Strecke am zweiten Tag ist 17 km länger. Nach dem letzten Tag liest sie am Kilometerzähler 1544 km ab.

a) Wie lang war die gesamte Fahrstrecke?
b) Wie lang war die Strecke am dritten Tag?

Aufg.-Nr.	Punkte	Lösungshinweis
1	4 P	Siehe S. 20; schriftliches Rechnen.
2	3 P	Siehe S. 20; Überschlagsrechnungen.
3	2 P	Siehe S. 20; Rechenvorteile.
4	6 P	ohne Hinweis
5	3 P	ohne Hinweis
6	7 P	Siehe S. 19; Strukturen einfacher Rechenausdrücke.
7	6 P	ohne Hinweis
8	6 P	ohne Hinweis

Lösungen Seiten 14 f.

32–37 Punkte
26–31 Punkte
19–25 Punkte

Zeig, was du kannst!

1 Fülle die Temperaturtabelle in deinem Heft aus.

	Morgen	Temperaturänderung	Mittag
a)	−4 °C	7 °C wärmer	×××
b)	−8 °C	×××	−12 °C
c)	×××	9 °C kälter	−3 °C
d)	×××	5 °C wärmer	−7 °C

2 Setze <, = oder > ein.

a) −3 ☐ 2 **b)** −202 ☐ −200 **c)** −1242 ☐ −1424

3 Berechne.

a) −4 − 6 **c)** −7 + 4 − 12 **e)** 18 + (−28) − (−13)

b) −7 + 2 **d)** −20 − (−18)

4 Bestimme die fehlende Zahl.

a) ☐ + 8 = 4 **b)** −14 + ☐ = 9 **c)** −26 + (4 + ☐) = −48

5 Berechne.

a) −10 + (9 − 6) **b)** 12 − [28 − (22 + 57) − 9]

6 Fülle die Rechenbäume im Heft aus, und stelle den Term auf.

a)

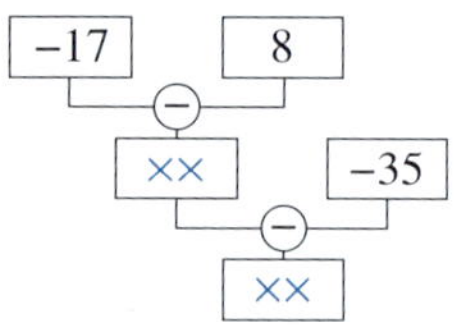

b)

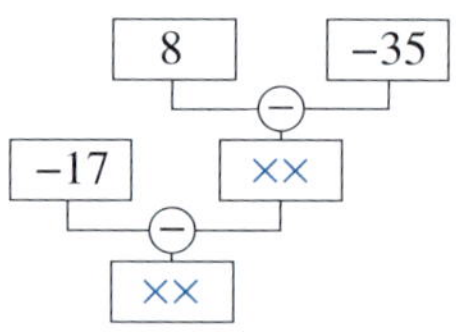

7 Zeichne ein Koordinatensystem mit den Punkten $S(2|3)$, $R(-3|-2)$ und $A(3|1)$, und verbinde sie mit geraden Linien.

a) Welche Koordinaten muss der Punkt T haben, damit R, A, S und T die Ecken eines Rechtecks sind?

b) Verändere die Koordinaten von A nur durch Vorzeichen so, dass der Punkt im IV. Quadranten liegt. Verschiebe das Rechteck entsprechend. Wie kann man die neuen Eckpunkte berechnen?

Aufg.-Nr.	Punkte	Lösungshinweis
1	4 P	ohne Hinweis
2	3 P	Siehe S. 19; Zahlengerade.
3	5 P	Siehe S. 20; negative Zahl addieren/subtrahieren.
4	3 P	Siehe S. 20; negative Zahl addieren/subtrahieren.
5	3 P	Siehe S. 20; negative Zahl addieren/subtrahieren.
6	4 P	Siehe S. 20; negative Zahl addieren/subtrahieren.
7	8 P	Siehe S. 21; Koordinatensystem.

Lösungen Seite 15

26–30 Punkte

21–25 Punkte

15–20 Punkte

Zeig, was du kannst!

1 Übertrage das Koordinatensystem mit dem Dreieck *ABC* ins Heft.

a) Miss die Seitenlängen des Dreiecks.

b) Miss die Größen der Winkel $\sphericalangle BAC$, $\sphericalangle CBA$ und $\sphericalangle BCA$.

c) Spiegele das Dreieck *ABC* an der *x*-Achse. Gib die Koordinaten der Bildpunkte *A'*, *B'*, *C'*, an.

d) Bestimme die Koordinaten von *A''*, *B''* und *C''* ohne zu zeichnen: Sie entstehen durch Spiegelung von *A*, *B* und *C* an der *y*-Achse.

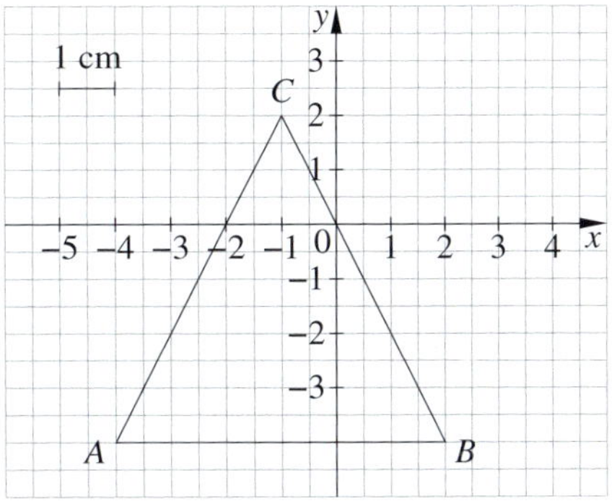

2 Ein Rechteck *ABCD* hat die Seitenlängen $\overline{AB} = 4\,\text{cm}$ und $\overline{BC} = 3\,\text{cm}$.

a) Zeichne das Rechteck.

b) Zeichne die Diagonalen ein und miss ihre Längen.

c) Zeichne alle Symmetrieachsen in das Rechteck *ABCD* ein. Wie viele sind es?

d) Welche Winkel sind genauso groß wie $\sphericalangle BAC$? Begründe durch eine Spiegelung.

e) Zeichne ein Rechteck mit vier Symmetrieachsen.

3 Zeichne das Schrägbild eines Quaders mit den Kantenlängen $l = 5\,\text{cm}$, $b = 4\,\text{cm}$ und $h = 3\,\text{cm}$. Beschreibe, wie du vorgehst.

4 Geraden, Winkel und Kreise im Koordinatensystem:

a) Trage in ein Koordinatensystem die beiden Punkte $A(-5|-2)$ und $B(3|2)$ ein.

b) Zeichne die Halbgerade [*AB*.

c) Zeichne an [*AB* einen Winkel α von 75° und einen Winkel β von 325° mit jeweils *A* als Scheitel.

d) Zeichne die zu [*AB* parallele Gerade *g* durch den Punkt $C(-2|4)$.

e) Zeichne die Gerade *h*, die zu *g* senkrecht ist und durch *C* geht.

f) In welchem Punkt schneidet *h* die *x*-Achse? Zeichne um diesen Schnittpunkt einen Kreis mit dem Radius 3 cm.

Aufg.-Nr.	Punkte	Lösungshinweis
1	12 P	Siehe S. 21; geometrische Grundbegriffe.
2	10 P	Siehe S. 21; geometrische Grundbegriffe.
3	4 P	Siehe S. 22; Schrägbild eines Quaders ...
4	8 P	Siehe S. 21; geometrische Grundbegriffe.

Lösungen Seiten 15 f.

30–34 Punkte

23–29 Punkte

17–22 Punkte

Zeig, was du kannst!

1 Berechne. Nutze nach Möglichkeit Rechenvorteile und beschreibe diese in Worten.

a) $8 \cdot 27 \cdot 125$ **c)** $99 \cdot 3 : 3$

b) $(130 + 52) : 13$ **d)** $256 - 56 : 7$

2 Primfaktoren und Teiler:

a) Bestimme die Primfaktorzerlegung der Zahl 354.

b) Bestimme alle Teiler der Zahl 354.

c) Bestimme die Primfaktorzerlegung der Zahl 2025, und verwende die Potenzschreibweise.

3 Setze die Folge um acht weitere Zahlen fort.

a) 2, 3, 5, 7, 11, …

b) 2, 4, 8, 16, …

c) 1, 4, 9, 16, 25, 36, 49, …

4 Zeichne einen „Baum" und beschreibe den Term in Wortform.

a) $25 \cdot (14 + 4)$ **b)** $(153 - 45) : 12$

5 Berechne schriftlich.

a) $32 \cdot 5781$ **b)** $45\,627 : 67$

6 Wie ändert sich der Wert eines Produkts aus drei Faktoren, wenn man den ersten Faktor verdoppelt, den zweiten verdreifacht und den dritten halbiert? Überprüfe deine Vermutung an einem selbst gewählten Beispiel.

7 Vervollständige den Satz ähnlich wie in Aufgabe 6 und begründe:
Wenn man in einem Produkt mit zwei Faktoren den ersten Faktor … und den zweiten …, dann …

8 An einem heißen Tag im Juli möchte sich Tatjana ein Eis kaufen. Es stehen die Sorten Vanille, Schokolade, Erdbeer und Kirsch zur Auswahl. Dazu gibt es Schoko-, Pfefferminz- oder Erdbeersoße.
Wie viele verschiedene Wahlmöglichkeiten hat sie für einen Eisbecher mit einer Sorte, mit Soße und Sahne?
Zeichne ein Baumdiagramm.

Aufg.-Nr.	Punkte	Lösungshinweis	Lösungen Seite 16
1	4P	Siehe S. 20; Rechenvorteile.	
2	6P	Siehe S. 19f.; Potenz, Primzahlen.	31–36 Punkte
3	6P	ohne Hinweis	
4	4P	Siehe S. 19; Strukturen einfacher Rechenausdrücke.	25–30 Punkte
5	4P	Siehe S. 20; schriftliches Rechnen.	
6	4P	ohne Hinweis	
7	4P	ohne Hinweis	18–24 Punkte
8	4P	Siehe S. 20; Baumdiagramme und Zählprinzip.	

Zeig, was du kannst!

1 Berechne.

a) $-14 \cdot 3$ **b)** $-7 \cdot (-21)$ **c)** $-5 \cdot (-12) \cdot (-3)$ **d)** $48 : (-12)$ **e)** $-208 : (-16)$

2 Welche Zahl muss man

a) durch -8 dividieren, um 26 zu erhalten?
b) mit -7 multiplizieren, um -56 zu erhalten?
c) mit 12 multiplizieren, um -108 zu erhalten?
d) durch -5 dividieren, um -22 zu erhalten?

3 Fülle die nebenstehende Multiplikationspyramide im Heft aus.

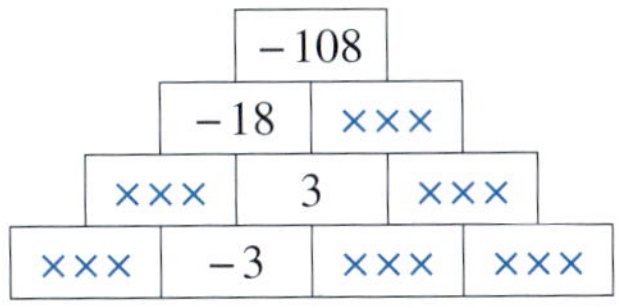

4 Berechne geschickt.

a) $-17 \cdot 8 \cdot (-25)$ **b)** $(12-23) \cdot (-50)$ **c)** $7 \cdot 13 - 12 \cdot 13$
d) $-25 \cdot 179 - 175 \cdot (-25)$ **e)** $(4+400) \cdot (-11)$ **f)** $998 \cdot (-13)$

5 Rechne vorteilhaft.

a) $-9+(-9)+(-7)+(-7)+(-9)+(-7)+(-7)+(-9)$
b) $-7 \cdot 5 + (-7) \cdot 22 + 9 \cdot (-7) + (-7) \cdot 14$

6 Welche Zahl fehlt? Formuliere eine Frage zur gesuchten Zahl.

a) $\blacksquare \cdot (-24) = 144$ **b)** $112 : \blacksquare = -8$ **c)** $\blacksquare : (-12) = -15$

7 Berechne.

a) $[10 \cdot 42 + (-17)] : (-13)$ **b)** $5 \cdot (-42 : 7 \cdot 2)$

8 Formuliere eine Aufgabe mit negativen Zahlen, in der das Kommutativgesetz der Multiplikation einen Rechenvorteil bringen kann. Worauf musst du dabei achten?

Aufg.-Nr.	Punkte	Lösungshinweis
1	5 P	Siehe S. 20; Multiplizieren/Dividieren neg. Zahlen.
2	4 P	ohne Hinweis
3	6 P	ohne Hinweis
4	6 P	Siehe S. 20; Rechenvorteile.
5	2 P	Siehe S. 20; Rechenvorteile.
6	6 P	ohne Hinweis
7	4 P	Siehe S. 20; Regeln für die Reihenfolge.
8	3 P	ohne Hinweis

Lösungen Seite 17

31–36 Punkte
25–30 Punkte
18–24 Punkte

Zeig, was du kannst!

1 Wandle um.

a) 2300 dm = ▢ m
b) 200 000 g = ▢ kg
c) 14 h = ▢ min
d) 15 cm = ▢ m
e) 34 kg = ▢ t
f) 540 s = ▢ min

2 Berechne, wenn möglich.

a) 10,2 kg – 4,08 kg
b) 55,4 kg : 8
c) 3,5 m + 2,88 kg
d) 12 · 5,7 m
e) 17,85 € – 31,32 €
f) 0,04 t · 25

3 Berechne den Umfang eines Rechtecks mit diesen Seitenlängen.

a) 3,4 cm und 6,8 cm **b)** 1,95 m und 7,4 dm

4 Berechne die fehlenden Seitenlängen.

a) Der Umfang eines Quadrats beträgt 32,8 cm.
b) Ein Rechteck ist 34 mm breit und hat einen Umfang von 18 cm.

5 Übertrage die Tabelle in dein Heft und ergänze sie.

	Maßstab	Länge im Plan	wirkliche Länge
a)	1 : 3 000 000	7 cm	×××
b)	1 : 30 000	×××	2,4 km
c)	×××	7 cm	1,4 km

6 Beim Abspielen eines Films laufen pro Sekunde 24 Bilder durch den 12 kg schweren Projektor. Jedes einzelne Bild ist 16 mm hoch und 22 mm breit.

a) Aus wie vielen Bildern besteht ein eineinhalbstündiger Film?
b) Wie lange dauert das Abspielen eines 1 km langen Filmstreifens?
c) Das Bild auf der Leinwand ist 3,3 m breit. Wie hoch ist es?

7 Zwei Volleybälle und drei Basketbälle wiegen zusammen 2,4 kg. Ein Volleyball wiegt 0,27 kg.
Wie viel wiegt ein Basketball?

Aufg.-Nr.	Punkte	Lösungshinweis
1	6 P	Siehe S. 22; Größen.
2	6 P	Siehe S. 22; Größen.
3	4 P	Siehe S. 22; Umfang und Flächeninhalt.
4	4 P	Siehe S. 22; Umfang und Flächeninhalt.
5	6 P	ohne Hinweis
6	6 P	ohne Hinweis
7	3 P	ohne Hinweis

Lösungen Seite 17

30–35 Punkte
24–29 Punkte
18–23 Punkte

Zeig, was du kannst!

1 Zeichne zwei Figuren mit $16\,cm^2$ Flächeninhalt, aber verschiedenem Umfang, und gib jeweils den Umfang an.

2 Wandle in die angegebene Einheit um.

a) $45\,cm^2 = \square\ mm^2$ **d)** $846{,}2\,km^2 = \square\ ha$

b) $19\,000\,m^2 = \square\ ha$ **e)** $98\,m^2\ 75\,dm^2 = \square\ a$

c) $5{,}79\,m^2 = \square\ dm^2$ **f)** $45\,dm^2\ 60\,cm^2 = 0,\ldots \square$

3 Berechne.

a) $1{,}5\,m^2 : 25$ **b)** $500\,cm^2 \cdot 24 = \square\ m^2$ **c)** $3\,m^2 : 50\,cm^2$

4 Wie groß ist der Flächeninhalt?

a)

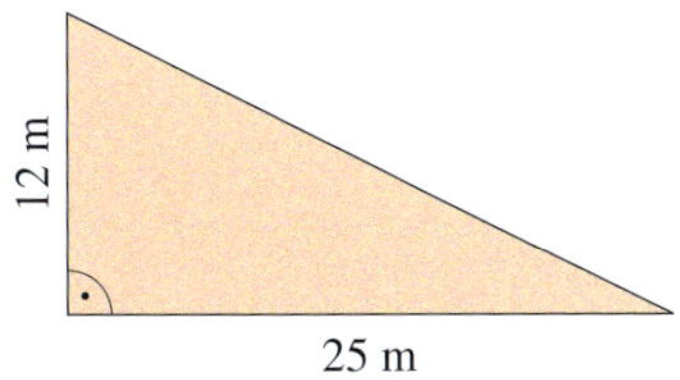

b)

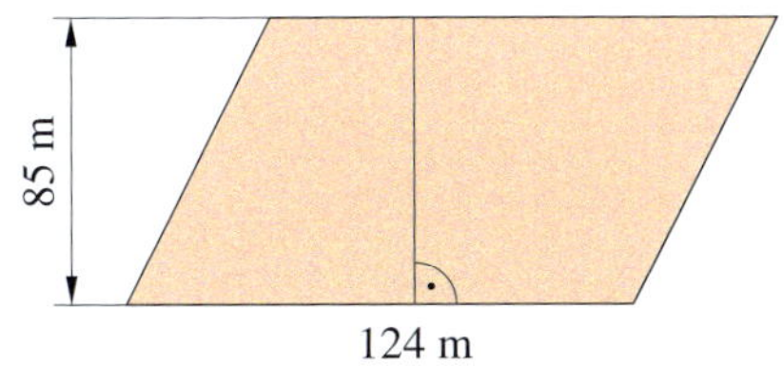

5 Wie groß ist der Oberflächeninhalt des Quaders?

a) $l = b = 8{,}5\,dm$; $h = 42\,cm$ **b)** $s = 14\,mm$

6 Bilde aus den Punkten $A(-2|-1)$, $B(3|-1)$, $C(3|3)$ und $D(\square|\square)$ die Grundfläche eines Quaders und ergänze sie mit $E(-2|-4)$ zum vollständigen Netz. Gib die Länge, Breite und Höhe des Quaders an, und berechne seinen Oberflächeninhalt.

7 Ein rechteckiger Sportplatz ist 60 m lang und 30 m breit. Der Platzwart beginnt den Rasen zu mähen. Für einen 2 m breiten Streifen am äußeren Rand entlang braucht er 15 min.

a) Zeichne den Platz mit dem gemähten Bereich, sodass dieser Streifen eine Kästchenreihe breit ist. Welchen Maßstab hat deine Skizze?

b) Wie groß ist der Flächeninhalt des gemähten Teils?

Aufg.-Nr.	Punkte	Lösungshinweis
1	4 P	Siehe S. 22; Umfang und Flächeninhalt.
2	6 P	Siehe S. 22; Größen.
3	3 P	ohne Hinweis
4	4 P	Siehe S. 22; Umfang und Flächeninhalt.
5	4 P	Siehe S. 22; Umfang und Flächeninhalt.
6	7 P	ohne Hinweis
7	6 P	ohne Hinweis

Lösungen Seiten 17 f.

30–35 Punkte

24–29 Punkte

18–23 Punkte

Lösungen: Zeig, was du kannst!

Kapitel 1 • Seite 6

1 a) 3 P, b) 5 P, c) 2 P, d) 2 P

a)

Monat	Fahrgäste
Januar	1400
Februar	1200
März	1300

b)

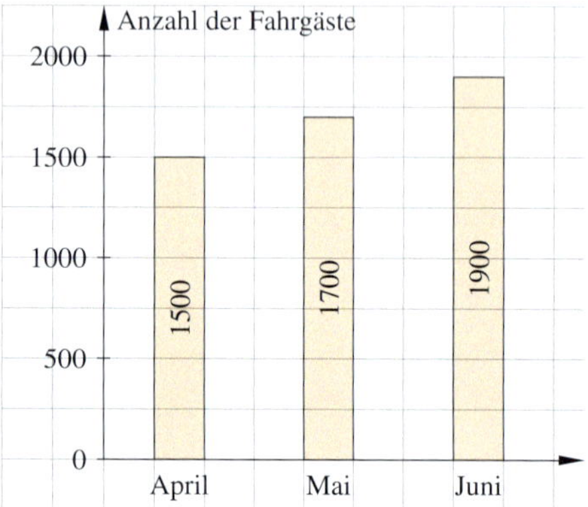

c) 1400 + 1200 + 1300 + 1500 + 1700 + 1900 = 9000

d) Der Wert 1500 gibt die durchschnittliche Fahrgastzahl pro Monat an.

2 a), b), c) je 2 P

a) 6 090 000 106
b) 23 000 050 064 011
c) 10 023 456 789

3 a), b), c) je 2 P

a) Vorgänger
neunhundertneunzig Millionen neunhundertneuntausendachtundneunzig
Nachfolger
neunhundertneunzig Millionen neunhundertneuntausendeinhundert

b) Vorgänger
dreihundert Millionen zweihunderttausendneunundneunzig
Nachfolger
dreihundert Millionen zweihunderttausendeinhunderteins

c) Vorgänger
zweitausendsiebenhundertachtundachtzig
Nachfolger
zweitausendsiebenhundertneunzig

4 a), b), c), d) je 2 P

a) 10^{15} = 1 000 000 000 000 000
eine Billiarde

b) 741
siebenhunderteinundvierzig

c) $7 \cdot 10^7$ = 70 000 000
siebzig Millionen

d) 444
vierhundertvierundvierzig

5 a), b), c) je 2 P

a) DCCLXXVII
b) LXXXIX
c) MCMXXIV

6 4 P

Zahlzeichen:
M = 1000, D = 500, C = 100, L = 50, X = 10, V = 5, I = 1

Regeln:
Die Zeichen I, X, C und M dürfen höchstens dreimal direkt hintereinander vorkommen, die Zeichen V, L und D höchstens einmal in der Zahl.
Stehen die Zahlzeichen ihrer Größe nach geordnet, so werden sie addiert.
Steht das Zeichen für eine kleinere Zahl links von einer größeren, so wird die kleinere Zahl von der größeren subtrahiert.

Das römische Zahlsystem ist kein Stellenwertsystem wie das Zehnersystem, sondern ein „Additionssystem".

Kapitel 2 • Seite 7

1 a), b), c), d) je 1 P

a) 580 245 c) 196 142
b) 198 198 d) 29 065

2 a), b) je 1 P

a) 1000 b) 650

3 a), b), c) je 1 P

a) 89 630 b) 38 420 c) 97 949

4 a), b), c) je 1 P

a) 1445 **c)** 4849, 4850, …, 6420

b) 9919

5 3 P

9999 + 99 998 = 109 997

6 a) 3 P, b) 4 P

a) Der Term ist eine Differenz.
Der Minuend ist die Zahl 334.
Der Subtrahend ist die Summe aus den Zahlen 154 und 12.

b) Der Term ist eine Differenz.
Der Minuend ist die Summe, deren erster Summand 125 und deren zweiter Summand 77 ist.
Der Subtrahend ist die Differenz aus den Zahlen 66 und 44.

7 a), b) je 3 P

a) 29 500 **b)** 7655

8 a), b) je 3 P

a) Die gesamte Fahrstrecke war 157 km lang.

b) Die Fahrstrecke am dritten Tag war 48 km lang.

Kapitel 3 • Seite 8

1 a), b), c), d) je 1 P

a) 3 °C

b) 4 °C kälter

c) 6 °C

d) – 12 °C

2 a), b), c) je 1 P

a) $-3 < 2$ **c)** $-1242 > -1424$

b) $-202 < -200$

3 a), b), c), d), e) je 1 P

a) – 10 **c)** – 15 **e)** 3

b) – 5 **d)** – 2

4 a) 1 P, b) 2 P

a) – 4 **b)** 23 **c)** – 26

5 a), b), c) je 1 P

a) – 7 **b)** 72

6 a), b) je 2 P

a) $(-17-8)-(-35) = -25 + 35 = 10$

b) $-17-[8-(-35)] = -17-43 = -60$

7 8 P

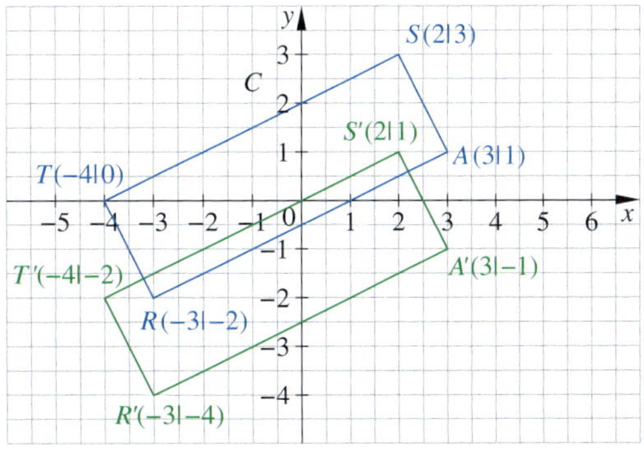

b) Die *y*-Koordinaten der neuen Eckpunkte wurden um 2 verringert, die *x*-Koordinaten blieben unverändert.

Kapitel 4 • Seite 9

1 a), b), c), d) je 3 P

a) $\overline{AB} = 6\,\text{cm}$; $\overline{BC} = 67\,\text{mm}$; $\overline{AC} = 67\,\text{mm}$

b) $\sphericalangle BAC = 63°$; $\sphericalangle CBA = 63°$; $\sphericalangle BCA = 306°$

c) $A'(-4|4)$; $B'(2|4)$; $C'(-1|-2)$

d) $A''(4|-4)$; $B''(-2|-4)$; $C''(1|2)$

2 a), b), c), d), e) je 2 P

a)

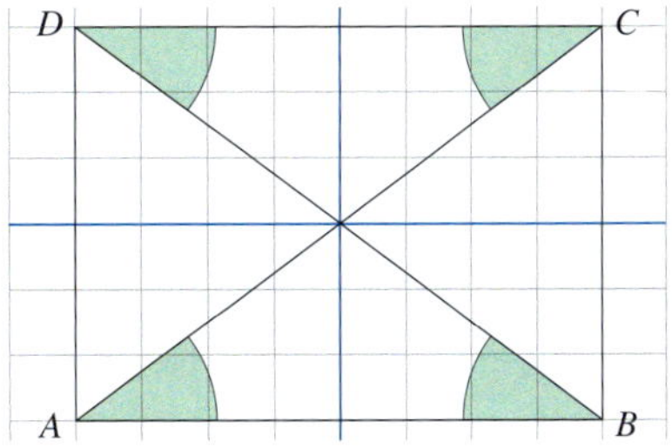

b) $\overline{AC} = \overline{BD} = 5\,\text{cm}$

c) Es gibt zwei Symmetrieachsen.

d) $\sphericalangle BAC = \sphericalangle BDC = \sphericalangle DCA = \sphericalangle DBA$
Durch Spiegelung an den Symmetrieachsen können die Winkel zur Deckung gebracht werden.

e) Es ergibt sich ein Quadrat. Auch die Diagonalen sind Symmetrieachsen.

3 4 P

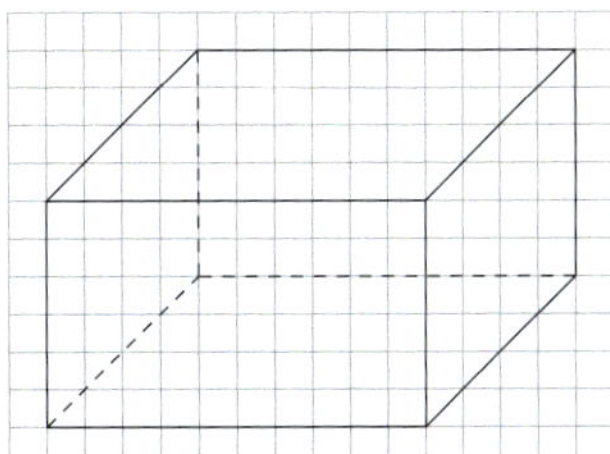

Die Zeichnung wurde auf die Hälfte verkleinert.
Beschreibung siehe S. 22.

4 a), b), d), e) je 1 P und c), f) je 2 P

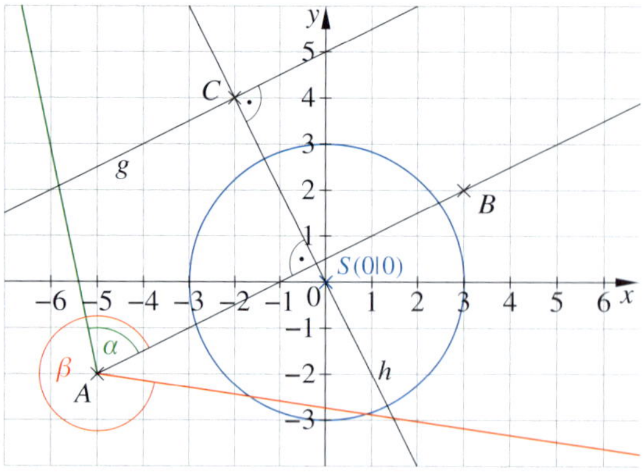

Die Zeichnung wurde auf die Hälfte verkleinert.

Kapitel 5 • Seite 10

1 a), b), c), d) je 1 P

a) 27 000 (Kommutativgesetz) **c)** 99

b) 14 (Distributivgesetz) **d)** 248

2 a), b), c) je 2 P

a) $2 \cdot 3 \cdot 59$

b) 1, 2, 3, 6, 59, 118, 177, 354

c) $3^4 \cdot 5^2$

3 a), b), c) je 2 P

a) …, 13, 17, 19, 23, 29, 31, 37, 41 (Primzahlen)

b) …, 32, 64, 128, 256, 512, 1024, 2048, 4096 (Potenzen von 2)

c) …, 64, 81, 100, 121, 144, 169, 196, 225 (Quadratzahlen)

4 a), b) je 2 P

a)

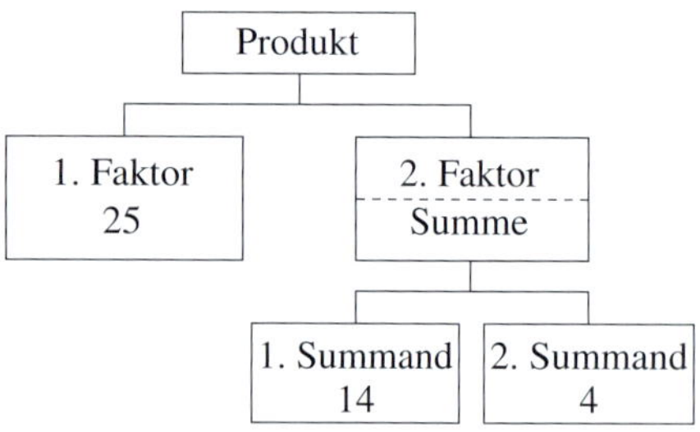

Der Term ist ein Produkt.
Der erste Faktor ist 25.
Der zweite Faktor ist die Summe aus den Summanden 14 und 4.

b)

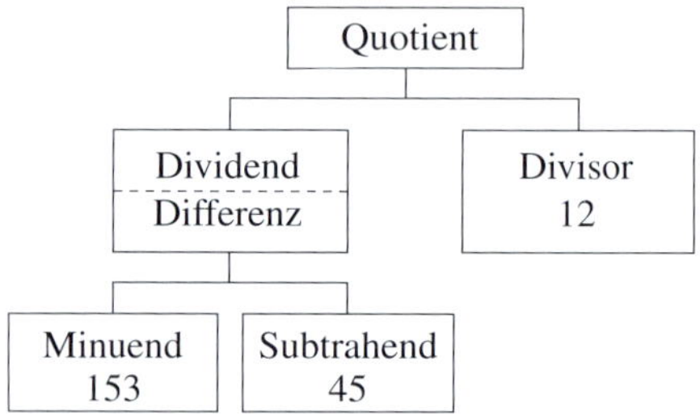

Der Term ist ein Quotient.
Der Dividend ist die Differenz aus dem Minuenden 153 und dem Subtrahenden 45.
Der Divisor ist 12.

5 a), b) je 2 P

a) 184 992 **b)** 681

6 4 P

Der Wert des Produkts verdreifacht sich.

Beispiel:
$5 \cdot 6 \cdot 12 = 360$ und $10 \cdot 18 \cdot 6 = 1080 = 3 \cdot 360$

7 4 P

Mögliche Lösung:
Wenn man den ersten Faktor vervierfacht und den zweiten halbiert, verdoppelt sich der Wert des Produkts.
Die Vervierfachung des ersten Faktors bewirkt eine Vervierfachung des Ergebnisses, die Halbierung des zweiten Faktors halbiert diese Wirkung.

8 4 P

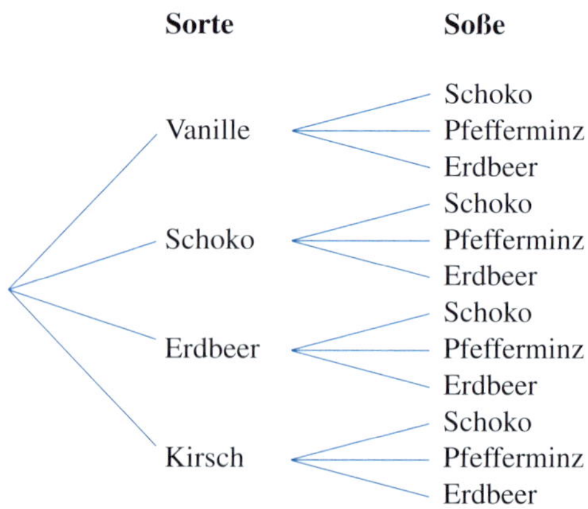

Es gibt $4 \cdot 3 = 12$ Möglichkeiten.

Kapitel 6 • Seite 11

1 a), b), c), d), e) je 1 P

a) −42 **b)** 147 **c)** −180 **d)** −4 **e)** 13

2 a), b), c), d) je 1 P

a) −208 **b)** 8 **c)** 110 **d)** 110

3 je Eintrag 1 P

	−108		
	−18	6	
−6	3	2	
2	−3	−1	−2

4 a), b), c), d), e), f) je 1 P

a) 3400 **b)** 550 **c)** −65 **d)** −100 **e)** 4444 **f)** −12 974

5 a), b) je 1 P

a) $-9 \cdot 4 + (-7) \cdot 4 = -64$

b) $-7 \cdot (5 + 22 + 9 + 14) = -350$

6 a), b), c) je 2 P

a) Welche Zahl muss man mit −24 multiplizieren, um 144 zu erhalten?
Lösung: −6

b) Durch welche Zahl muss man 112 dividieren, um −8 zu erhalten?
Lösung: −14

c) Welche Zahl muss man durch −12 dividieren, um −15 zu erhalten?
Lösung: 180

7 a), b) je 2 P

a) −11 **b)** −60

8 3 P

Mögliche Lösungen:
$-25 \cdot 219 \cdot (-4)$ oder $125 \cdot (-17) \cdot (-8)$
Erster und dritter Faktor müssen „gut zusammenpassen“.

Kapitel 7 • Seite 12

1 a), b), c), d), e), f) je 1 P

a) 230 m **b)** 200 kg **c)** 840 min **d)** 0,15 m **e)** 0,034 t **f)** 9 min

2 a), b), c), d), e), f) je 1 P

a) 612 kg **b)** 6,925 kg **c)** – **d)** 0,15 m **e)** −13,47 € **f)** 1 t

3 a), b) je 2 P

a) $u = 20{,}4\,\text{cm}$ **b)** $u = 5{,}38\,\text{m} = 53{,}8\,\text{dm}$

4 a), b) je 2 P

a) $s = 8{,}2\,\text{cm}$ **b)** $l = 56\,\text{mm}$

5 a), b), c) je 2 P

a) 210 km **b)** 8 cm **c)** 1 : 20 000

6 a), b), c) je 2 P

a) 129 600 Bilder **b)** ca. 43 min 24 s **c)** 2,4 m

7 3 P

Ein Basketball wiegt 0,62 kg.

Kapitel 8 • Seite 13

1 je Beispiel 2 P

Mögliche Beispiele:
Quadrat mit $s = 4\,\text{cm}$; $u = 16\,\text{cm}$;
Rechteck mit $l = 8\,\text{cm}$; $b = 2\,\text{cm}$; $u = 20\,\text{cm}$;
rechtwinkliges Dreieck mit $\overline{AB} = 4\,\text{cm}$; $\overline{BC} = 8\,\text{cm}$; $\overline{AC} \approx 9{,}8\,\text{cm}$; $u \approx 21{,}8\,\text{cm}$

2 a), b), c), d), e), f) je 1 P

a) $4500\,\text{mm}^2$ **b)** 1,9 ha **c)** $579\,\text{dm}^2$ **d)** 84 620 ha **e)** 0,9875 a **f)** $0{,}456\,\text{m}^2 = 0{,}00456\,\text{a}$

3 a), b), c) je 1 P

a) $0{,}06\,\text{m}^2 = 6\,\text{dm}^2$ **b)** $1{,}2\,\text{m}^2$ **c)** 600

4 a), b) je 2 P

a) $150\,\text{m}^2$ **b)** $10\,540\,\text{m}^2$

5 a), b) je 2 P

a) $28\,730\,\text{cm}^2 = 287{,}3\,\text{dm}^2$

b) $1176\,\text{mm}^2 = 11{,}76\,\text{cm}^2$

6 Zeichnung 3 P; Maße und Berechnung je 2 P

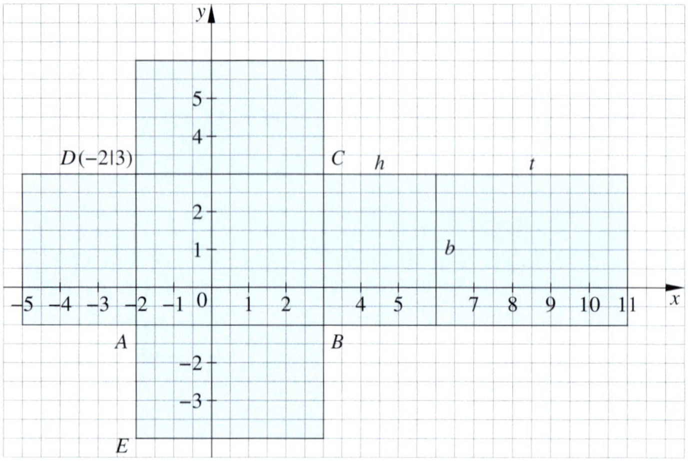

Die Zeichnung wurde auf die Hälfte verkleinert.
Verschiedene Netze sind möglich.
Maße des Quaders:
$l = 5\,\text{cm}$; $b = 4\,\text{cm}$; $h = 3\,\text{cm}$; $O = 94\,\text{cm}^2$

7 Zeichnung 2 P; a), b) je 2 P

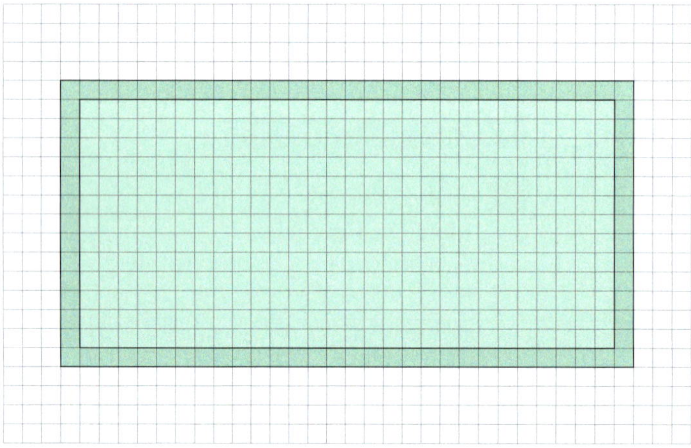

a) Maßstab 1 : 400 **b)** $344\,\text{m}^2$

Grundwissen – Überblick

Natürliche und ganze Zahlen

ℕ = {1; 2; 3; 4; 5; 6; …} ist die Menge der **natürlichen Zahlen**.
Diese werden im Alltag auch zum Zählen verwendet.
ℤ = {…; −4; −3; −2; −1; 0; 1; 2; 3; 4; …} ist die Menge der **ganzen Zahlen**.

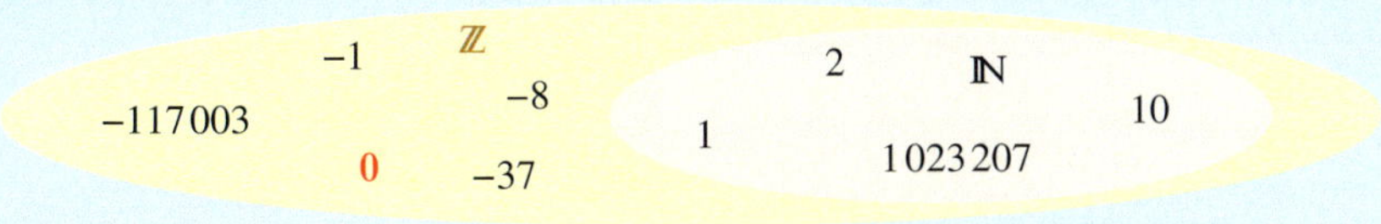

Die natürlichen und die ganzen Zahlen lassen sich an der **Zahlengeraden** veranschaulichen.

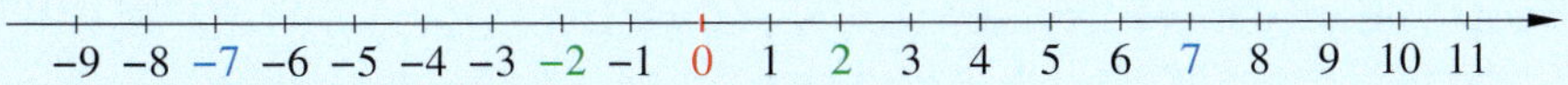

Je weiter rechts eine ganze Zahl auf der Zahlengeraden steht, umso größer ist sie: $2 < 7$; $-2 < 7$; $-7 < -2$; $-7 < 0 < 7$

−2 und 2 oder auch −7 und 7 sind zueinander **Gegenzahlen**, sie haben jeweils denselben Abstand zur Null.

Anzahlen lassen sich auch durch Diagramme veranschaulichen

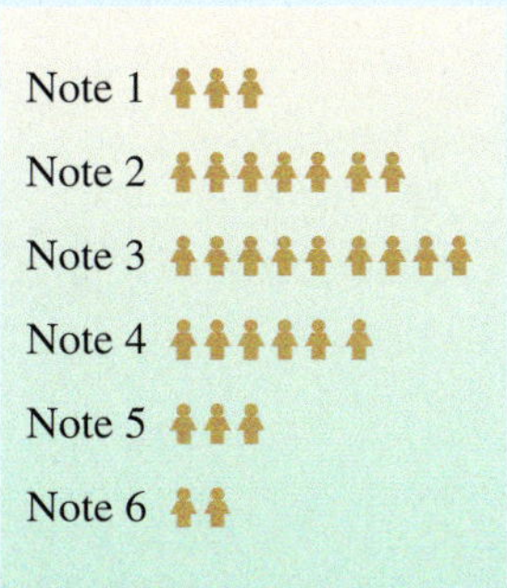

Figurendiagramm

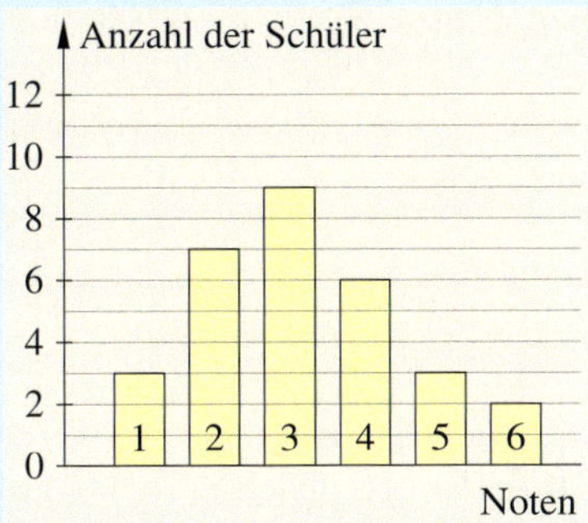

Säulendiagramm

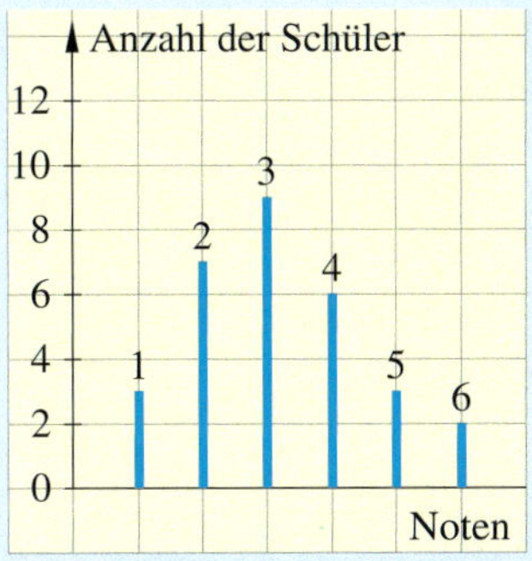

Strichdiagramm

In unserem **Zehnersystem** können alle Zahlen mithilfe der Ziffer 0, 1, 2, 3, 4, 5, 6, 7, 8, 9 geschrieben werden. Es ist ein **Stellenwertsystem**, denn die Stelle einer Ziffer bestimmt ihren Wert innerhalb der Zahl.

23021 bedeutet:
$2 \cdot 10000 + 3 \cdot 1000 + 0 \cdot 100 + 2 \cdot 10 + 1$

Strukturen einfacher Rechenausdrücke (Terme)

24 + 6 ist eine **Summe**, 24 ist der **1. Summand** und 6 der **2. Summand**.
Addition: $24 + 6 = 30$ (30 ist der „Wert" der Summe.)
30 – 6 ist eine **Differenz**, 30 ist der **Minuend** und 6 der **Subtrahend**.
Subtraktion: $30 - 6 = 24$

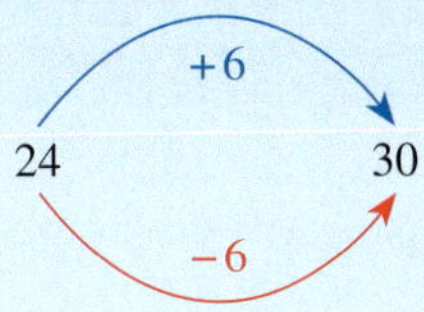

12 · 4 ist ein **Produkt**, 12 ist der **1. Faktor** und 4 der **2. Faktor**.
Multiplikation: $12 \cdot 4 = 48$
48 : 4 ist ein **Quotient**, 48 ist der **Dividend** und 4 der **Divisor**.
Division: $48 : 4 = 12$

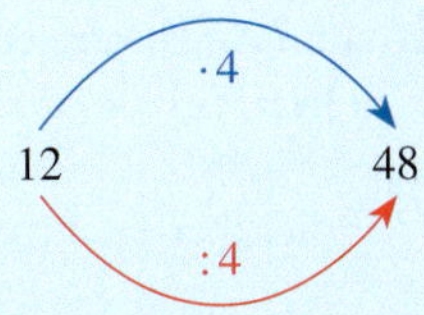

5^3 ist eine **Potenz**, 5 ist ihre **Basis** und 3 ihr **Exponent**. Es ist $5^3 = 5 \cdot 5 \cdot 5 = 125$.

Quadratzahlen und Primzahlen

Quadratzahlen sind Potenzen mit 2 als Exponent: $1^2 = 1$; $2^2 = 4$; $3^2 = 9$; $4^2 = 16$; …

Primzahlen wie 2, 3, 5, 7, 11, 13, … haben genau zwei Teiler, nämlich 1 und sich selbst.
Jede natürliche Zahl kann man in Faktoren zerlegen. Kommen nur Primzahlen als Faktoren vor, so heißt diese Zerlegung **Primfaktorzerlegung**: $1960 = 2^3 \cdot 5 \cdot 7^2$

Rechnen mit ganzen Zahlen

Beim schriftlichen Rechnen kannst du untereinander oder nebeneinander rechnen:

1097	8 3	$817 \cdot 36$	$3692 : 72 = 52$
+ 8316	3947	2451	355
1 1	− 2198	4902	142
9413	1749	29412	142

Mit Überschlagsrechnungen kannst du Ergebnisse abschätzen und prüfen:
$1100 + 8300 = 9400$ $\quad 3900 - 2200 = 1700$ $\quad 800 \cdot 40 = 32\,000$ $\quad 3500 : 70 = 50$ (!)

Eine negative Zahl addiert man, indem man ihre Gegenzahl subtrahiert: $19 + (-32) = 19 - 32 = -13$
Eine negative Zahl subtrahiert man, indem man ihre Gegenzahl addiert: $-23 - (-14) = -23 + 14 = -9$

Man multipliziert oder dividiert zwei ganze Zahlen zuerst ohne Beachtung des Vorzeichens und setzt dann im Ergebnis das Vorzeichen.
Bei gleichen Vorzeichen ist das Ergebnis positiv: $-7 \cdot (-6) = 42$ $\quad -72 : (-8) = 9$
Bei verschiedenen Vorzeichen ist das Ergebnis negativ: $-11 \cdot 5 = -55$ $\quad 64 : (-16) = -4$

Rechenvorteile kannst du dir oft verschaffen, indem du die Rechengesetze nutzt:
Der Wert der Summe bzw. des Produkts verändert sich nicht, wenn du
- die Reihenfolge der Summanden bzw. Faktoren veränderst (**Kommutativgesetz**)
  $a + b = b + a$ $\quad a \cdot b = b \cdot a$ $\quad$ für a, b aus $\mathbb{N}$
- in der Summe bzw. dem Produkt Klammern setzt oder weglässt (**Assoziativgesetz**)
  $(a + b) + c = a + b + c = a + (b + c)$ $\quad (a \cdot b) \cdot c = a \cdot b \cdot c = a \cdot (b \cdot c)$ $\quad$ für a, b, c aus $\mathbb{N}$

Das **Distributivgesetz** kannst du zum Ausmultiplizieren oder Ausklammern nutzen.
$(a + b) \cdot c = a \cdot c + b \cdot c$ für a, b, c aus $\mathbb{N}$

Werden keine Rechenvorteile genutzt, so gelten folgende Regeln:
- Behandle Klammern zuerst.
- Potenzen vor Punktrechnungen vor Strichrechnungen
- Rechne von links nach rechts.

$$2 + 4 \cdot 3^2 : (11 - 5)$$
$$= 2 + 4 \cdot 3^2 : 6$$
$$= 2 + 4 \cdot 9 : 6$$
$$= 2 + 36 : 6 = 2 + 6 = 8$$

Baumdiagramme und Zählprinzip

Situationen, bei denen man mehrere Dinge auswählen und miteinander kombinieren muss, kann man in einem **Baumdiagramm** darstellen.

Nach dem **Zählprinzip** entspricht die Gesamtzahl der Möglichkeiten der Anzahl der Baumenden. Die gesuchte Gesamtzahl ist das Produkt aus den Anzahlen der Möglichkeiten auf jeder Stufe.

Bei der Anwendung des Zählprinzips muss man immer darauf achten, ob die Wahl auf einer Stufe die weiteren Wahlmöglichkeiten einschränkt.

Beispiel: Wähle je eine Figur aus zwei Kreisen, drei Fünfecken und zwei Quadraten.

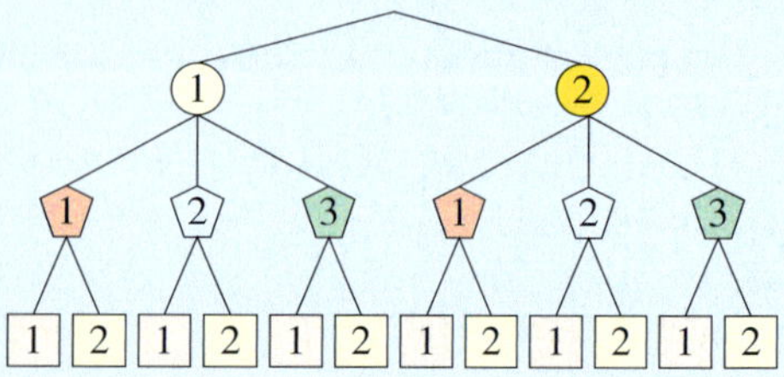

Es gibt $2 \cdot 3 \cdot 2 = 12$ Möglichkeiten.

Geometrische Grundbegriffe

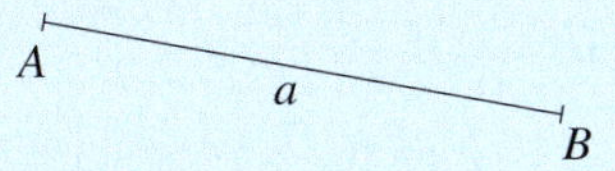

Strecke a oder $[AB]$

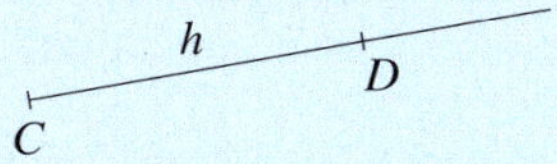

Halbgerade h oder $[CD$

Gerade g oder EF

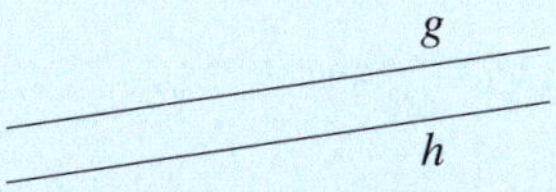

zueinander parallel $g \parallel h$

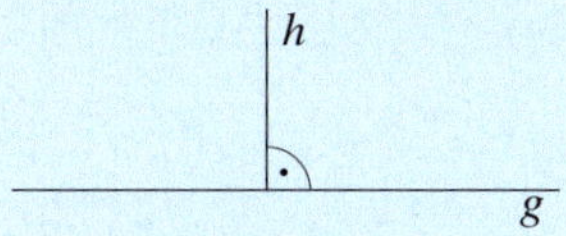

zueinander senkrecht $g \perp h$

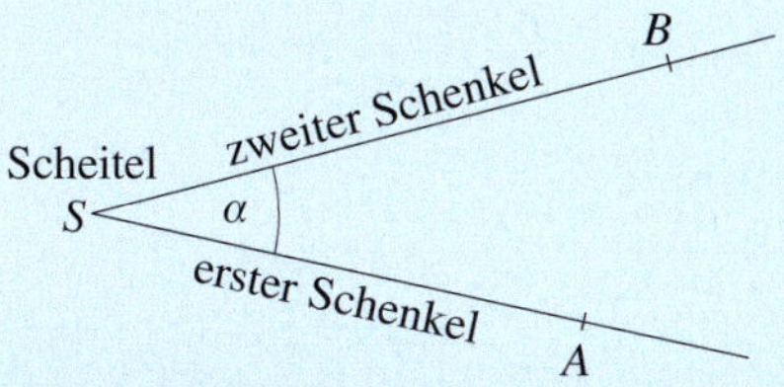

Winkel $\alpha = \sphericalangle ASB$

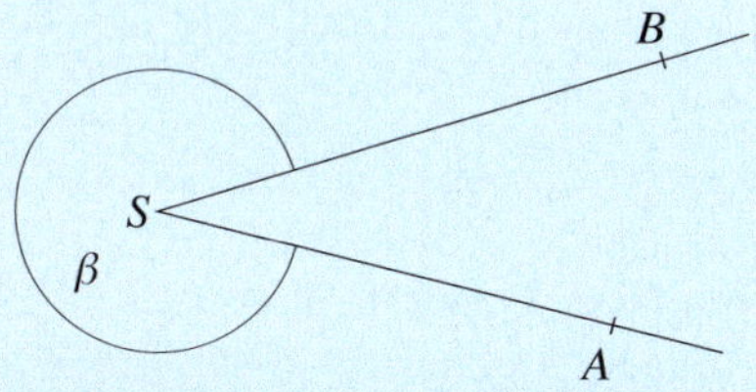

$\beta = \sphericalangle BSA$

Winkelarten:

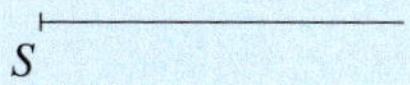

Nullwinkel
$\alpha = 0°$

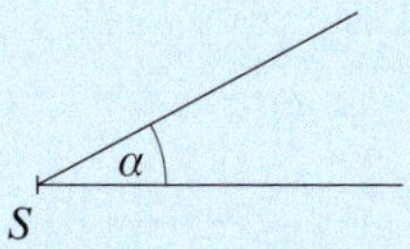

spitzer Winkel
$0° < \alpha < 90°$

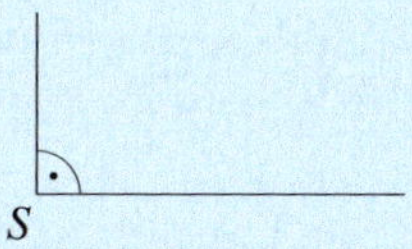

rechter Winkel
$\alpha = 90°$

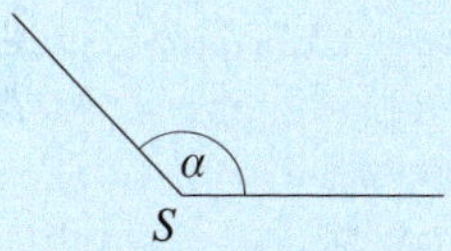

stumpfer Winkel
$90° < \alpha < 180°$

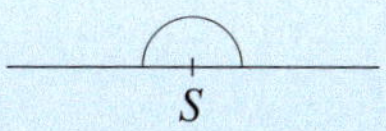

gestreckter Winkel
$\alpha = 180°$

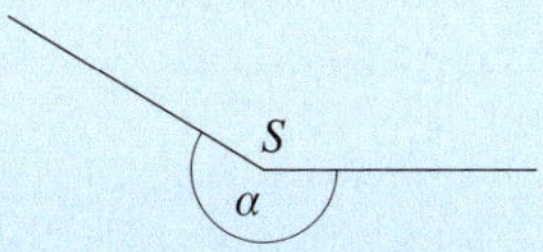

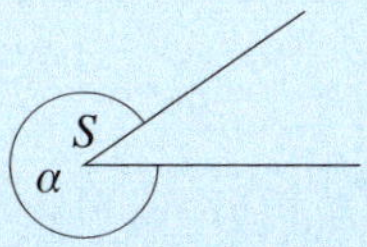

überstumpfer Winkel
$180° < \alpha < 360°$

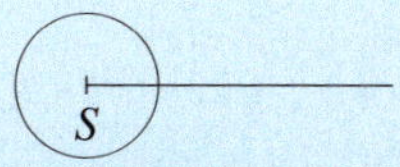

Vollwinkel
$\alpha = 360°$

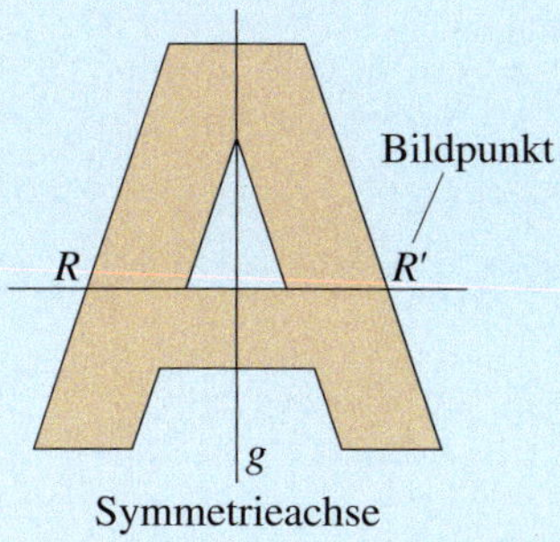

achsensymmetrische Figur
Ein Punkt R und der zugehörige **Bildpunkt** R', haben denselben Abstand von der **Symmetrieachse** g.
Die Strecke $[RR']$ ist senkrecht zur Symmetrieachse g.

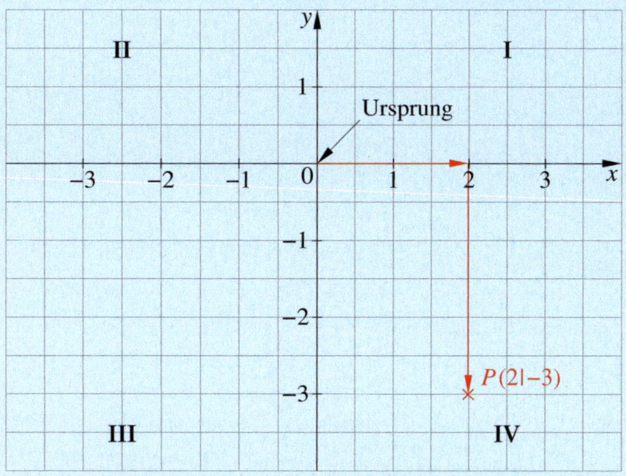

Koordinatensystem mit **x-Achse** und **y-Achse**.
Der **Punkt** $P(x|y)$ hat die **Koordinaten** x und y.

Schrägbild eines Quaders auf Kästchenpapier

Schrägbild eines Quaders *ABCDEFGH* von 3,5 cm Länge, 2 cm Breite und 1,5 cm Höhe:

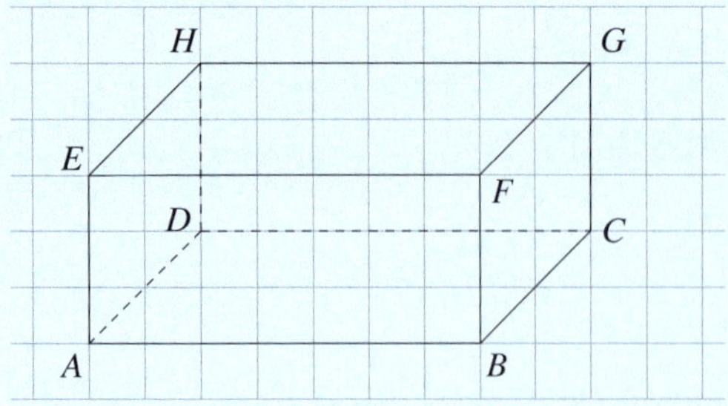

Maßstab 1 : 1

- Die Rechtecke *ABFE* und *DCGH* werden in wirklicher Größe gezeichnet.
- Kanten, die „nach hinten verlaufen“ werden schräg verkürzt dargestellt.
  Man zeichnet sie diagonal durch die Quadrate des Karopapiers.
  Die Diagonalenlänge eines Quadrats entspricht einer Originallänge von 1,0 cm.

Umfang und Flächeninhalt

Der **Umfang *u*** einer Figur ist die Summe ihrer Seitenlängen, der **Flächeninhalt *A*** gibt die Größe der eingeschlossenen Fläche an.

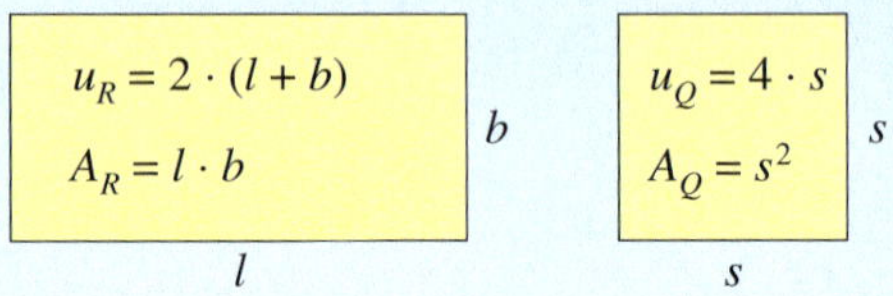

Der **Oberflächeninhalt *O*** eines Körpers ist die Summe aus den Flächeninhalten der Begrenzungsflächen.

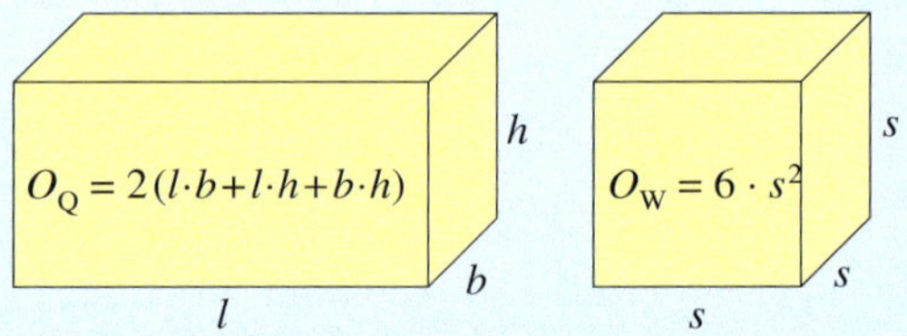

Größen

Zeit: Tag $\xrightarrow{\cdot 24}$ h $\xrightarrow{\cdot 60}$ min $\xrightarrow{\cdot 60}$ s; rückwärts jeweils : 24, : 60, : 60

Geld: Euro $\xrightarrow{\cdot 100}$ Cent; rückwärts : 100

Masse: t $\xrightarrow{\cdot 1000}$ kg $\xrightarrow{\cdot 1000}$ g $\xrightarrow{\cdot 1000}$ mg; rückwärts jeweils : 1000

Länge: km $\xrightarrow{\cdot 1000}$ m $\xrightarrow{\cdot 10}$ dm $\xrightarrow{\cdot 10}$ cm $\xrightarrow{\cdot 10}$ mm; rückwärts : 1000, : 10, : 10, : 10

Fläche: km^2 $\xrightarrow{\cdot 100}$ ha $\xrightarrow{\cdot 100}$ a $\xrightarrow{\cdot 100}$ m^2 $\xrightarrow{\cdot 100}$ dm^2 $\xrightarrow{\cdot 100}$ cm^2 $\xrightarrow{\cdot 100}$ mm^2; rückwärts jeweils : 100

6

Zeig, was du kannst!

1 Bruchteile von Flächen

a) Zeichne die Figur auf dein Blatt, und färbe $\frac{1}{4}$ der Fläche.

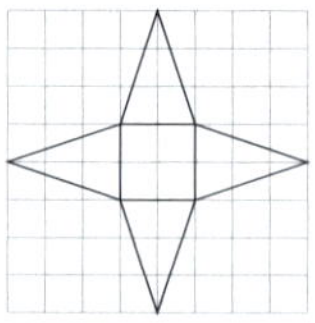

b) Welcher Bruchteil der Fläche ist in der Figur blau gefärbt.

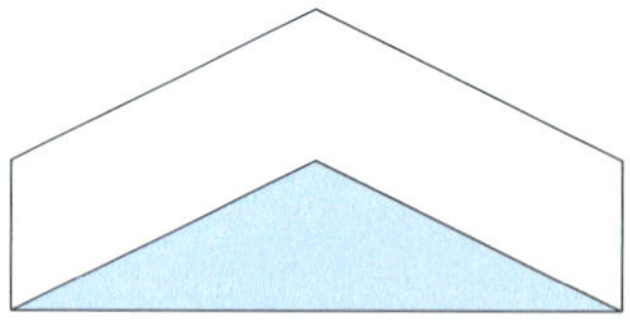

2 Schreibe ab und ergänze richtig.

a) $\frac{2}{3}$ von 6 kg = ■ **c)** $3\frac{2}{7}$ von 1,4 km = ■ **e)** $\frac{7}{12}$ von 2 h = ■

b) $\frac{5}{8}$ von 72 = ■ **d)** $\frac{3}{4}$ von ■ = 1,80 € **f)** $\frac{4}{5}$ von ■ = 160 m^2

3 Kürze die Brüche weitestgehend, und schreibe sie, wenn möglich, als gemischte Zahlen.

a) $\frac{84}{35}$ **b)** $\frac{132}{176}$ **c)** $\frac{156}{65}$

4 In den Aufgaben haben sich Fehler eingeschlichen. Suche die falschen Aussagen heraus, übertrage sie und verbessere sie geeignet.

a) $15\% = \frac{3}{20}$ **c)** $\frac{6}{8} = 75\%$ **e)** $\frac{21}{35} = 60\%$

b) $\frac{1}{5} = 5\%$ **d)** $40\% = \frac{33}{132}$ **f)** 20 % von 4 km = 200 m

5 Im Rahmen des Schulsportfestes findet ein Wettbewerb im Schlagball-Weitwerfen statt. Gleich im ersten Wurf legt Marcus eine respektable Weite vor, an der sich seine Konkurrenten messen müssen.
Alex schafft nur $\frac{2}{3}$ der Weite von Marcus, Sven immerhin $\frac{5}{6}$ und Tobias $\frac{6}{8}$.
Claus jedoch gewinnt den Wettkampf mit der $1\frac{3}{8}$-fachen Weite von Marcus.
Stelle die verschiedenen Weiten an einem geeignet gewählten Zahlenstrahl dar.

Aufg.-Nr.	Punkte	Lösungshinweis
1	6 P	Siehe S. 36; Bruchteile von Ganzen.
2	6 P	ohne Hinweis
3	6 P	Siehe S. 36; Kürzen und Erweitern.
4	6 P	Siehe S. 36; Prozentsätze.
5	6 P	ohne Hinweis

Lösungen Seite 32

26–30 Punkte

21–25 Punkte

16–20 Punkte

Zeig, was du kannst!

1 Schreibe als gekürzten Bruch bzw. gemischte Zahl.
a) 0,75 **b)** 0,95 **c)** 1,8 **d)** 4,375

2 Schreibe als Dezimalzahl.
a) $\frac{3}{100}$ **b)** $\frac{5}{8}$ **c)** $\frac{7}{25}$ **d)** $\frac{63}{84}$

3 Ordne aufsteigend der Größe nach.
1,02; 1,2; −2,10; 2,01; −1,2; 2,1

4 Runde jede der Zahlen auf Zehntel und auf Tausendstel.
a) 12,345 67 **b)** 0,149 99

5 Gib mithilfe einer Dezimalzahl in der in Klammern stehenden Einheit an.
a) 2 m 7 cm 3 mm [dm] **c)** 1 ha 2 a 3 m² [a]
b) 3 t 50 kg [t]

6 Berechne, nachdem du die Brüche in Dezimalzahlen umgewandelt hast.
a) $\frac{13}{20}\,\text{km} - 102{,}9\,\text{m} + 80\frac{3}{5}\,\text{m} - 0{,}303\,\text{km}$
b) $\frac{17}{200}\,\text{a} + 0{,}205\,\text{m}^2 - 2\frac{7}{25}\,\text{dm}^2$

7 In einer Lostrommel befinden sich 6 Hauptgewinne, 124 kleine Gewinne und 120 Nieten. Wie viel Prozent der Lose enthalten einen Gewinn?

8 Ein Rechteck ist $7\frac{3}{4}$ dm lang und hat einen Umfang von 2,03 m. Berechne seinen Flächeninhalt.

Aufg.-Nr.	Punkte	Lösungshinweis
1	4 P	Siehe S. 36; Brüche und Dezimalzahlen.
2	4 P	Siehe S. 36; Brüche und Dezimalzahlen.
3	4 P	Siehe S. 36; rationale Zahlen $\mathbb{Q}$.
4	4 P	ohne Hinweis
5	6 P	ohne Hinweis
6	6 P	Siehe S. 37; Terme, in denen sowohl Brüche als …
7	3 P	Siehe S. 38; Prozent- und Schlussrechnung.
8	5 P	Siehe S. 22; Umfang und Flächeninhalt.

Lösungen Seite 32

31–36 Punkte
25–33 Punkte
18–24 Punkte

Zeig, was du kannst!

1 Beim Würfeln ist folgende Häufigkeitsverteilung aufgetreten:

Augenzahl	1	2	3	4	5	6
Anzahl	30	32	36	34	30	38

a) Berechne für die Augenzahlen die relativen Häufigkeiten als gekürzte Brüche und als Prozentsätze.

b) Stelle die relativen Häufigkeiten in einem Diagramm dar.

2 Wirf 50 Zündhölzer auf ein Blatt Papier, auf dem parallele Linien in einem Abstand von 5 cm gezeichnet sind.

a) Welche Ergebnisse könntest du dabei untersuchen?

b) Wähle ein Ergebnis aus und erstelle eine Häufigkeitstabelle mit den absoluten und relativen Häufigkeiten.

c) Erstelle eine Spielregel für das Gewinnspiel „Zündholzwerfen", bei der deine Gewinnchancen höher sind als die deines Mitspielers.

3 *) Ergänze nebenstehende Vierfeldertafel, und finde zu den relativen Häufigkeiten passende absolute Häufigkeiten.
Denk dir eine mögliche Beschriftung der Zeilen und Spalten aus.

×××	45 %	×××
6 %	×××	×××
×××	$\frac{3}{4}$	×××

4 *) Auf dem Flughafen wurden 300 deutsche Mallorca-Reisende befragt, mit welcher Fremdsprache sie sich im Urlaubsland verständigen. Ein Viertel der Befragten sprach keine Fremdsprache, 5 % sprachen Spanisch als einzige Fremdsprache und jeder zehnte Befragte gab an, Englisch und Spanisch zu sprechen.

a) Erstelle eine Vierfeldertafel.

b) Gib an, wie viele Befragte keine Fremdsprache, nur Englisch, nur Spanisch oder Englisch und Spanisch sprechen.

c) Stelle das Ergebnis in einem Kreisdiagramm dar.

*) Vierfeldertafeln gehören jetzt nicht mehr zum Stoff der Jahrgangsstufe 6.

Aufg.-Nr.	Punkte	Lösungshinweis
1	10 P	Siehe S. 38; Diagramme.
2	10 P	Du kanst 50-mal einzeln oder gemeinsam werfen!
3	10 P	ohne Hinweis
4	15 P	ohne Hinweis

Lösungen Seiten 32 f.

39–45 Punkte

32–38 Punkte

25–31 Punkte

Zeig, was du kannst!

1 Berechne möglichst geschickt. Kürze vollständig, und gib das Ergebnis, wenn möglich, als gemischte Zahl an.

a) $\frac{345}{507} - \frac{123}{338}$

b) $13{,}023 - 2{,}9 - (0{,}02 + 3{,}195)$

c) $\frac{3}{7} + \left(\frac{11}{12} + \frac{2}{7}\right)$

d) $\left(3{,}7 - 1\frac{7}{8}\right) - \left(\frac{9}{40} + 0{,}22\right)$

2 Welche Zahl muss man zur Differenz aus $100\frac{1}{6}$ und $67\frac{11}{12}$ addieren, um das Doppelte von $19\frac{2}{3}$ zu erhalten?

3 Auf einem Zahlenstrahl ist die Zahl $\frac{2}{3}$ genau 6 cm vom Nullpunkt entfernt. Wie weit sind auf dem gleichen Zahlenstrahl die Zahlen $\frac{3}{4}$ und $\frac{5}{4}$ voneinander entfernt?

4 Kann man eine Tafel Schokolade so an zwei Personen verteilen, dass die eine drei Viertel und die andere drei Zehntel der Schokolade bekommt? Begründe deine Antwort.

5 Welche Zahl verbirgt sich hinter dem Dreieck?

$\frac{17}{85} + \frac{55}{77} - \frac{15}{21} + \blacktriangle = 2{,}5$

6 Nebenstehende Figur soll in drei Schritten so gedreht werden, dass sie wieder mit sich selbst zur Deckung kommt.
1. Schritt: eine halbe Umdrehung im Uhrzeigersinn
2. Schritt: eine fünftel Umdrehung zurück
Ermittle verschiedene Möglichkeiten für den 3. Schritt.

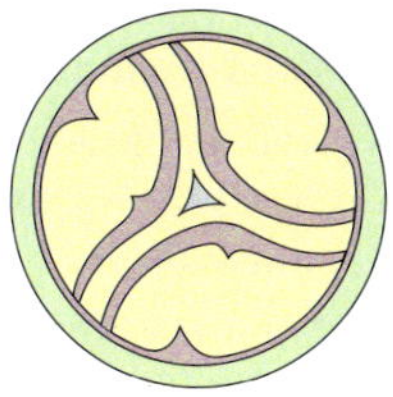

7 Die Grenze zwischen Schwimmer- und Nichtschwimmerbereich eines Freibades ist durch Stöcke markiert.
$\frac{2}{7}$ ihrer Länge stecken im Boden. $\frac{3}{5}$ ihrer Länge befinden sich unter Wasser, aber nicht im Boden. Die übrigen 24 cm ragen jeweils über die Wasseroberfläche.
Veranschauliche dir die Situation, stelle dir dazu Fragen und beantworte sie dann.

Aufg.-Nr.	Punkte	Lösungshinweis	Lösungen Seite 33
1	8 P	Siehe S. 37; Addieren/Subtrahieren von Brüchen.	
2	4 P	ohne Hinweis	31–36 Punkte
3	4 P	ohne Hinweis	
4	4 P	ohne Hinweis	25–30 Punkte
5	4 P	ohne Hinweis	
6	6 P	ohne Hinweis	18–24 Punkte
7	6 P	ohne Hinweis	

Zeig, was du kannst!

1 Berechne.

a) $\frac{11}{12} : \frac{8}{15}$ **c)** $\frac{7}{20} : 5$ **e)** $5\frac{1}{2} \cdot 1\frac{4}{10}$

b) 2,5 · 0,0088 **d)** 3,4 · 5,07 **f)** 20,88 : 3,6

2 Überlege und rechne.

a) Der Divisor eines Quotienten ist $\frac{14}{55}$, der Wert des Quotienten beträgt $\frac{11}{2}$. Wie heißt der Dividend?

b) Welche Zahl muss man mit 6 multiplizieren, um 5 zu erhalten?

3 Gegeben ist der Term $2\frac{1}{3} \cdot \left(\frac{1}{35} + 0{,}4\right) : \frac{40}{77}$

a) Berechne den Wert des Terms. Begründe, warum du mit Brüchen bzw. mit Dezimalzahlen rechnest.

b) Wie ändert sich der Wert des Terms aus a), wenn …
- 3 durch eine größere ganze Zahl ersetzt wird?
- 0,4 durch eine natürliche Zahl ersetzt wird?
- 77 durch eine größere ganze Zahl ersetzt wird?

Begründe deine Antworten.

4 Verschiedene Sachverhalte

a) Ein Metzger schneidet von einem $2\frac{1}{2}$ kg schweren Stück Rindfleisch die Hälfte ab und schneidet daraus 8 gleich schwere Rouladen. Für 1 kg Rouladen verlangt er 16,80 €. Herr Richter kauft sechs Rouladen. Wie viel muss er bezahlen?

b) Familie Althaus kauft ein rechteckiges, 405 m² großes Grundstück. Wie viel kostet es, wenn der Quadratmeterpreis 187,50 € beträgt? Eine Seite des Grundstücks ist 21,6 m lang. Berechne die andere Seitenlänge.

c) Ein Quadratmeter Fensterglas wiegt 11,2 kg. Wie schwer ist eine 37,5 cm breite und 48 cm hohe Glasscheibe?

5 Bestimme den Anteil der rot gefärbten Fläche an nebenstehender Rechtecksfläche.

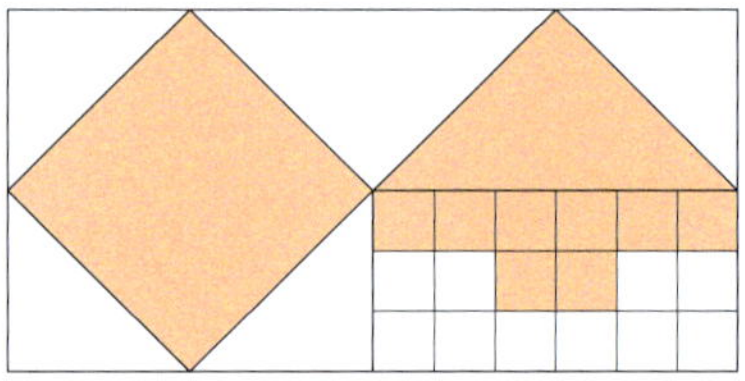

Aufg.-Nr.	Punkte	Lösungshinweis
1	6 P	Siehe S. 37; Multiplikation/Division von Brüchen.
2	4 P	Siehe S. 37; Multiplikation/Division von Brüchen.
3	10 P	Siehe S. 37; Terme, in denen sowohl Brüche als …
4	6 P	ohne Hinweis
5	4 P	Siehe S. 36; Bruchteile von Ganzen.

Lösungen Seite 34

26–30 Punkte

21–25 Punkte

15–20 Punkte

Zeig, was du kannst!

1 Übertrage die Figuren in dein Heft und ergänze sie zu einem Körpernetz (Maße in cm).
Berechne die Oberflächeninhalte der Körper.

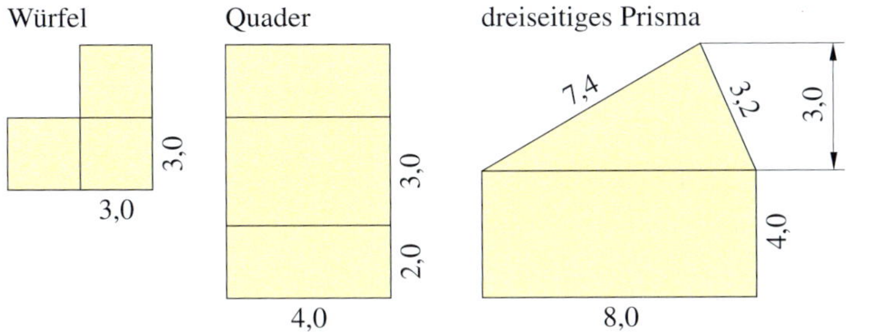

2 Wandle in die angegebene Einheit um.

a) 35 cm³ (in mm³) — $35\,\text{cm}^3$ (in mm^3)
b) 3270 l (in cm^3)
c) 5,8 hl (in l)
d) $4\,\text{m}^3\ 25\,\text{dm}^3$ (in l)
e) $0{,}24\,\text{dm}^3\ 3\,\text{cm}^3\ 500\,\text{mm}^3$ (in cm^3)
f) 58 l 45 ml (in mm^3)

3 Berechne das Volumen des nebenstehend abgebildeten Körpers (Maße in cm).

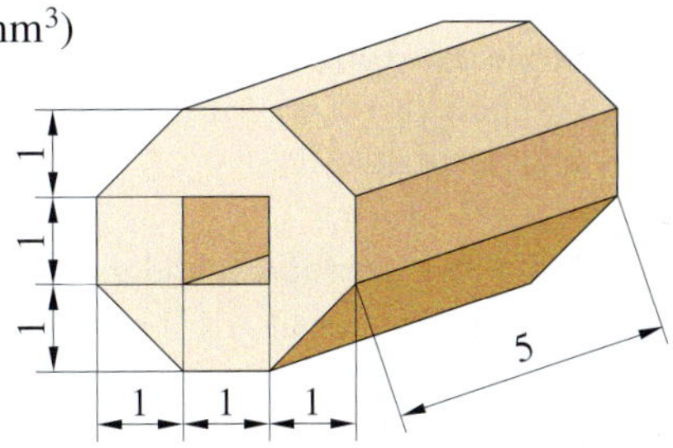

4 Gegeben sind drei verschieden geformte Quader mit demselben Volumen $V = 120\,\text{cm}^3$ und demselben Grundflächeninhalt $G = 24\,\text{cm}^2$.

a) Nenne die Maße von drei verschiedenen Quadern, auf die die Beschreibung passt, und zeichne einen von ihnen im Schrägbild.
b) Berechne den Oberflächeninhalt der drei Quader.
c) Gibt es auch einen Würfel, auf den die Beschreibung passt? Begründe.

5 Quaderförmige Tetrapacks werden in der Fertigung aus Schläuchen gepresst und sollen das Volumen von 1 Liter Flüssigkeit umschließen.
Übliche Maße sind z. B. Länge $l = 64\,\text{mm}$ und Breite $b = 97\,\text{mm}$.

a) Welche Höhe muss der Tetrapack mindestens haben?
b) Wie viel Prozent ist das Packvolumen (Außenmaße) größer als das Inhaltsvolumen (Innenmaße), wenn der Tetrapack aus 1 mm starkem Material gefertigt wird?

Aufg.-Nr.	Punkte	Lösungshinweis	Lösungen Seiten 34 f.
1	12 P	Siehe S. 38; Flächen- und Rauminhalte.	
2	6 P	Siehe S. 38; Volumeneinheiten.	
3	5 P	Siehe S. 38; Flächen- und Rauminhalte.	
4	7 P	Siehe S. 22; Schrägbild eines Quaders.	
5	6 P	ohne Hinweis	

31–36 Punkte

25–30 Punkte

18–24 Punkte

Zeig, was du kannst!

1 Ordne der Größe nach: $\frac{7}{3}$, $\frac{6}{5}$, $-\frac{7}{13}$, $\frac{5}{11}$, $\frac{7}{12}$, $-\frac{6}{13}$, $\frac{4}{11}$, $\frac{5}{8}$, $\frac{4}{13}$.

2 Zahlengerade und Beträge

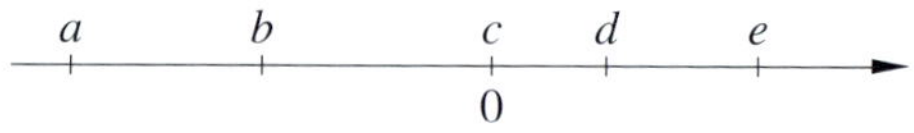

a) Ordne die Beträge der auf der Zahlengeraden eingezeichneten Zahlen a, b, c, d und e der Größe nach.

b) In welchem Bereich auf der Zahlengeraden liegt f, wenn gilt: $|d| < |f| < |b|$?

3 In einem Jugendmagazin sind 33 der 154 Seiten und in einer Fernsehzeitschrift sind 60 der 192 Seiten voll mit Werbung. 40 der 168 Seiten eines Computermagazins sind Werbeseiten und ein Nachrichtenmagazin verwendet 25 % der 180 Seiten für Werbung.
Ordne die Zeitschriften nach dem Werbeanteil ihrer Seiten.

4 Übertrage nebenstehende Tabelle in dein Heft, und fülle die leeren Felder aus.

□	△	□ + △	□ − △
$\frac{2}{7}$	$-\frac{2}{3}$	×××	×××
2,1	×××	1,9	×××
×××	$-\frac{3}{14}$	$\frac{1}{2}$	×××
$-\frac{4}{9}$	×××	×××	2

5 Stelle den Term auf, und berechne seinen Wert.
Addiere zu $-2{,}95$ das Produkt aus der Differenz von $2\frac{5}{6}$ und 0,6 und der Zahl $-0{,}6$.

6 Berechne vorteilhaft, und gib die verwendeten Rechengesetze an.

a) $-\frac{9}{14} \cdot 0{,}375 \cdot (-0{,}\overline{2}) \cdot 8$ **b)** $-2{,}75 \cdot \frac{3}{7} - \frac{3}{7} \cdot 4\frac{1}{4}$

7 Setze <, = oder > ein, und begründe deine Wahl.

a) $2 \cdot (-0{,}4) \cdot 1{,}2$ ▢ $-0{,}98$ **b)** $-\frac{8}{7}$ ▢ $-\frac{9}{7} \cdot 0{,}\overline{8}$

8 Bestimme die fehlenden Zahlen.

a) $3\frac{2}{5}$ − ▢ = 4,6 **b)** ▢ $\cdot \frac{4}{5} = -0{,}\overline{2}$ **c)** 0 · ▢ = −2,7

Aufg.-Nr.	Punkte	Lösungshinweis
1	4 P	Siehe S. 36; rationale Zahlen $\mathbb{Q}$.
2	5 P	Siehe S. 36; rationale Zahlen $\mathbb{Q}$.
3	6 P	Siehe S. 38; Prozentrechnung.
4	8 P	Siehe S. 37; Rechenregeln für rationale Zahlen.
5	3 P	ohne Hinweis
6	6 P	Siehe S. 37; Terme, in denen sowohl Brüche als …
7	4 P	ohne Hinweis
8	6 P	ohne Hinweis

Lösungen Seite 35

36–42 Punkte
29–35 Punkte
21–28 Punkte

Zeig, was du kannst!

1 Berechne den fehlenden Wert.

a) 16 % von 75 € sind ■.

b) 24 % von ■ ha sind 3600 m^2.

c) 240 g sind ■ % von 750 g.

2 Nach einer Preissenkung um 35 % kostet ein Mantel nur noch 234 €.
Wie viel kann ein Kunde durch die Preissenkung sparen?
Welcher Bruchteil vom ursprünglichen Preis ist dies?

3 Ein 25 g schwerer Müsliriegel enthält 1,9 g Eiweiß, 15,1 g Kohlenhydrate und 4,6 g Fett.
Stelle die Werte in einem Kreisdiagramm dar.

4 Nebenstehende Grafik zeigt die von einer Solaranlage in einer Woche erzeugte elektrische Energie.
Welchen Eindruck erweckt das Diagramm?
Stelle die Energiemengen pro Tag in einer Tabelle und in einem bei null beginnenden Strichdiagramm dar.

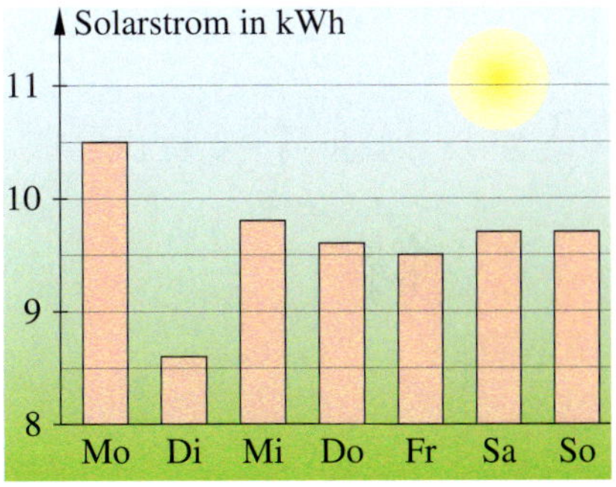

5 Berechne und erkläre den Zusammenhang.

a) Drei Brötchen kosten 75 Cent. Wie viel kosten 7 Brötchen?

b) Dein Taschengeld reicht noch für 3 Kugeln Eis zu je 60 Cent.
Wie viele Butterhörnchen zu je 45 Cent könntest du für den gleichen Geldbetrag kaufen?

6 Bei einer Radtour brauchst du $2\frac{1}{2}$ Stunden für 45 km.

a) Welche Strecke schaffst du bei gleichem Tempo in einer Minute?

b) Wie lange benötigst du bei 15 km/h für die gleiche Strecke?

c) Wie lang ist die 45 km lange Strecke auf einer Karte im Maßstab 1 : 300 000?

Aufg.-Nr.	Punkte	Lösungshinweis
1	6P	Siehe S. 38; Prozent- und Schlussrechnung.
2	6P	Siehe S. 38; Prozent- und Schlussrechnung.
3	6P	Siehe S. 36; Bruchteile von Ganzen.
4	6P	Siehe S. 38; Diagramme.
5	4P	Siehe S. 38; Prozent- und Schlussrechnung.
6	6P	ohne Hinweis

Lösungen Seite 35

30–34 Punkte

24–29 Punkte

17–23 Punkte

Lösungen: Zeig, was du kannst!

Kapitel 1 • Seite 24

1 a), b) je 3 P

a) z. B.

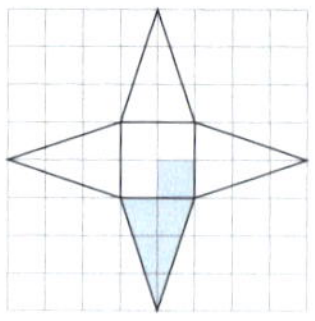

b) $\frac{1}{3}$ der Fläche ist blau gefärbt.

2 a), b), c), d), e), f) je 1 P

Ergänzungen:

a) 4 kg **c)** 4,6 km **e)** 70 min
b) 45 **d)** 2,40 € **f)** 200 m^2

3 a), b), c) je 2 P

a) $2\frac{2}{5}$ **b)** $\frac{3}{4}$ **c)** $2\frac{2}{5}$

4 a), b), c), d), e), f) je 1 P

a) richtig **c)** richtig **e)** richtig
b) $\frac{1}{5} = 20\,\%$ **d)** $25\,\% = \frac{33}{132}$ **f)** 20 % von 4 km = 800 m

5 6 P

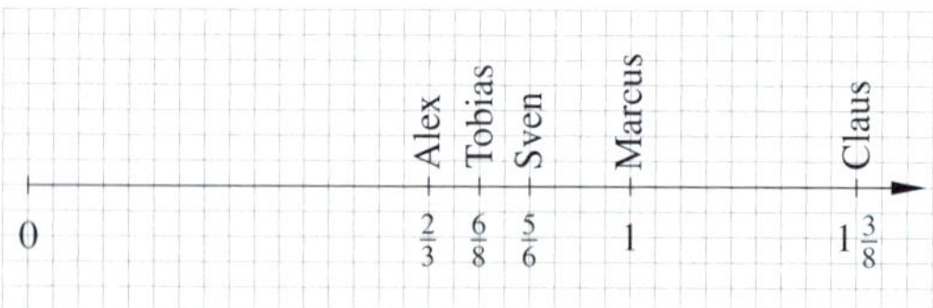

Kapitel 2 • Seite 25

1 a), b), c), d) je 1 P

a) $\frac{3}{4}$ **b)** $\frac{19}{20}$ **c)** $1\frac{4}{5}$ **d)** $4\frac{3}{8}$

2 a), b), c), d) je 1 P

a) 0,03 **b)** 0,625 **c)** 0,28 **d)** 0,75

3 4 P

−2,10; −1,2; 1,02; 1,2; 2,01; 2,1

4 a), b) je 2 P

a) 12,3 12,346 **b)** 0,1 0,150

5 a), b), c) je 2 P

a) 20,73 dm **b)** 3,05 t **c)** 102,03 a

6 a), b) je 3 P

a) 324,7 m **b)** 8,6822 m^2

7 3 P

Insgesamt 250 Lose, davon 130 Gewinnlose; Anteil der Gewinnlose 52 %

8 5 P

$l + b = 20{,}3\,\text{dm} : 2 = 10{,}15\,\text{dm} = 7{,}75\,\text{dm} + b$, also $b = 2{,}4\,\text{dm}$

Flächeninhalt:

$A = l \cdot b = 7{,}75\,\text{dm} \cdot 2{,}4\,\text{dm} = 18{,}6\,\text{dm}^2$

Kapitel 3 • Seite 26

1 a) 6 P, b) 4 P

a)

Augenzahl	1	2	3	4	5	6
Anzahl	30	32	36	34	30	38
als Bruch	$\frac{3}{20}$	$\frac{4}{25}$	$\frac{9}{50}$	$\frac{17}{100}$	$\frac{3}{20}$	$\frac{19}{100}$
als Prozentsatz	15 %	16 %	18 %	17 %	15 %	19 %

b) Es kann z. B. ein Kreis-, ein Säulen- oder ein Strichdiagramm gezeichnet werden.

2 a) 2 P, b) 4 P, c) 4 P

a) Es können z. B. folgende Ergebnisse untersucht werden:
Das geworfene Zündholz trifft eine bzw. keine der parallelen Linien.
Es liegen Zündhölzer übereinander bzw. nicht übereinander, wenn man alle 50 Zündhölzer gleichzeitig wirft.

b) Wenn untersucht wurde, ob das geworfene Zündholz eine der parallelen Linien trifft oder nicht, können sich z. B. folgende Häufigkeiten ergeben:

	Zündholz trifft nicht	Zündholz trifft
Absolute Häufigkeit	23	27
Relative Häufigkeit	46 %	54 %

c) Eine mögliche Spielregel für das Gewinnspiel „Zündholzwerfen“:
Es werden nacheinander 50 Zündhölzer auf ein Blatt mit parallelen Linien im Abstand von 5 cm geworfen. Du erhältst einen Punkt, wenn eine der Linien getroffen wird, dein Mitspieler erhält einen Punkt, wenn keine der Linien getroffen wird. Es gewinnt, wer die meisten Punkte erreicht.

3 10 P

200 Schülerinnen und Schüler wurden z. B. gefragt, ob sie ein eigenes Handy haben.

	kein eigenes	eigenes	
Mädchen	19 %	45 %	64 %
Jungen	6 %	30 %	36 %
	25 %	75 %	100 %

	kein eigenes	eigenes	
Mädchen	38	90	128
Jungen	12	60	72
	50	150	200

4 a) 8 P, b) 3 P, c) 4 P

a)

	Englisch	kein Englisch	
Spanisch	30	15	45
kein Spanisch	180	75	255
	210	90	300

	Englisch	kein Englisch	
Spanisch	10 %	5 %	15 %
kein Spanisch	60 %	25 %	85 %
	70 %	30 %	100 %

b) Keine Fremdsprache sprechen 75, nur Englisch 180, nur Spanisch 15 sowie Englisch und Spanisch 30 befragte Personen.

c)

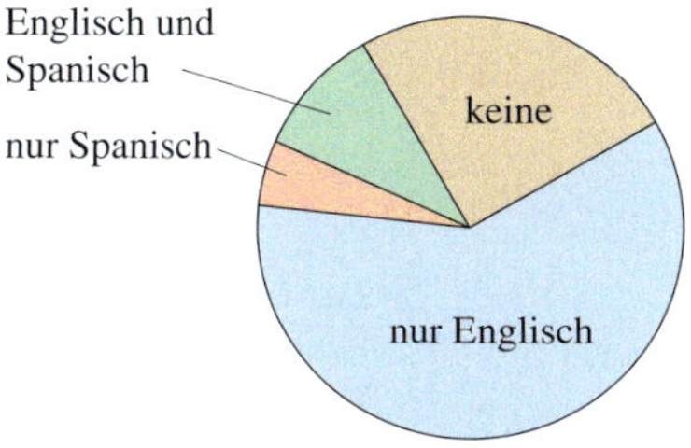

Die Mittelpunktswinkel sind 90°, 216°, 18°, 36°.

Kapitel 4 • Seite 27

1 a), b), c), d) je 2 P

a) $\frac{107}{338}$

b) 6,908 oder $6\frac{227}{250}$

c) $1\frac{53}{84}$

d) 1,38 oder $1\frac{19}{50}$

2 4 P

$6\frac{2}{3}$

3 4 P

4,5 cm

4 4 P

Nein, das klappt nicht. Begründung:
$\frac{3}{4} + \frac{3}{10} = 1\frac{1}{20} > 1$, d. h. an die beiden Personen müsste mehr als die gesamte Tafel verteilt werden.

5 4 P

2,3 bzw. $2\frac{3}{10}$

6 6 P

Die Figur kommt mit sich selbst zur Deckung, wenn sie insgesamt um ein ganzzahliges Vielfaches einer $\frac{1}{3}$-Drehung gedreht wird.
Schritt 1 und Schritt 2 liefern eine $\frac{3}{10}$-Drehung im Uhrzeigersinn, $\frac{1}{2} - \frac{1}{5} = \frac{3}{10}$.
Mögliche dritte Schritte:
Drehung entgegen dem Uhrzeigersinn:
$\frac{3}{10} = \frac{9}{30}, \frac{19}{30}, \frac{29}{30}, \ldots$
Drehung im Uhrzeigersinn: $\frac{1}{30}, \frac{11}{30}, \frac{21}{30}, \ldots$

7 6 P

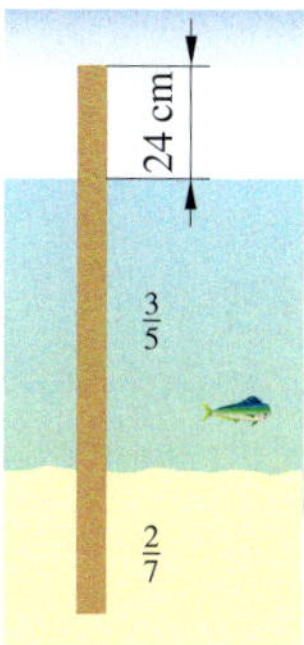

Mögliche Fragen:
Welcher Bruchteil des Stockes ist unterhalb des Wasserspiegels? $\frac{2}{7} + \frac{3}{5} = \frac{31}{35}$
Welcher Bruchteil des Stockes befindet sich über dem Wasserspiegel? $\frac{4}{35}$
Wie lang ist der Stock insgesamt? $\frac{4}{35}$ des Stockes sind 24 cm. Folglich ist der Stock 210 cm lang.
Wie lang ist der Teil des Stockes im Wasser?
$210\,\text{cm} \cdot \frac{3}{5} = 126\,\text{cm}$
Wie lang ist der Teil des Stockes im Boden?
$210\,\text{cm} \cdot \frac{2}{7} = 60\,\text{cm}$

Kapitel 5 • Seite 28

1 a), b), c), d), e), f) je 1 P

a) $1\frac{23}{32}$ **c)** $\frac{7}{100}$ **e)** $7\frac{7}{10}$

b) 0,022 **d)** 17,238 **f)** 5,8

2 a), b) je 2 P

a) Schreibe z. B.: $\frac{\triangle}{\circ} : \frac{14}{55} = \frac{11}{2}$ bzw. $\frac{\triangle}{\circ} \cdot \frac{55}{14} = \frac{11}{2}$.

Es ergibt sich $\frac{\triangle}{\circ} = \frac{7}{5}$.

b) $\frac{5}{6} \cdot 6 = 5$

3 a) 4 P, b) 6 P

a) Die Brüche können nicht in endliche Dezimalzahlen umgewandelt werden. Deshalb wird mit Brüchen gerechnet.

Der Wert des Terms ist $\frac{77}{40}$ bzw. $1\frac{37}{40}$.

b) 3 durch eine größere Zahl ersetzen: Es wird der erste Faktor kleiner, da der Nenner größer wird. Damit wird der Wert des Terms kleiner.
0,4 durch eine natürliche Zahl ersetzen: Da jede natürliche Zahl größer als 0,4 ist, wird der Term in der Klammer und somit der Wert des Gesamtterms größer.
77 durch eine größere Zahl ersetzen: Der Nenner des letzten Bruches wird größer und der Bruch damit kleiner. Weil der Divisor kleiner wird, wird der Wert des Terms größer.

4 a), b), c) je 2 P

a) Herr Richter kauft $\left(2\frac{1}{2} : 2\right)\text{kg} \cdot \frac{6}{8} = \frac{15}{16}\text{kg}$ Rouladen. Er muss also $\frac{15}{16} \cdot 16{,}80\,€ = 15{,}75\,€$ bezahlen.

b) Das Grundstück kostet 75 937,50 €.
Die andere Rechteckseite ist 18,75 m lang.

c) Die Glasscheibe hat einen Flächeninhalt von $0{,}18\,\text{m}^2$. Bei dieser Glassorte wiegt die Scheibe 2,016 kg.

5 4 P

Die linke Hälfte des Rechtecks ist zur Hälfte gefüllt: $\frac{1}{2} \cdot \frac{1}{2} = \frac{1}{4}$.
Das rechte obere Viertel des Rechtsecks ist zur Hälfte gefüllt: $\frac{1}{2} \cdot \frac{1}{4} = \frac{1}{8}$.
Der gefüllte karierte Anteil beträgt: $\frac{8}{18} \cdot \frac{1}{4} = \frac{1}{9}$.
Gesamtanteil: $\frac{35}{72}$

Kapitel 6 • Seite 29

1 je Körper 4 P

Würfel $A_W = 54\,\text{cm}^2$

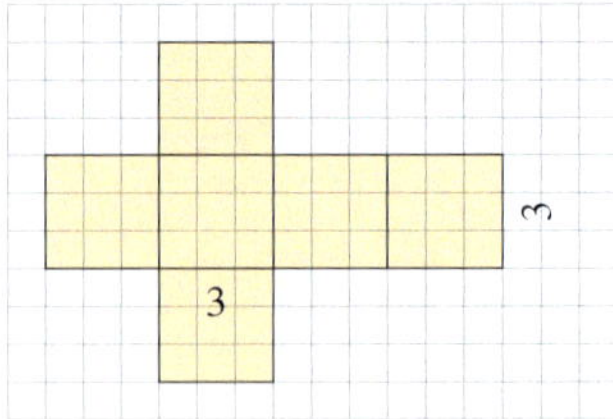

Quader $A_Q = 52\,\text{cm}^2$

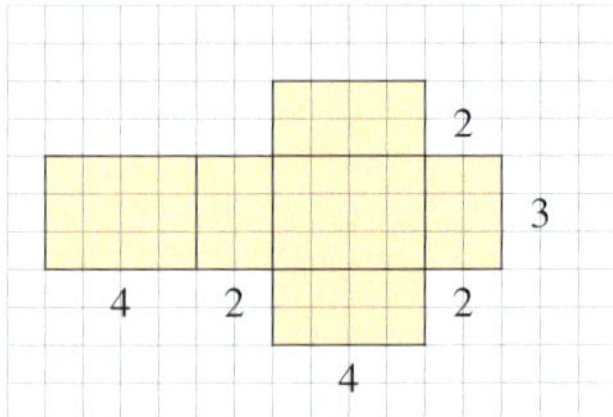

dreiseitiges Prisma $A_P = 98{,}4\,\text{cm}^2$

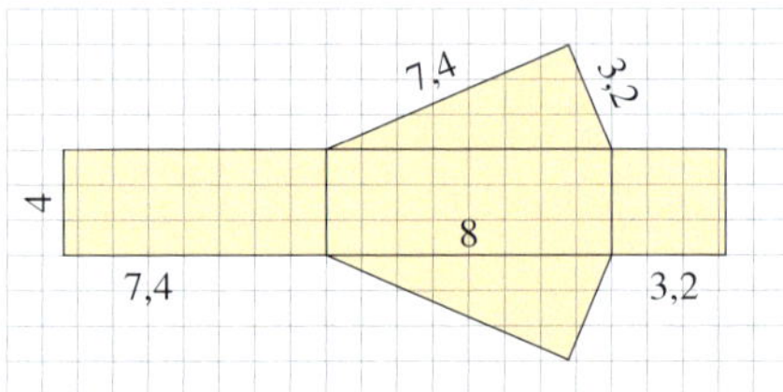

2 a), b), c), d), e), f) je 1 P

a) $35\,000\,\text{mm}^3$ **d)** 4025 l

b) $3\,270\,000\,\text{cm}^3$ **e)** $243{,}5\,\text{cm}^3$

c) 580 l **f)** $58\,045\,000\,\text{mm}^3$

3 5 P

$V = 30\,\text{cm}^3$

4 a) 3 P, b), c) je 2 P

a), b) Drei mögliche Maße (Schrägbild je nach gewählten Maßen):

l in cm	b in cm	h in cm	O in cm^2
4	6	5	148
3	12	5	188
2	8	5	158

c) Nein. Wenn die Grundfläche $24\,\text{cm}^2$ groß ist, müsste der Würfel $(120 : 24)\,\text{cm} = 5\,\text{cm}$ hoch sein. Ein 5 cm hoher Würfel müsste aber eine Grundfläche von $25\,\text{cm}^2$ haben.

5 a), b) je 3 P

a) $1000\,cm^3 : 62{,}08\,cm^2 \approx 16{,}2\,cm$
(wegen Minimum aufrunden)

b) $V_{außen} = (16{,}4 \cdot 9{,}9 \cdot 6{,}6)\,cm^3 \approx 1072\,cm^3$.
Das Packvolumen ist ca. 7,2 % größer.

Kapitel 7 • Seite 30

1 4 P

$-\frac{7}{13}, -\frac{6}{13}, \frac{4}{13}, \frac{4}{11}, \frac{5}{11}, \frac{7}{12}, \frac{5}{8}, \frac{6}{5}, \frac{7}{3}$

2 a) 3 P, b) 2 P

a) $|c| < |d| < |b| < |e| < |a|$

b)

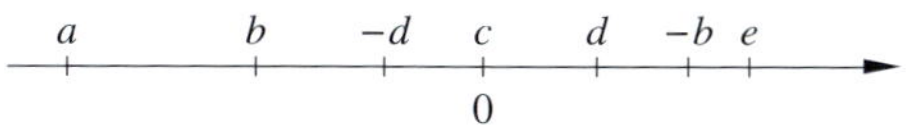

f kann entweder zwischen b und $-d$ oder zwischen d und $-b$ liegen.

3 6 P

Jugendmagazin (≈ 21,4 %), Computermagazin (≈ 23,8 %), Nachrichtenmagazin (25 %), Fernsehmagazin (≈ 31,3 %).

4 je Wert 1 P

□	△	□ + △	□ − △
$\frac{2}{7}$	$-\frac{2}{3}$	$-\frac{8}{21}$	$\frac{20}{21}$
2,1	−0,2	1,9	2,3
$\frac{5}{7}$	$-\frac{3}{14}$	$\frac{1}{2}$	$\frac{13}{14}$
$-\frac{4}{9}$	$-\frac{22}{9}$	$-\frac{26}{9}$	2

5 3 P

$-2{,}95 + \left(2\frac{5}{6} - 0{,}6\right) \cdot (-0{,}6) = -4{,}29$

6 a), b) je 3 P

a) $\frac{3}{7}$ **b)** -3

7 a), b) 3 P

a) $-0{,}96 > -0{,}98$ **b)** $-\frac{8}{5} < -\frac{8}{7}$

8 a), b), c) je 2 P

a) $-1{,}2$ **b)** $-\frac{5}{18}$ **c)** Es gibt keine solche Zahl.

Kapitel 8 • Seite 31

1 a), b), c) je 2 P

a) 12 €

b) 1,5 ha

c) 32 %

2 6 P

Ersparnis: $\frac{7}{20}$ des ursprünglichen Preises (360 €), also 126 €.

3 6 P

Winkel für das Kreisdiagramm:
1,9 g Eiweiß: 7,6 % ≙ 27,36°
15,1 g Kohlenhydrate: 60,4 % ≙ 217,44°
4,6 g Fett: 18,4 % ≙ 66,24°
3,4 g Rest: 13,6 % ≙ 48,96°

4 6 P

Eindruck: Am Dienstag wurde sehr viel weniger Energie erzeugt als an den anderen Tagen. Dieser Eindruck ist im untenstehenden Strichdiagramm nicht ganz so stark, da es bei null beginnt.

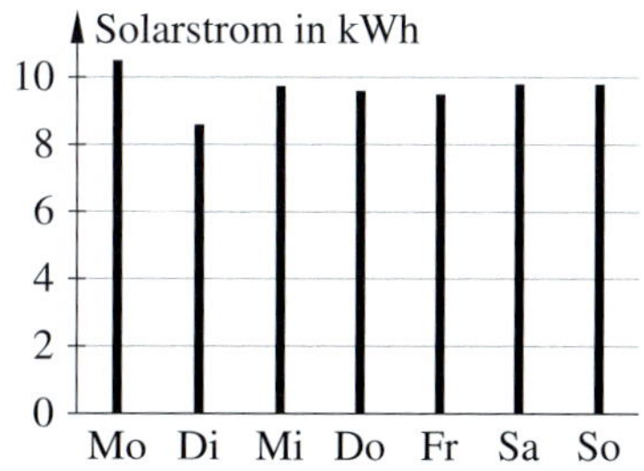

Tag	Mo	Di	Mi	Do	Fr	Sa	So
kWh	10,5	8,6	9,9	9,6	9,5	9,8	9,8

5 a), b) je 2 P

a) Ein Brötchen kostet 25 Cent. 7 Brötchen kosten 1 € 75 Cent.

b) Du hast 1 € 80 Cent. Hierfür erhältst du vier Hörnchen.

6 a), b), c) je 2 P

a) In einer Minute schaffst du 300 m.

b) 3 Stunden

c) Real 45 km entsprechen auf der Karte 15 cm.

Grundwissen – Überblick

Rationale Zahlen in verschiedenen Schreibweisen

Positive und negative **Bruchzahlen** bilden zusammen mit der Zahl 0 die Menge der **rationalen Zahlen $\mathbb{Q}$**.

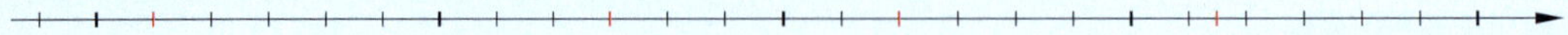

-2	$-\frac{11}{6}$	-1	$-\frac{1}{2}$	0	$\frac{1}{3}$	1	$\frac{5}{4}$	2
	$-1\frac{5}{6}$	$-\frac{11}{11}$	$-0{,}5$		$0{,}\overline{3}$		$1\frac{1}{4}$	$\frac{2}{1}$
	$-1{,}8\overline{3}$		$-\frac{56}{112}$		$\frac{6}{18}$		$1{,}25$	$\frac{10}{5}$

Je weiter rechts eine rationale Zahl auf der Zahlengeraden steht, desto größer ist sie.

$-\frac{11}{6} < -\frac{1}{2} < 0 < \frac{1}{3} < \frac{5}{4}$

Jede natürliche und jede ganze Zahl ist auch eine rationale Zahl.

$-1 = -\frac{1}{1} = -\frac{11}{11} = \ldots \qquad 2 = \frac{2}{1} = \frac{10}{5} = \ldots$

Bruchzahlen können als **Brüche** und als **Dezimalzahlen** geschrieben werden.
Alle Brüche und Dezimalzahlen, die ein und dieselbe Bruchzahl beschreiben, werden auch ein und demselben Punkt auf der Zahlengeraden zugeordnet.

$\frac{5}{4} = 5 : 4 = 1{,}25 \qquad 0{,}24 = \frac{24}{100} = \frac{6}{25}$

$\frac{5}{4} = 1\frac{1}{4} = 1{,}25 = \frac{10}{8} = \frac{55}{44} = \ldots$

Mithilfe von Brüchen lassen sich **Bruchteile von Ganzen** angeben. Der **Nenner** gibt an, in wie viele gleiche Teile ein Ganzes zerlegt wird. Der **Zähler** gibt an, wie viele dieser gleichen Teile zu nehmen sind.

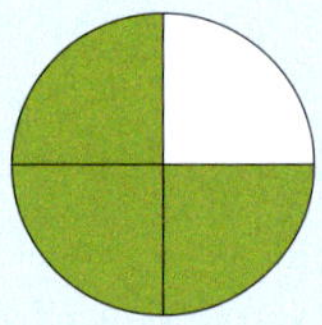

Die Dezimalzahl kann nach dem Komma entweder endlich viele Ziffern haben oder eine sich ständig wiederholende Ziffer oder Ziffernfolge besitzen, die man **Periode** nennt und mit einem Querstrich kennzeichnet.
Man unterscheidet demnach zwischen **endlichen Dezimalzahlen** und **periodischen Dezimalzahlen**.

$\frac{7}{40} = 7 : 40 = 0{,}175$

$\frac{1}{6} = 1 : 6 = 0{,}1666666\ldots = 0{,}1\overline{6}$

$\frac{15}{37} = 15 : 37 = 0{,}405405405\ldots = 0{,}\overline{405}$

Ein Bruch kann genau dann als endliche Dezimalzahl geschrieben werden, wenn im Nenner des vollständig gekürzten Bruchs keine anderen Primfaktoren als 2 und 5 vorkommen.

$\frac{7}{40} = \frac{7}{2 \cdot 2 \cdot 2 \cdot 2 \cdot 5}$

$\frac{1}{6} = \frac{1}{2 \cdot 3} \qquad \frac{15}{37} = \frac{3 \cdot 5}{37}$

Brüche mit dem Nenner 100 werden häufig als **Prozentsätze** geschrieben.
Brüche, bei denen der Zähler größer als der Nenner ist, lassen sich als **gemischte Zahlen** schreiben.

$\frac{3}{4} = \frac{75}{100} = 75\,\% = 0{,}75$

$\frac{11}{5} = 2\frac{1}{5}$

Brüche wie $\frac{6}{8}$ und $\frac{9}{12}$, die durch **Kürzen** und **Erweitern** auseinander hervorgehen, beschreiben denselben Bruchteil und sind verschiedene Schreibweisen für dieselbe Bruchzahl.

$\frac{6}{8} \xrightarrow{:2} \frac{3}{4} \xrightarrow{\cdot 3} \frac{9}{12}$, $\frac{9}{12} \xrightarrow{:3} \frac{3}{4} \xrightarrow{\cdot 2} \frac{6}{8}$

$\frac{6}{8} = \frac{3}{4} = \frac{9}{12}$

Rechnen mit rationalen Zahlen

Addieren und Subtrahieren von Brüchen: Gleichnamige Brüche werden addiert (subtrahiert), indem man den Nenner beibehält und die Zähler addiert (subtrahiert).
Liegen keine gleichnamigen Brüche vor, so werden sie vorab durch Erweitern oder Kürzen gleichnamig gemacht.

$\frac{3}{7} + \frac{2}{7} = \frac{3+2}{7} = \frac{5}{7}$

$\frac{5}{6} - \frac{3}{4} = \frac{10}{12} - \frac{9}{12} = \frac{10-9}{12} = \frac{1}{12}$

Multiplikation und Division von Brüchen:
Zwei Brüche werden miteinander multipliziert, indem man Zähler mit Zähler und Nenner mit Nenner multipliziert.
Man dividiert durch einen Bruch, indem man mit seinem Kehrbruch multipliziert.

$\frac{34}{35} \cdot \frac{7}{30} = \frac{24 \cdot 7}{35 \cdot 30} \underset{\text{kürzen}}{=} \frac{4 \cdot 1}{5 \cdot 5} = \frac{4}{25}$

$\frac{11}{63} : \frac{66}{35} = \frac{11}{63} \cdot \frac{35}{66} = \frac{11 \cdot 35}{63 \cdot 66} \underset{\text{kürzen}}{=} \frac{1 \cdot 5}{9 \cdot 6} = \frac{5}{54}$

Schriftliches Rechnen mit Dezimalzahlen: Im Prinzip wird wie mit natürlichen Zahlen schriftlich gerechnet. Dabei muss aber das Komma berücksichtigt werden.

$$\begin{array}{r} 8{,}743 \\ +\,22{,}170 \\ \hline 30{,}913 \end{array} \qquad \begin{array}{r} 13{,}250 \\ -\;5{,}384 \\ \hline 7{,}866 \end{array} \qquad \begin{array}{r} 2{,}1 \cdot 0{,}32 \\ \hline 63 \\ 42 \\ \hline 0{,}672 \end{array}$$

insgesamt 3 Dezimalen

$$18{,}473 : 2{,}03 \underset{\text{Komma 2 Stellen verschieben}}{=} 1847{,}3 : 203 = 9{,}1$$

$$\begin{array}{r} 1827 \\ \hline 203 \\ 203 \\ \hline 0 \end{array}$$

Terme, in denen sowohl Brüche als auch Dezimalzahlen auftreten: Kann ein Bruch im Term nicht durch eine endliche Dezimalzahl dargestellt werden, sollte bei jeder Rechenart mit Brüchen gearbeitet werden.
In allen anderen Fällen ist es von Vorteil, bei Addition und Subtraktion rationaler Zahlen mit Dezimalzahlen und bei Multiplikation und Division rationaler Zahlen mit Brüchen zu rechnen.

$\frac{5}{6} + 0{,}25 = \frac{5}{6} + \frac{1}{4} = \frac{13}{12} = 1\frac{1}{12}$

$\frac{3}{8} + 0{,}217 = 0{,}375 + 0{,}217 = 0{,}592$

$\frac{7}{5} : 0{,}84 = \frac{7}{5} : \frac{84}{100} = \frac{7 \cdot 100}{5 \cdot 84} = \frac{20}{12} = \frac{5}{3} = 1\frac{2}{3}$

Regeln für das Rechnen mit rationalen Zahlen:

Zwei rationale Zahlen mit gleichen Vorzeichen werden addiert, indem man deren Beträge addiert. Das Ergebnis trägt das gemeinsame Vorzeichen der Summanden.

$-2 + (-0{,}4) = -(2 + 0{,}4) = -2{,}4$

Zwei rationale Zahlen mit verschiedenen Vorzeichen werden addiert, indem man den kleineren Betrag vom größeren Betrag subtrahiert. Das Ergebnis trägt das Vorzeichen des Summanden mit dem größeren Betrag.

$1{,}3 + (-2{,}8) = -(2{,}8 - 1{,}3) = -1{,}5$

$(-3{,}4) + 5{,}8 = +(5{,}8 - 3{,}4) = 2{,}4$

Subtraktion zweier rationaler Zahlen: Statt eine rationale Zahl zu subtrahieren ist es auch möglich, ihre Gegenzahl zu addieren.

$(-1{,}1) - 3{,}7 = (-1{,}1) + (-3{,}7) = -4{,}8$

Zwei rationale Zahlen werden multipliziert (dividiert), indem man zuerst deren Beträge multipliziert (dividiert). Das Ergebnis erhält ein positives Vorzeichen, wenn beide Zahlen das gleiche Vorzeichen haben, bzw. ein negatives Vorzeichen, wenn beide Zahlen unterschiedliche Vorzeichen haben.

$(-3) \cdot 2{,}5 = -(3 \cdot 2{,}5) = -7{,}5$

$\left(-\frac{4}{7}\right) : (-8) = +\left(\frac{4}{7} : 8\right) = \frac{4 \cdot 1}{7 \cdot 8} = \frac{1}{14}$

Prozent- und Schlussrechnung

Der **Grundwert** steht für „das Ganze", also 100 %, der **Prozentsatz** beschreibt den „Bruchteil" vom Ganzen als Bruch mit dem Nenner 100 und der **Prozentwert** gibt an, wie viel dieser „Anteil" ausmacht.

45 %	von	120 m²	=	54 m²
Prozentsatz		Grundwert		Prozentwert
Berechnung Prozentsatz:		Berechnung Grundwert:		Berechnung Prozentwert:
$\frac{54\,m^2}{120\,m^2} = 0{,}45 = 45\,\%$		$54\,m^2 : 0{,}45 = 120\,m^2$		$0{,}45 \cdot 120\,m^2 = 54\,m^2$

Direkte Proportionalität: Bei Verdoppelung (Verdreifachung, …) einer Größe verdoppelt (verdreifacht, …) sich auch die andere Größe. Das gilt z. B. für den Zusammenhang zwischen Menge und Preis beim Einkaufen, wenn kein Mengenrabatt gegeben wird.

250 g Schinken kosten 4,50 €
(: 2,5 ↓ : 2,5)
100 g Schinken kosten 1,80 €
(· 1,5 ↓ · 1,5)
150 g Schinken kosten 2,70 €

Indirekte Proportionalität: Bei Verdoppelung (Verdreifachung, …) einer Größe nimmt die andere Größe auf die Hälfte (ein Drittel) des ursprünglichen Wertes ab. Das gilt z. B. bei der Verteilung einer festen Menge auf verschiedene Anzahlen von Personen o. a.

Um eine bestimmte Menge Bauschutt abzutransportieren müssten

5 Lkws jeweils 6-mal fahren,
(: 5 ↓ · 5)
1 Lkw 30-mal fahren,
(· 3 ↓ : 3)
3 Lkws jeweils 10-mal fahren.

Flächen- und Rauminhalte

Dreieck | Parallelogramm | Trapez | Quader | Würfel

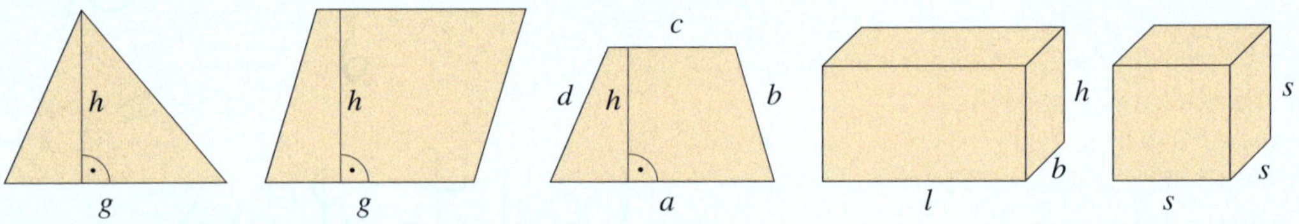

$A_D = \frac{1}{2} \cdot g \cdot h$ $A_P = g \cdot h$ $A_T = \frac{1}{2} \cdot (a + c) \cdot h$ $V_Q = l \cdot b \cdot h$ $V_W = s^3$

Volumeneinheiten: m³ ⇄ dm³ (l) ⇄ cm³ (ml) ⇄ mm³ (jeweils · 1000 nach rechts, : 1000 nach links) außerdem 1 hl = 100 l

Diagramme

Bevor du mit dem Zeichnen eines Diagramms beginnst, überlege, was du damit verdeutlichen willst. Nimm z. B. die Verteilung der Blutgruppen in der deutschen Bevölkerung:
A 43 %, **B** 11 %, **AB** 5 %, **0** 41 %.
Die unterschiedlichen relativen Häufigkeiten lassen sich gut in einem **Strich-** oder **Säulendiagramm** verdeutlichen. Die Verteilung auf die Gesamtbevölkerung wird dagegen in einem **Prozentstreifen** oder in einem **Kreisdiagramm** besonders deutlich.

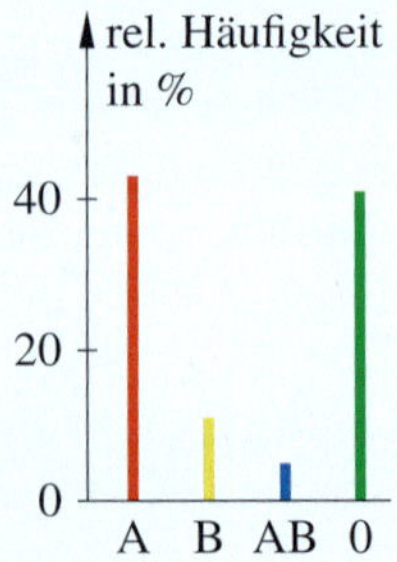

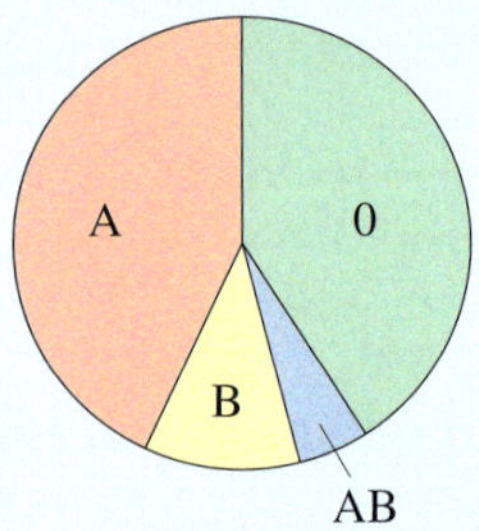

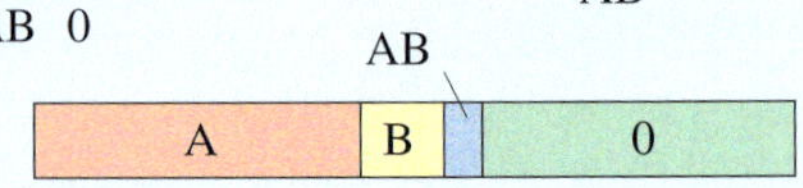

7

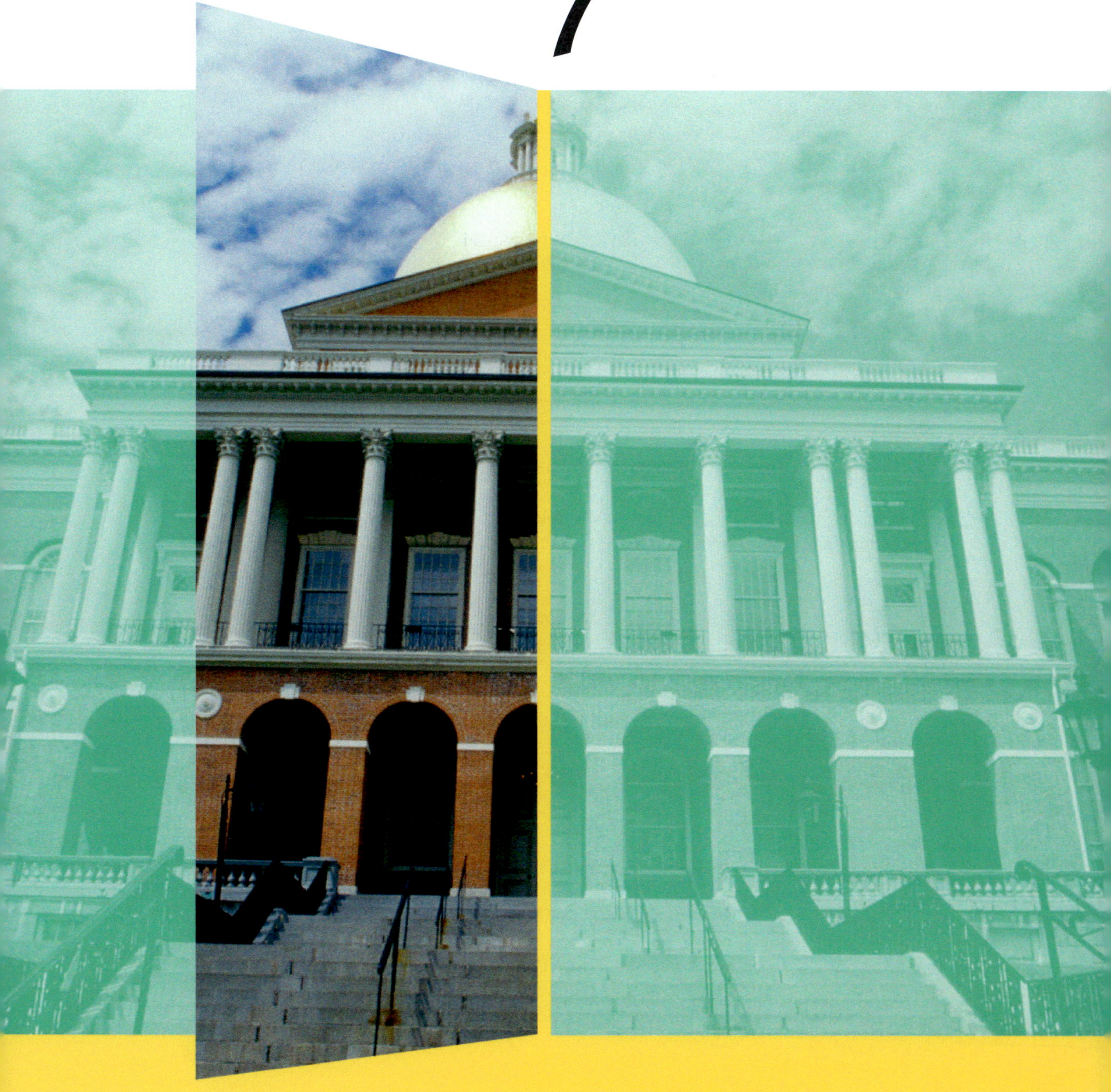

Zeig, was du kannst!

1 Zeichne ein Dreieck ABC.

a) Konstruiere den Mittelpunkt Z der Strecke $[AB]$.

b) Konstruiere zu C den bezüglich Z punktsymmetrischen Punkt C'.

c) Von welcher Art ist das Viereck $AC'BC$? Begründe eine Antwort.

2 Zeichne eine Strecke $[AB]$ der Länge 4 cm.

a) Konstruiere den Mittelpunkt einer Kreislinie mit Radius 3 cm, die durch A und B geht.

b) Gib einen Konstruktionsplan an und begründe die Konstruktion.

c) Wie viele Mittelpunkte solcher Art gibt es und wie liegen sie zueinander?

3 Trage die Punkte $A(-1|-3)$, $B(4|-3)$ und $C(7|1)$ in ein Koordinatensystem ein.

a) Konstruiere einen Punkt D so, dass $ABCD$ eine Raute ist.

b) Gib für die Raute $ABCD$ die Symmetrieachsen und die Koordinaten des Symmetriezentrums Z an.

c) Ergänze einen Punkt E so, dass das Viereck $ABCE$ ein gleichschenkliges Trapez ist.

d) Welche Koordinaten kann der Punkt E haben?

4 Trage die Punkte $A(-2|-2)$, $B(3|-2)$ und $C(1{,}5|1{,}5)$ in ein Koordinatensystem ein.

a) Konstruiere den zu A (B, C) achsensymmetrischen Punkt A' (B', C') bezüglich der Symmetrieachse BC (AC, AB).

b) Vergleiche den Umfang und den Flächeninhalt des Dreiecks ABC mit dem Umfang und dem Flächeninhalt des Sechsecks $AC'BA'CB'$.

5 Zeichne eine Gerade g und einen Punkt P.

a) Konstruiere eine Symmetrieachse so, dass die zu g achsensymmetrische Gerade g' senkrecht zu g ist und durch den Punkt P verläuft.

b) Wie viele Symmetrieachsen solcher Art gibt es und wie liegen sie zueinander?

Aufg.-Nr.	Punkte	Lösungshinweis
1	6 P	Siehe S. 58; Punktsymmetrie.
2	6 P	ohne Hinweis
3	8 P	Siehe S. 58; Achsen- und Punktsymmetrie.
4	10 P	Siehe S. 58; Achsensymmetrie.
5	6 P	Siehe S. 58; Achsensymmetrie.

Lösungen Seite 49

31–36 Punkte

25–30 Punkte

18–24 Punkte

Zeig, was du kannst!

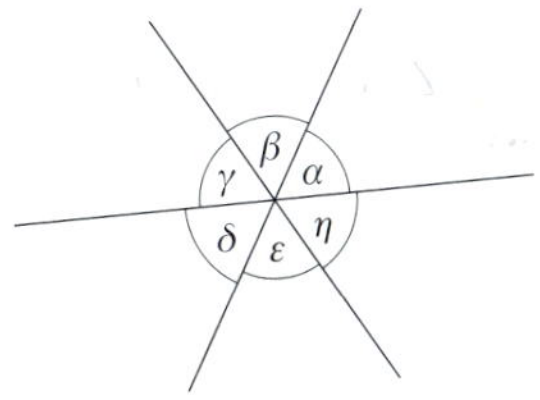

1 Berechne die fehlenden Winkel, wenn die folgenden Angaben zur nebenstehenden Figur bekannt sind.

a) $\alpha = 30{,}7°$ und $\beta = 50°$

b) $\alpha + \beta = 90°$ und $\varepsilon = 68°$

c) $\alpha = \varepsilon$ und $\eta = 2\,\delta$

2 Berechne die restlichen Winkel.

a) Dreieck *ABC* mit $\alpha = 90°$ und $\beta = 2\,\gamma$

b) Dreieck *ABC* mit $\alpha = 22°\,35'$ und $\gamma = 99°\,45'\,52''$

c) Viereck *ABCD* mit $\alpha = 15°$, $\beta = 70°$ und $\gamma = 10\,\alpha - \beta$

3 Wie groß sind die bezeichneten Winkel?
Welches besondere Viereck wird von den Geraden eingeschlossen?

a)

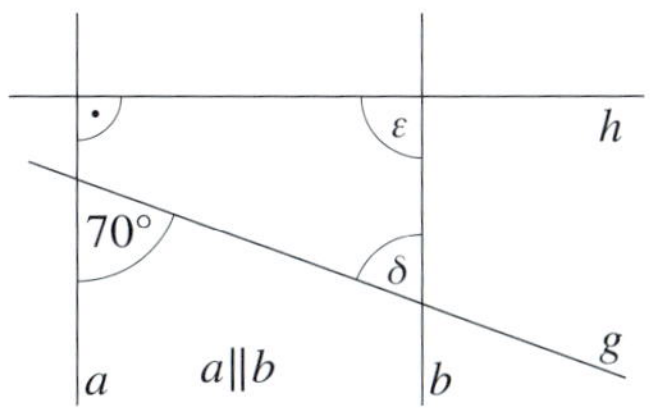

b)

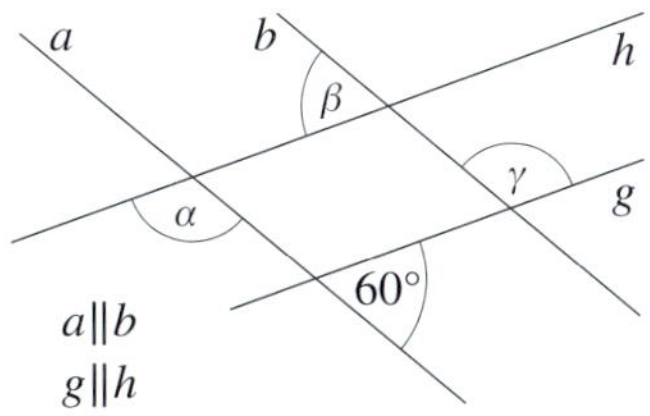

4 Berechne die Innenwinkel des Dreiecks *ABC* und des Vierecks *ABCD*.

a)

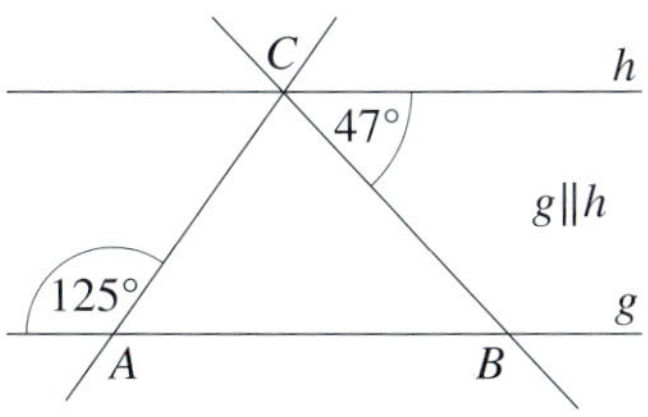

b)

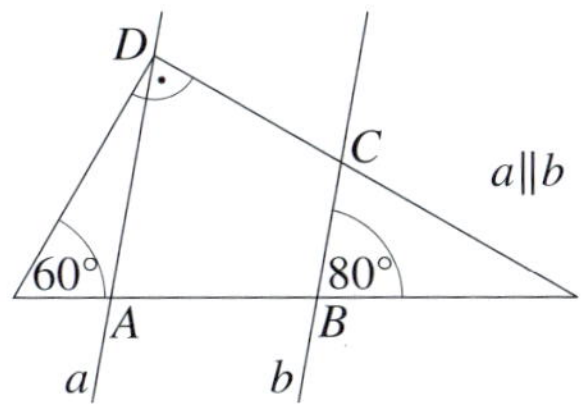

5 Was ist richtig, was ist falsch? Wo liegt der Fehler?

a)

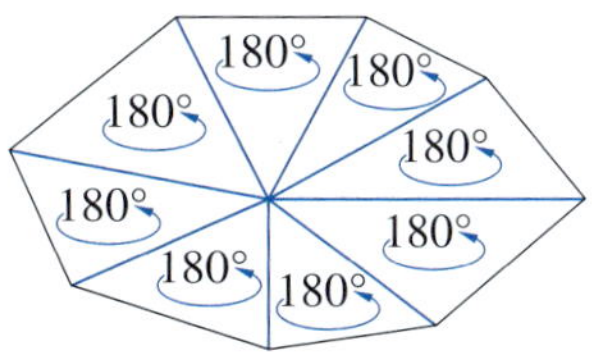

b)

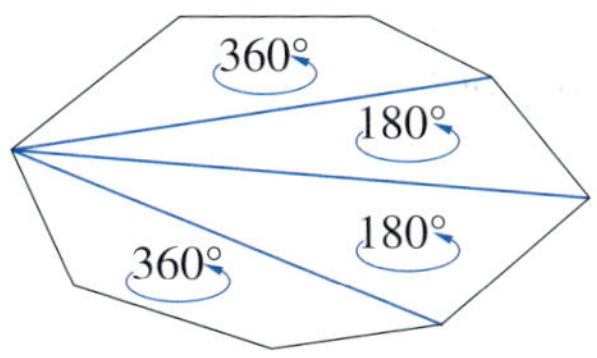

Die Winkelsumme im Achteck beträgt …

$8 \cdot 180° = 1440°$. $\qquad$ $2 \cdot 360° + 2 \cdot 180° = 1080°$.

Aufg.-Nr.	Punkte	Lösungshinweis	Lösungen Seite 50
1	12 P	Siehe S. 59; Winkel an …	
2	9 P	Siehe S. 59; Innenwinkelsätze.	
3	6 P	Siehe S. 59; Winkel an …	
4	8 P	Siehe S. 59; Sätze über Winkel.	
5	5 P	ohne Hinweis	

35–40 Punkte

29–34 Punkte

23–28 Punkte

Zeig, was du kannst!

1 Betrachte den Term $T(a;\, b) = \frac{a+b}{a-b}$.

a) Beschreibe die Rechenanweisung in Worten.

b) Berechne $T(-3;\, 2)$ und $T(-4;\, 4)$.

c) Begründe, warum $T(3;\, 3)$ nicht zu berechnen ist.

2 Bestimme einen Term, der die in der Tabelle angegebenen Werte liefert, und ergänze die Tabelle.

a)

x	2	3	4	
$T(x)$	5		9	13

b)

a	−2	0	1	3	
$T(a)$	2	−2		7	14

3 Zeige mit Hilfe eines Terms: Addiert man das Dreifache einer Zahl zum Doppelten der Zahl, ist das Ergebnis durch fünf teilbar.

4 Schreibe zum Text einen Term.

a) Dividiere das Dreifache einer Zahl durch ihren Nachfolger.

b) Quadriere eine Zahl und subtrahiere sie anschließend. Dividiere diese Differenz durch die Summe aus dieser Zahl und der Zahl 3.

5 Das dargestellte Dreieck ABC hat eine Höhe von 9 cm und die Länge der Grundlinie $[AB]$ beträgt 8 cm. Nun wird die Höhe um x cm verkürzt und die Grundlinie wird nach links und rechts jeweils um x cm verlängert, sodass das Dreieck $A_1B_1C_1$ entsteht.

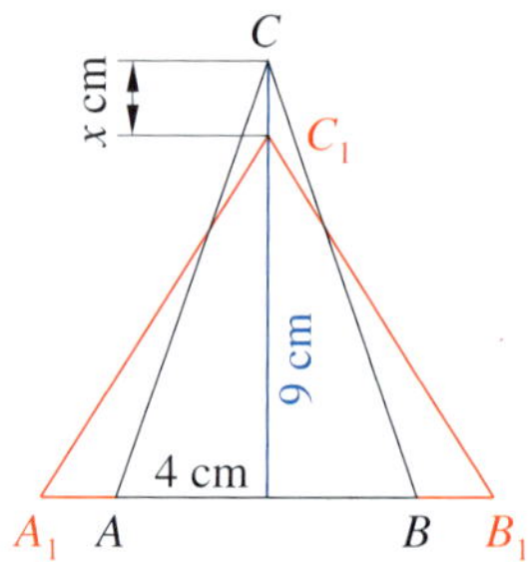

a) Stelle einen Term auf, der die Fläche dieses Dreiecks liefert. Welche Zahlen können sinnvoll für x eingesetzt werden?

b) Jemand behauptet, dass die Fläche um so kleiner wird, je mehr die Höhe verkürzt wird. Widerlege dies durch Einsetzen.

6 Erkläre das Geheimnis dieses Zahlenrätsels:
Denke dir eine Zahl – verdoppele die Zahl – addiere das Dreifache der Zahl – addiere das Fünffache der Zahl – addiere 11. Nennst du dein Ergebnis, so behauptet der Rätselsteller: Ich kenne deine Zahl.

7 Finde die Fehler.

a) In $T(a) = 2a + 5$ wurde für a der Wert 0 eingesetzt: $T(0) = 20 + 5 = 25$

b) In $T(b) = 3b - 99$ wurde für b der Wert 100 eingesetzt: $T(100) = 3 \cdot 100 - 99 = 3$

c) In $T(c) = c^2 + 2c + 10$ wurde für c etwas eingesetzt: $T = 100 + 4 + 10 = 114$

Aufg.-Nr.	Punkte	Lösungshinweis
1	6 P	Siehe S. 56; Terme.
2	6 P	ohne Hinweis
3	4 P	ohne Hinweis
4	4 P	ohne Hinweis
5	8 P	Siehe S. 38; Flächen- und Rauminhalte.
6	3 P	ohne Hinweis
7	3 P	ohne Hinweis

Lösungen Seiten 50 f.

29–34 Punkte

23–28 Punkte

17–22 Punkte

Zeig, was du kannst!

1 Berechne den fehlenden Wert.

a) 17,5 % von 28 kg sind ■.
b) 14,4 m^2 von 120 m^2 sind ■.
c) 3,6 % von ■ sind 126 €.

2 Die Tabelle zeigt die Entwicklung der Besucherzahlen eines Museums über 5 Jahre hinweg.

Jahr	Besucherz.
2000	90 812
2001	92 347
2002	88 341
2003	93 750
2004	97 125

a) Wie viele Personen besuchten in diesem Zeitraum durchschnittlich pro Jahr das Museum?
b) Stelle die jährlichen Veränderungen in einem Säulendiagramm dar.
c) Wie groß war die prozentuale Veränderung im letzten Jahr?
d) 2004 kauften 777 Besucher den großen Museumsführer. Welcher relativen Kaufhäufigkeit entspricht das?

3 Ein Händler gewährt auf einen DVD-Player, der laut Katalog ohne Mehrwertsteuer (19 %) 120 € kostet, bei Sofortzahlung 15 % Rabatt.

a) Wie viel hat der Kunde dann zu zahlen?
b) Wie hoch ist die prozentuale Veränderung gegenüber dem Katalogpreis insgesamt?
c) Wie viel Rabatt müsste der Händler geben, damit der Kunde nur noch 115 € bezahlen muss?

4 **Vergangenes**

a) Nachdem 24 % des Öls verbraucht sind, befinden sich noch 950 l im Tank. Wie groß war das Anfangsvolumen?
b) Nachdem sich der Preis für eine Hose um 12 % erhöht hat, beträgt er jetzt 39,20 €. Wie viel kostete sie vorher?

5 Das Diagramm zeigt die Entwicklung des Umsatzes einer Firma im ersten Halbjahr 2005.

a) Welchen falschen Eindruck vermittelt das Diagramm auf den ersten Blick?
b) Zeichne ein Diagramm, das die Entwicklung realistisch darstellt.

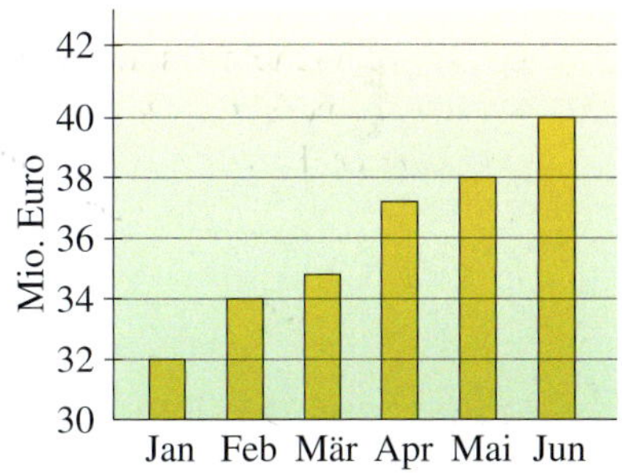

Aufg.-Nr.	Punkte	Lösungshinweis
1	6 P	Siehe S. 38; Prozentrechnung.
2	9 P	Siehe S. 57; Daten auswerten.
3	8 P	ohne Hinweis
4	6 P	ohne Hinweis
5	5 P	Siehe S. 57; Daten auswerten.

Lösungen Seite 51

29–34 Punkte
23–28 Punkte
17–22 Punkte

Zeig, was du kannst!

1 Multipliziere aus und vereinfache so weit wie möglich.

a) $(7a - 2b) \cdot 4$ **c)** $(uv^2)^3 + 2u^3v^5 - (4uv^3)^2 \cdot u$

b) $(-6a - 2b + 4c) \cdot (-2)$ **d)** $3p^2q^3r + 4q^2(p^2q + r \cdot 2p^2q) - 3p^2q^3$

2 Faktorisiere die Terme. Welche Informationen über den jeweiligen Term gewinnst du dadurch? Alle Variablen sind von Null verschiedene ganze Zahlen.

a) $2x + 4y - 2$ **b)** $21a^2 - 14ab$ **c)** $12x^3y^4z^2 + 3x^5z^6$

3 Welche Terme sind zum Startterm äquivalent? Begründe deine Entscheidung.
$18a^6b^2c$ | $24a^8b^3c^4 - 6a^2bc^3$ | $(3a^2b)^2 \cdot 2a^2c$ | $-3a^4c \cdot 5a^2b^2 + 33a^6b^2c$

4 Bestimme möglichst einfache Terme für den Rauminhalt und den Oberflächeninhalt des abgebildeten Körpers.

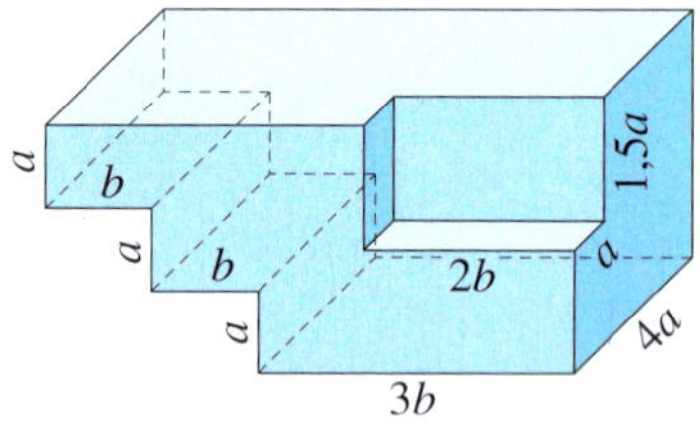

5 Multipliziere.

a) $(2x + 3)(4 + 3x)$ **c)** $\left(\frac{1}{5}x + 3\right)\left(5 + \frac{1}{3}x\right)$

b) $(x - 5)(2 - x)$ **d)** $(ab^2 - a^2b)(a + b)$

6 Suche die Fehler und korrigiere sie.

a) $(3 - b)(4 + b) - (12 - b^2) = 12 + 3b - b^2 - 12 - b^2 = 3b - 2b^2$

b) $(x - 2)(x + 3) - (x - 6) = x^2 - 6 - x + 6 = x$

7 Formuliere unter Verwendung nebenstehender Figur eine Klammerregel und begründe sie.

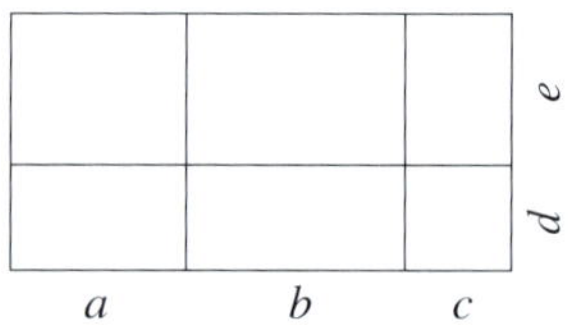

Aufg.-Nr.	Punkte	Lösungshinweis
1	6 P	Siehe S. 56; Terme; Rechengesetze.
2	7 P	Nutze das Distributivgesetz.
3	4 P	Siehe S. 56; äquivalente Terme.
4	6 P	Siehe S. 38; Flächen- und Rauminhalte.
5	6 P	Siehe S. 56; Produkte von Summen.
6	4 P	Siehe S. 56; Produkte von Summen.
7	6 P	ohne Hinweis

Lösungen Seiten 51 f.

34–39 Punkte
27–33 Punkte
19–26 Punkte

Zeig, was du kannst!

1 Überprüfe, ob die angegebene Zahl eine Lösung der Gleichung ist.

a) $x^2 + 0{,}5x = 10;\; 3$ **b)** $(3x - 4) : x = 9;\; -\frac{2}{3}$

2 Bestimme die Lösungen.

a) $(x - 2)^2 = 9$ **d)** $-125 = x^3$

b) $\frac{2}{x^2} = 0{,}\overline{2}$ **e)** $|13 - x| = 3\frac{1}{3}$

c) $x^2(x + 2) = 2x^2 + x^3$ **f)** $x(x - 1)^2(x + 2) = 0$

3 Welche Äquivalenzumformungen führen die obere Gleichung in die untere über?

a) $3{,}5x - 7 = 5{,}5x + 8$

$-15 = 2x$

b) $(3x + 8) \cdot \frac{2}{7} = 4$

$3x = 6$

4 Löse die Gleichungen.

a) $-6x - 5 = 14{,}2$ **c)** $4{,}5x + 3 = \frac{3}{4}(28x - 6) + 13\frac{1}{2}x$

b) $2{,}4x - 2{,}1 = -3{,}1x + 0{,}65$ **d)** $(3x - 2)(5x + 3) = -x^2 + (4x)^2$

5 Bestimme die Masse einer blauen Dose, wenn jede rote Dose eine Masse von 1,2 kg besitzt.

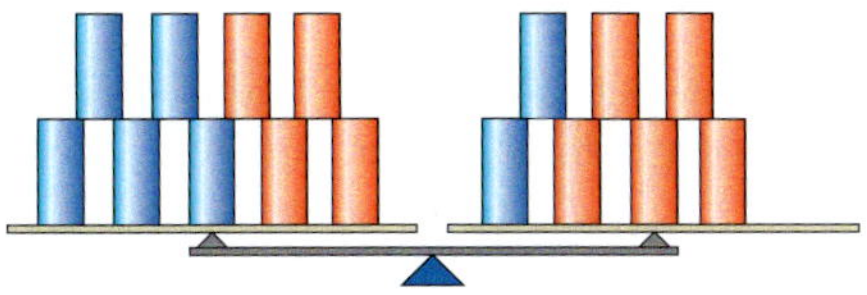

6 Für den Bau eines Hochhauses wird eine U-förmige Figur aus Stahl gegossen.

a) Berechne das Volumen des U's für die Höhen 7 m, 12,5 m und für die allgemeine Höhe h.

b) Für das U benötigt man $270{,}6\,\text{m}^3$ Stahl. Wie hoch ist es?

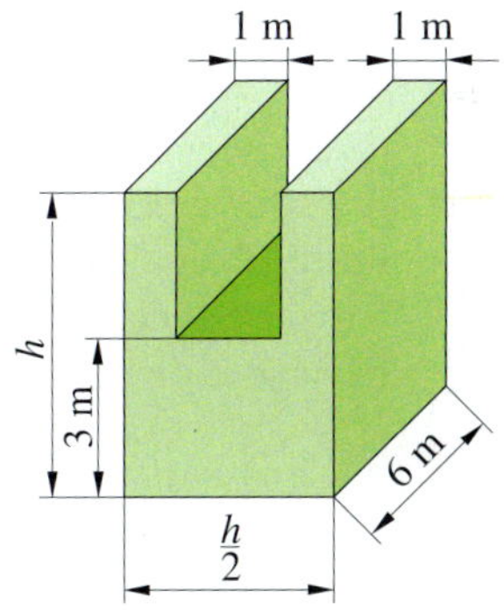

Aufg.-Nr.	Punkte	Lösungshinweis	Lösungen Seite 52
1	2 P	ohne Hinweis	
2	12 P	Siehe S. 57; Gleichungen.	29–34 Punkte
3	4 P	Siehe S. 57; Äquivalenzumformungen.	
4	8 P	Siehe S. 57; Äquivalenzumformungen.	23–28 Punkte
5	3 P	ohne Hinweis	
6	5 P	Siehe S. 38; Flächen- und Rauminhalte.	17–22 Punkte

Zeig, was du kannst!

1 Welche Figuren sind kongruent zueinander?

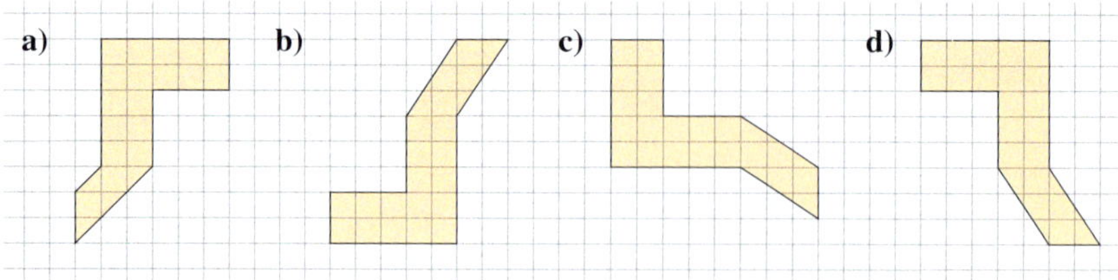

2 Übertrage in dein Heft und ergänze zueinander kongruenten Figuren.

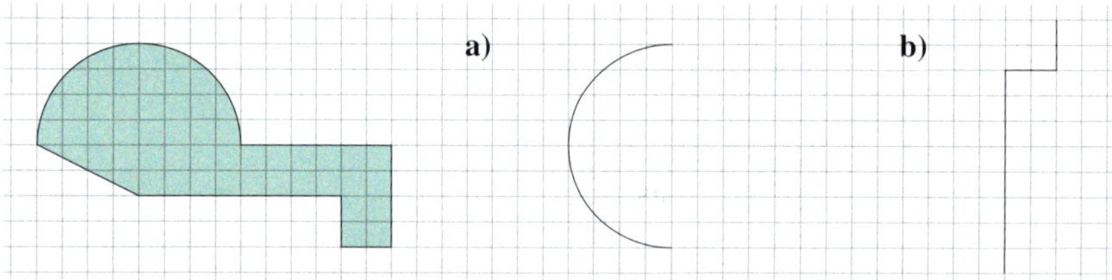

3 Trage die Punkte $A(-1|-3)$, $B(4|-1)$, $C(1|2)$ sowie $D(-1|4)$ und $E(-4|1)$ in ein Koordinatensystem ein.

a) Konstruiere einen Punkt F so, dass Dreieck ABC und Dreieck DEF zueinander kongruent sind, und gib die Koordinaten von F an.

b) Beschreibe dein Vorgehen.

c) Begründe die Kongruenz der Dreiecke mithilfe eines Kongruenzsatzes.

4 Gegeben sind die Strecken $a = 3{,}5\,\text{cm}$, $c = 6{,}0\,\text{cm}$ und der Winkel $\alpha = 30°$.

a) Konstruiere hieraus ein Dreieck ABC.

b) Prüfe, ob ein Kongruenzsatz anwendbar ist.

c) Gib die Seitenlänge b und die Winkel β und γ an.

d) Bestimme den Umfang und den Flächeninhalt von Dreieck ABC.

5 Zeichne eine Raute $ABCD$, deren Diagonalen 4 cm und 3 cm lang sind. Verlängere jede Seite um 1 cm und verbinde die neuen Streckenendpunkte B', C', D' und A' zu einem Viereck.

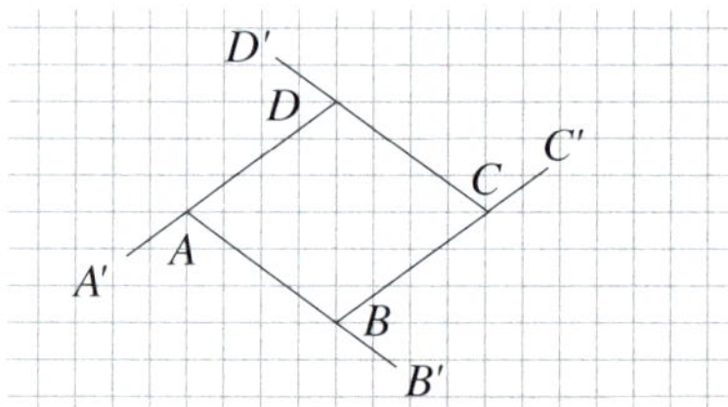

a) Welche Beziehungen kannst du zwischen Seiten, Winkeln und den entstehenden Dreiecken finden?

b) Welcher Typ von Viereck ist $B'C'D'A'$? Begründe.

Aufg.-Nr.	Punkte	Lösungshinweis
1	4 P	Siehe S. 58; Definition „kongruent“.
2	6 P	Siehe S. 58; Definition „kongruent“.
3	8 P	Siehe S. 59; Kongruenzsätze für Dreiecke.
4	10 P	Siehe S. 59; Kongruenzsätze für Dreiecke.
5	8 P	ohne Hinweis

Lösungen Seiten 52 f.

31–36 Punkte

25–30 Punkte

18–24 Punkte

Zeig, was du kannst!

1 Begründe, warum alle Innenwinkel im gleichseitigen Dreieck 60° betragen.

2 Erläutere die Fachbegriffe zur Beschreibung eines
a) gleichschenkligen Dreiecks, **b)** rechtwinkligen Dreiecks.

3 Konstruiere aus den gegebenen Stücken ein rechtwinkliges Dreieck mit $\gamma = 90°$.
a) $c = 8\,\text{cm}$, $\alpha = 55°$ **b)** $c = 6{,}8\,\text{cm}$, $h_c = 3{,}4\,\text{cm}$

4 Zeichne in ein Koordinatensystem den Kreis $k(M;\, r)$ und den Punkt P. Konstruiere vom Punkt P die Tangenten an den Kreis. Gib zur Kontrolle die Koordinaten der Berührpunkte an.
a) $M(-2|-2)$; $r = 4\,\text{cm}$; $P(0|5)$ **b)** $M(2|6)$; $r = 3{,}5\,\text{cm}$; $P(-1{,}5|1)$

5 Konstruiere ein gleichschenkliges Dreieck mit der Basis c.
a) $a = 5{,}8\,\text{cm}$, $h_c = 4{,}7\,\text{cm}$ **b)** $c = 6{,}6\,\text{cm}$, $\gamma = 55°$

6 Konstruiere ein gleichseitiges Dreieck.
a) $b = 6{,}6\,\text{cm}$ **b)** $w_\alpha = 5{,}4\,\text{cm}$

7 Konstruiere folgende Winkel.
a) 7,5° **c)** 37,5°
b) 45° **d)** 172,5°

Aufg.-Nr.	Punkte	Lösungshinweis
1	3 P	Siehe S. 59; Innenwinkelsätze.
2	5 P	Siehe S. 60; besondere Dreiecke.
3	6 P	Denke an den Satz des Thales (S. 59).
4	8 P	Denke an den Satz des Thales (S. 59).
5	6 P	Siehe S. 60; besondere Dreiecke.
6	6 P	Siehe S. 60; besondere Dreiecke.
7	8 P	ohne Hinweis

Lösungen Seiten 53 f.

36–42 Punkte
30–35 Punkte
22–29 Punkte

Zeig, was du kannst!

1 Konstruiere aus den folgenden Angaben jeweils ein Dreieck ABC und bei a) auch dessen Umkreismittelpunkt. Bei d) reicht bereits der Konstruktionsplan aus.

a) $b = 5{,}5\,\text{cm}$, $c = 4{,}4\,\text{cm}$, $\beta = 55°$
b) $b = 5{,}5\,\text{cm}$, $c = 6{,}5\,\text{cm}$, $r = 4{,}5\,\text{cm}$ r ist der Umkreisradius.
c) $b = 4\,\text{cm}$, $\alpha = 100°$, $w_\gamma = 5\,\text{cm}$
d) $b = 5{,}5\,\text{cm}$, $\beta = 90°$, $h_b = 2\,\text{cm}$

2 Vierecke:
a) Konstruiere ein Viereck $ABCD$ mit $\overline{AB} = 7\,\text{cm}$, $\overline{AC} = 6\,\text{cm}$, $\overline{CD} = 5\,\text{cm}$, $\sphericalangle DCA = 40°$, $\sphericalangle DCB = 110°$.
Berechne seinen Flächeninhalt. Entnimm die nötigen Größen deiner Konstruktion.
Welchen Flächeninhalt hat das Viereck in Wirklichkeit, wenn deine Konstruktion im Maßstab 1 : 2000 durchgeführt wurde?
b) Konstruiere ein Drachenviereck $ABCD$ mit BD als Symmetrieachse sowie mit $\overline{BC} = 6\,\text{cm}$, $\overline{CD} = 3{,}5\,\text{cm}$ und $\beta = 60°$.
Welche weiteren Vierecke haben mindestens eine Diagonale als Symmetrieachse?
c) Wähle aus den folgenden Angaben so viele aus, wie du mindestens benötigst, um daraus ein Viereck zu konstruieren. Plane die Konstruktion und führe sie durch:
$b = 6\,\text{cm}$, $c = 6{,}5\,\text{cm}$, $d = 6{,}6\,\text{cm}$, $f = 8{,}9\,\text{cm}$, $\alpha = 74°$, $\beta = 92°$, $\delta = 103°$, $\sphericalangle BAC = 36°$, $\sphericalangle DBA = 45°$, $\sphericalangle ADB = 61°$

3 Du stehst auf einem Turm, dessen Höhe du kennst. Beschreibe, wie du nur mit einem Winkelmesser für Höhenwinkel die Breite eines Flusses ermitteln kannst, der in einiger Entfernung am Turm vorbei fließt.

4 Welche Angaben kannst du der nachfolgenden Konstruktionsbeschreibung entnehmen? Entscheide, welche Figur danach konstruiert wird.
Überlege, wie du die Konstruktionsbeschreibung verbessern kannst.
„Auf einer beliebigen Geraden wird eine Strecke der Länge 7 cm abgetragen. Die Endpunkte dieser Strecke sind B und D. Anschließend wird die Mittelsenkrechte m der Strecke $[BD]$ konstruiert. Um B wird ein Kreis mit Radius 4,5 cm gezeichnet. Der Schnittpunkt dieses Kreises mit m ist A.
C ist der Bildpunkt von A bei Achsenspiegelung an BD.“

Aufg.-Nr.	Punkte	Lösungshinweis
		Fertige bei allen Aufgaben immer erst eine Planfigur an.
1	10 P	Denke an die Kongruenzsätze für Dreiecke (S. 59).
2	12 P	Suche nach geeigneten Teildreiecken.
3	4 P	Denke an die Kongruenzsätze für Dreiecke (S. 59).
4	4 P	ohne weiteren Hinweis

Lösungen Seiten 54 f.

26–30 Punkte
21–25 Punkte
16–20 Punkte

Lösungen: Zeig, was du kannst!

Kapitel 1 • Seite 40

1 a), b), c) je 2 P

a)

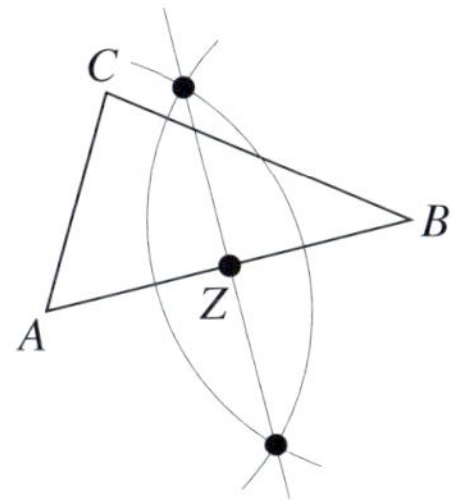

b)

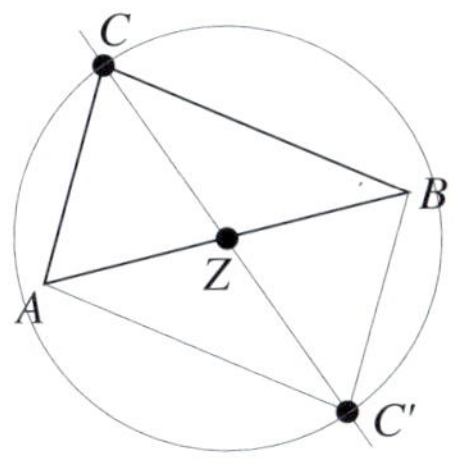

c) Das Viereck $AC'BC$ ist ein Parallelogramm, da auch die Punkte A und B symmetrisch zu Z sind und damit $\overline{AC'} = \overline{BC}$ und $\overline{C'B} = \overline{CA}$.

2 a), b), c) je 2 P

a)

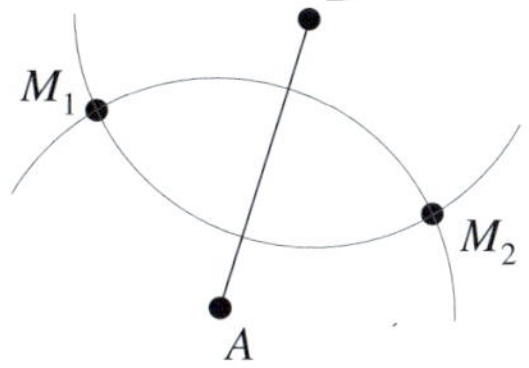

(Maßstab: 1 : 2)

b) Der Mittelpunkt liegt auf der Kreislinie um A mit Radius 3 cm und auf der Kreislinie um B mit Radius 3 cm.

c) Es gibt zwei solche Mittelpunkte, die bezüglich AB symmetrisch liegen.

3 a), b), c), d) je 2 P

a)

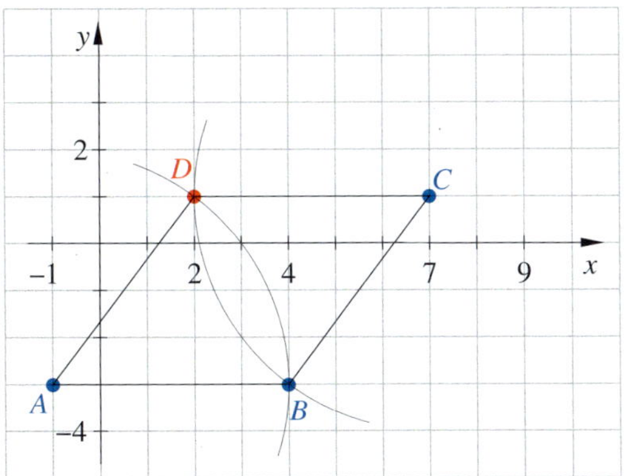

b) Symmetrieachsen: AC und BD
Symmetriezentrum: $Z(3|-1)$

c)

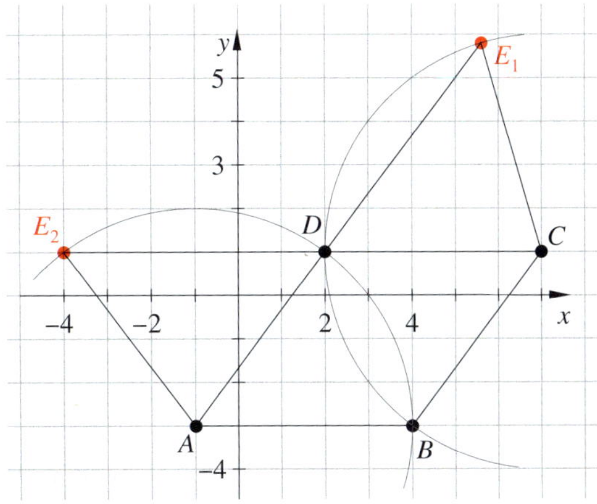

d) $E_1(5{,}6|5{,}8)$, $E_2(-4|1)$

4 a) 6 P, b) 4 P

a)

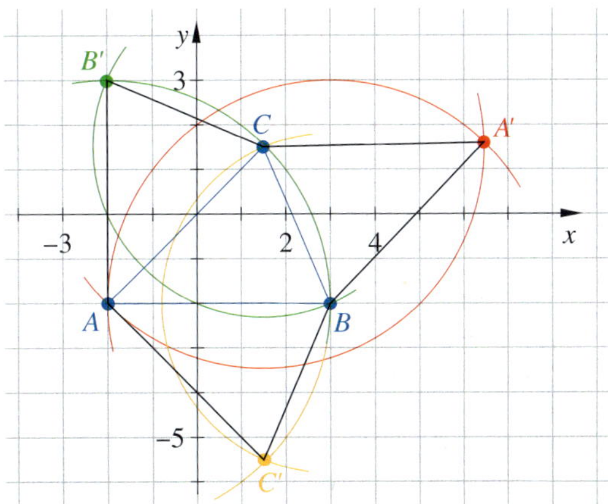

b) Der Umfang des Sechsecks ist doppelt so groß wie der Umfang des Dreiecks.
Der Flächeninhalt des Sechsecks ist das Vierfache des Flächeninhalts des Dreiecks.

5 a) 4 P, b) 2 P

a)

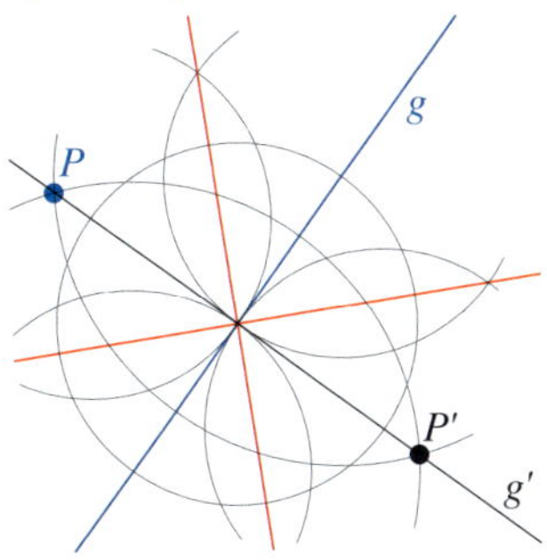

b) Es gibt zwei solche Symmetrieachsen. Sie sind zueinander senkrecht.

Kapitel 2 • Seite 41

1 a), b), c) je 4 P

a) $\gamma = 99{,}3°$; $\delta = 30{,}7°$; $\varepsilon = 50°$; $\eta = 99{,}3°$

b) $\alpha = 22°$; $\beta = 68°$; $\gamma = 90°$; $\delta = 22°$; $\eta = 90°$

c) $180° = \varepsilon + \eta + \alpha = \alpha + 2\,\delta + \alpha$
$= \alpha + 2\,\alpha + \alpha = 4\,\alpha$
$\alpha = 45°$; $\beta = 45°$; $\gamma = 90°$; $\delta = 45°$; $\varepsilon = 45°$; $\eta = 90°$

2 a), b), c) je 3 P

a) $\beta = 60°$; $\gamma = 30°$

b) $\alpha + \gamma = 122°\,20'\,52''$; $\beta = 57°\,39'\,8''$

c) $\gamma = 80°$; $\delta = 195°$

3 a), b) je 3 P

a) $\delta = 70°$; $\varepsilon = 90°$; Trapez; eine Seite ist zugleich die Höhe des Trapezes

b) $\alpha = 120°$; $\beta = 60°$; $\gamma = 120°$; Parallelogramm

4 a), b) je 4 P

a) $\sphericalangle BAC = 55°$; $\sphericalangle CBA = 47°$; $\sphericalangle ACB = 78°$

b) $\sphericalangle BAD = 80°$; $\sphericalangle CBA = 100°$; $\sphericalangle DCB = 110°$; $\sphericalangle ADC = 70°$

5 a) 3 P, b) 2 P

a) Die Aussage „Die Summe im Achteck beträgt $8 \cdot 180° = 1440°$“, ist falsch. Bei dieser Rechnung werden auch Winkel der Dreiecke mitgerechnet, die gar nicht zur Winkelsumme des Achtecks gehören: die Winkel um den gemeinsamen Punkt aller Dreiecke, die zusammen 360° betragen.
Die Winkelsumme beträgt demnach $1440° - 360° = 1080°$.

b) Die Aussage „Die Summe im Achteck beträgt $2 \cdot 360° + 2 \cdot 180° = 1080°$“ ist richtig.

Kapitel 3 • Seite 42

1 a), b), c) je 2 P

a) Dividiere die Summe zweier Zahlen durch die Differenz dieser Zahlen.

b) $T(-3;\,2) = \frac{1}{5} = 0{,}2$ $\quad T(-4;\,4) = 0$

c) Im Falle $T(3;\,3)$ wäre $a = b$ und damit der Nenner des Bruchs $\frac{a+b}{a-b}$ gleich 0. Eine Division durch Null ist aber nicht möglich.

2 a), b) je 3 P

a) $T(x) = 2x + 1$

x	2	3	4	**6**
$T(x)$	5	**7**	9	13

b) $T(a) = a^2 - 2$

a	−2	0	1	3	4
$T(a)$	2	−2	**−1**	7	14

3 4 P

a sei eine beliebige ganze Zahl (nur bei ganzen Zahlen sind Teilbarkeitsbetrachtungen sinnvoll).
Das Dreifache dieser Zahl soll zum Doppelten dieser Zahl addiert werden: $2a + 3a$.
Egal, welche ganze Zahl du für a einsetzt, immer ist $2a + 3a = 5a = 5 \cdot a$. Das heißt, die Summe lässt sich stets in ein Produkt aus einer ganzen Zahl und dem Faktor 5 zerlegen.

4 a), b) je 2 P

a) a ist eine beliebige ganze Zahl (nur die ganzen Zahlen haben Nachfolger).
$T(a) = 3a : (a + 1)$ bzw. $T(a) = \frac{3a}{a+1}$

b) b ist eine beliebige rationale Zahl.
$T(b) = (b^2 - b)(b + 3)$ bzw. $T(b) = \frac{b^2 - b}{b + 3}$

5 a) 5 P, b) 3 P

a) $A(x) = \frac{1}{2} \cdot (8 + 2x) \cdot (9 - x)$
Für x können alle rationale Zahlen eingesetzt werden, die größer als 0 und kleiner als 9 sind.

b) $A(1) = 40$ und $A(2) = 42$ widerlegen die Behauptung. (Für x-Werte zwischen 0 und 2,5 wächst $A(x)$ mit wachsendem x.)

6 3 P

x ist die gedachte Zahl.
Es ist zu rechnen:
$2x + 3x + 5x + 11$.
Du kannst dir überlegen:
Welche Zahl du auch für x einsetzt, immer ist das Ergebnis $10x + 11$.
Wenn du vom genannten Ergebnis 11 subtrahierst und das Zwischenergebnis durch 10 dividierst, erhältst du die gedachte Zahl.

7 a), b), c) je 1 P

a) Es wurde nicht beachtet, dass beim Einsetzen von 0 für *a* zwischen 2 und *a* wieder der Malpunkt zu setzen ist: $T(0) = 2 \cdot 0 + 5 = 5$.

b) Es wurde nicht beachtet, dass die Punktrechnung vor der Strichrechnung auszuführen ist, und zuerst die Differenz 100 – 99 berechnet. Richtig ist:
$T(100) = 3 \cdot 100 - 99 = 300 - 99 = 201$.

c) Es wurden für die Variable c fälschlich an den zwei Stellen unterschiedliche Werte eingesetzt:
$T(?) \neq (10)^2 + 2 \cdot 2 + 10$.

Kapitel 4 • Seite 43

1 a), b), c) je 2 P

a) 17,5 % von 28 kg sind 4,9 kg.

b) $14{,}4\,m^2$ von $120\,m^2$ sind 12 %.

c) 3,6 % von 3500 € sind 126 €.

2 a), c), d) je 2 P, b) 3 P

a) In den fünf Jahren waren es durchschnittlich 92 475 Besucher pro Jahr.

b) Jährliche Veränderung der Besucherzahl gegenüber dem Vorjahr

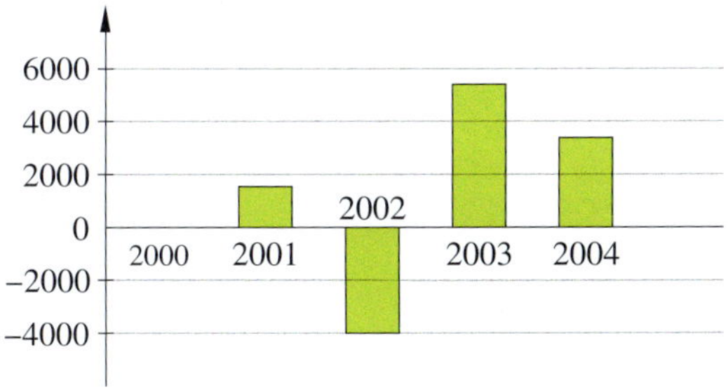

c) Die Veränderung von 2003 auf 2004 beträgt +3,6 %.

d) 2004 kauften 0,8 % der Besucher den großen Museumsführer.

3 a) 3 P, b) 2 P, c) 3 P

a) Der Kunde hat 118,32 € zu zahlen.

b) Gegenüber dem Katalogpreis ist der vom Kunden zu zahlende Preis 1,4 % geringer.

c) Wenn der Händler 19,47 % Rabatt gibt, muss der Kunde 115 € zahlen.

4 a), b) je 3 P

a) Ursprünglich waren 1250 l Öl im Tank.

b) Die Hose kostete vorher 35,00 €.

5 a) 3 P, b) 2 P

a) Auf den ersten Blick hat man den Eindruck, als ob sich der Umsatz von Januar bis Juni vervielfacht und scheinbar auf etwa 500 % wächst. In Wirklichkeit wächst der Umsatz in diesem Zeitraum aber nur um 25 %.

b)

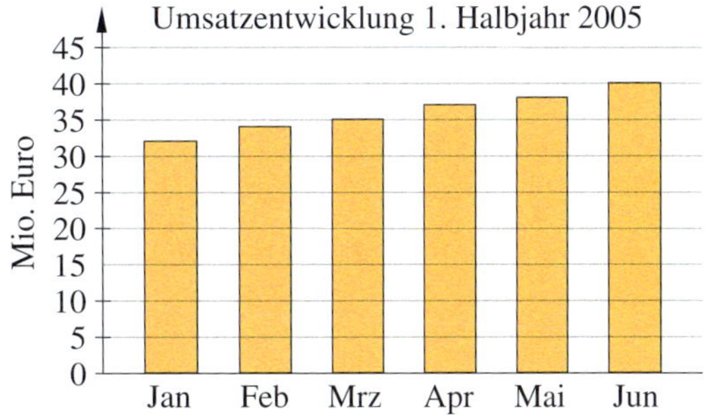

Kapitel 5 • Seite 44

1 a), b) je 1 P, c), d) je 2 P

a) $28a - 8b$

b) $12a + 4b - 8c$

c) $2u^3v^5 - 15u^3v^6$

d) $11p^2q^3r + p^2q^3$

2 a), b) je 2 P, c) 3 P

a) $2 \cdot (x + 2y - 1)$ • Teiler sind 2 und $(x + 2y - 1)$.

b) $7a(3a - 2b)$ • Teiler sind 7, *a*, $(3a - 2b)$ und die Produkte daraus.

c) $3x^3z^2(4y^4 + x^2z^4)$ • Teiler sind 3, x, x^2, x^3, z, z^2, $(4y^4 + x^2z^4)$ und die Produkte daraus.
Das Vorzeichen von *x* bestimmt das Vorzeichen des Terms, da außer der Potenz x^3 alle Potenzen einen geraden Exponenten besitzen.

3 zweimal 2 P

Der dritte und vierte Term sind zum Startterm äquivalent:

$(3a^2b)^2 \cdot 2a^2c = 9a^4b^2 \cdot 2a^2c = 18a^6b^2c$

$$\begin{aligned} &-3a^4c \cdot 5a^2b^2 + 33a^6b^2c \\ &= -15a^6b^2c + 33a^6b^2c \\ &= 18a^6b^2c \end{aligned}$$

4 zweimal 3 P

$$\begin{aligned} V &= 5b \cdot 4a \cdot 3a - 3 \cdot (ab \cdot 4a) - 2b \cdot a \cdot 1{,}5a \\ &= 60a^2b - 12a^2b - 3a^2b = 45a^2b \end{aligned}$$

$$\begin{aligned} O &= 2 \cdot (5b \cdot 3a - 3 \cdot ab) + 2 \cdot (4a \cdot 3a) \\ &\quad + 2 \cdot (5b \cdot 4a) \\ &= 30ab - 6ab + 24a^2 + 40ab \\ &= 64ab + 24a^2 \end{aligned}$$

5 a), b) je 1 P, c), d) je 2 P

a) $6x^2 + 17x + 12$ **c)** $\frac{1}{15}x^2 + 2x + 15$

b) $-x^2 + 7x - 10$ **d)** $ab^3 - a^3b$

6 a), b) je 2 P

a) Richtige Lösung:
$(3 - b)(4 + b) - (12 - b^2)$
$= 12 + 3b - 4b - b^2 - 12 + b^2 = -b$
In der fehlerhaften Lösung auf Seite 108 fehlt nach dem ersten Gleichheitszeichen $-4b$ und das Vorzeichen vor dem zweiten b^2 ist falsch.

b) Richtige Lösung:
$(x - 2)(x + 3) - (x - 6)$
$= x^2 + 3x - 2x - 6 - x + 6 = x^2$
In der fehlerhaften Lösung auf Seite 44 wurden die Klammern falsch ausmultipliziert: Es wurden nur die vorderen und die hinteren Terme in den Klammern miteinander multipliziert. Außerdem wurden die nicht-gleichartigen Terme x^2 und x „zusammengefasst", was gar nicht möglich ist.

7 6 P

Der Term $(a + b + c) \cdot (d + e)$ beschreibt den Flächeninhalt des Gesamtrechtecks.
Da sich das Gesamtrechteck aus sechs Teilrechtecken zusammensetzt, wird sein Inhalt auch durch den Term
$a \cdot d + a \cdot e + b \cdot d + b \cdot e + c \cdot d + c \cdot e$
beschrieben. Also gilt
$(a + b + c) \cdot (d + e)$
$= a \cdot d + a \cdot e + b \cdot d + b \cdot e + c \cdot d + c \cdot e$
Das heißt, auch für die Multiplikation einer dreigliedrigen Summe mit einer zweigliedrigen Summe gilt: Jeder Summand der ersten Summe muss mit jedem Summanden der zweiten Summe multipliziert werden.

Kapitel 6 • Seite 45

1 a), b) je 1 P

a) $3^2 + 0{,}5 \cdot 3 = 10{,}5 \neq 10$
3 ist keine Lösung.

b) $\left(3 \cdot \left(-\frac{2}{3}\right) - 4\right) : \left(-\frac{2}{3}\right) = 9$
$-\frac{2}{3}$ ist eine Lösung.

2 a) bis f) je 2 P

a) $-1; 5$ **d)** -5

b) $-3; 3$ **e)** $9\frac{2}{3}; 16\frac{1}{3}$

c) alle rationalen Zahlen **f)** $-2; 0; 1$

3 a), b) je 2 P

a) $3{,}5x - 7 = 5{,}5x + 8 \quad | -3{,}5x - 8$
$-15 = 2x$

b) $(3x + 8) \cdot \frac{2}{7} = 4 \quad | \cdot \frac{7}{2}$
$3x + 8 = 14 \quad | -8$
$3x = 6$

4 a), b), c), d) je 2 P

a) $-3{,}2$ **b)** 0,5 **c)** 0,25 **d)** -6

5 3 P

x: Masse einer blauen Dose
$5x + 4{,}8 = 2x + 6 \qquad x = 0{,}4$
Jede blaue Dose hat eine Masse von 0,4 kg.

6 a) 3 P, b) 2 P

a) Ein 7 m hohes U hat ein Volumen von $111\,m^3$, ein 12,5 m hohes U eines von $226{,}5\,m^3$.
$V(h) = \frac{h}{2} \cdot 6 \cdot 3 + 2 \cdot 1 \cdot 6 \cdot (h - 3)$
$= 9h + 12h - 36 = 21h - 36$

b) $21h - 36 = 270{,}6 \qquad h = 14{,}6$
Das U ist 14,6 m hoch.

Kapitel 7 • Seite 46

1 4 P

Die Figuren b), c) und d) sind kongruent.

2 a), b) je 3 P

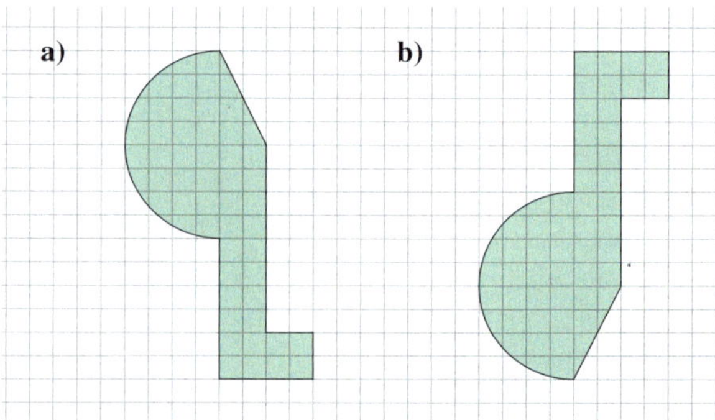

3 a) 4 P, b) 2 P, c) 2 P

a)

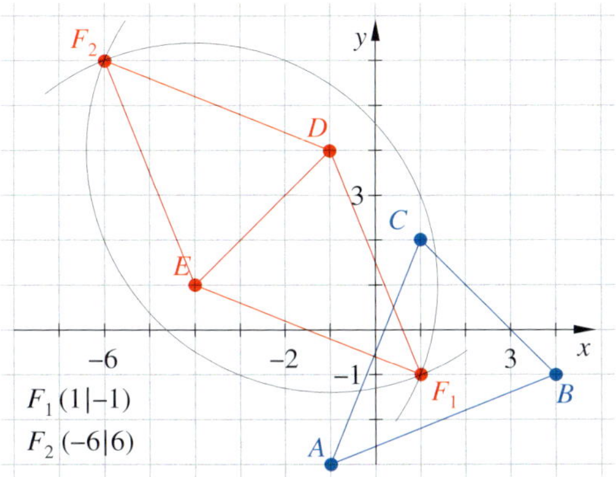

b) Da das Dreieck ABC gleichschenklig ist ($\overline{AC} = \overline{AB}$) und $\overline{DE} = \overline{BC}$ gilt, liegt der gesuchte Punkt F auf den Kreislinien um D und E mit Radius $\overline{AC} = \overline{AB}$.

c) Die Dreiecke ABC, DEF_1 und DF_2E sind nach SSS kongruent.

4 a) 3 P, b) 1 P, c) 3 P, d) 3 P

a)

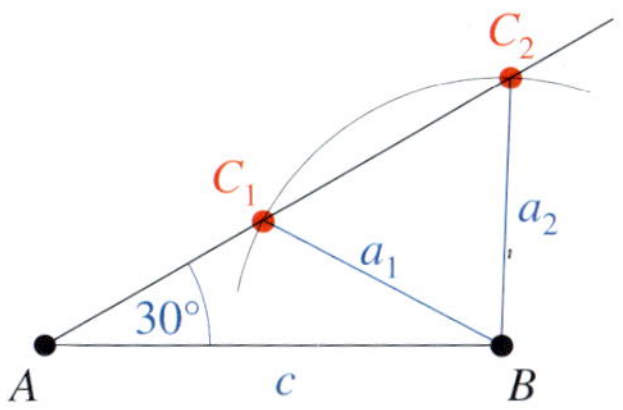

(Maßstab: 1 : 2)

b) Hier ist kein Kongruenzsatz anwendbar.

c) $b_1 = 3{,}4\,\text{cm}$, $\beta_1 = 29°$, $\gamma_1 = 121°$
$b_2 = 7{,}0\,\text{cm}$, $\beta_2 = 91°$, $\gamma_2 = 59°$

d) $u_1 = 12{,}9\,\text{cm}$, $A_1 = 10{,}2\,\text{cm}^2$
$u_2 = 16{,}4\,\text{cm}$, $A_1 = 20{,}4\,\text{cm}^2$

5 a) 4 P, b) 2 P, c) 2 P

a)

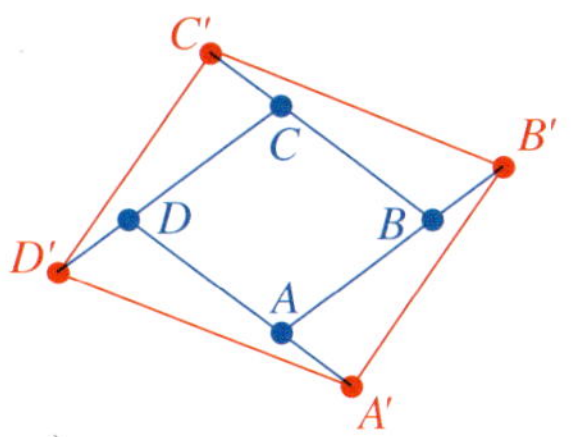

(Maßstab: 1 : 2)

$\overline{BC'} = \overline{CD'} = \overline{DA'} = \overline{AB'}$
$\sphericalangle B'BC = \sphericalangle D'DA$ und
$\sphericalangle C'CD = \sphericalangle A'AB$
$\triangle BB'C' \cong \triangle DD'A'$ und
$\triangle CC'D' \cong \triangle AA'B'$ (SWS)

b) Viereck $B'C'D'A'$ ist ein Parallelogramm, da $\overline{B'C'} = \overline{D'A'}$ und $\overline{C'D'} = \overline{A'B'}$.

Kapitel 8 • Seite 47

1 3 P

Im gleichseitigen Dreieck sind alle Innenwinkel gleich groß (jeweils zwei Winkel können als Basiswinkel eines gleichschenkligen Dreiecks aufgefasst werden). Wegen der Innenwinkelsumme von 180° ist jeder Innenwinkel 180° : 3 = 60° groß.

2 a) 3 P, b) 2 P

a) Die **Schenkel** sind die beiden gleich langen Seiten, die **Basis** ist die dritte Seite. Die **Spitze** ist der Schnittpunkt der beiden Schenkel. Die **Basiswinkel** sind die beiden gleich großen, an der Basis anliegenden Innenwinkel.

b) Die **Hypotenuse** ist die längste Seite im Dreieck, sie liegt dem rechten Winkel gegenüber. Die **Katheten** sind die beiden Seiten, die die Schenkel des rechten Winkels bilden.

3 a), b) je 3 P

a)

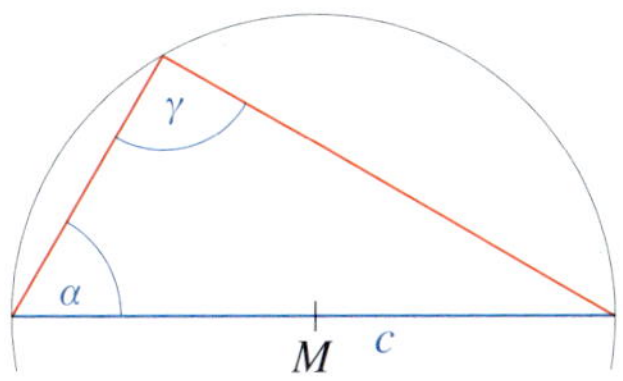

(Maßstab: 1 : 2)

b)

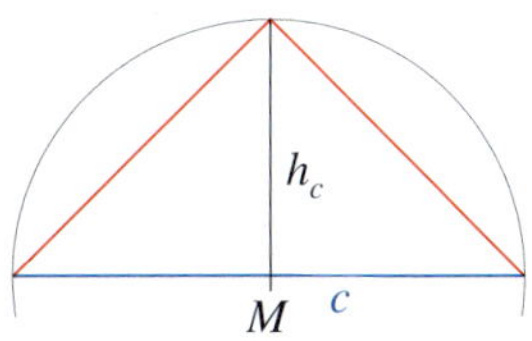

(Maßstab: 1 : 2)

4 a), b) je 4 P

a)

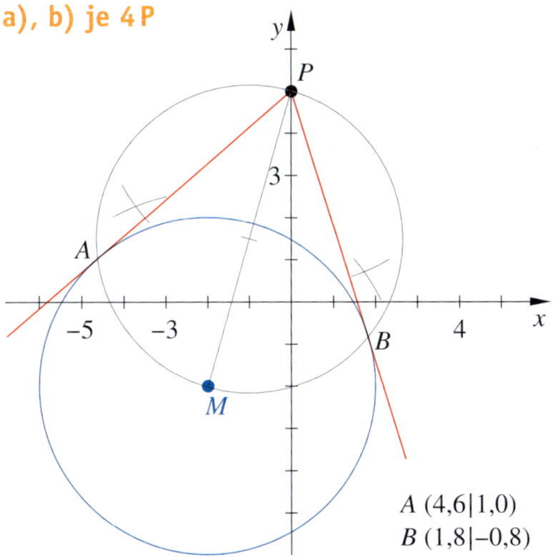

b) $A\,(-1{,}5|6)$
$B\,(3{,}2|2{,}7)$

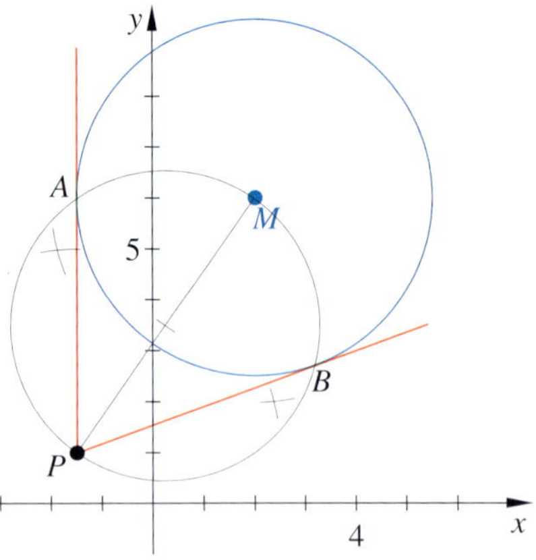

5 a), b) je 3 P

a)

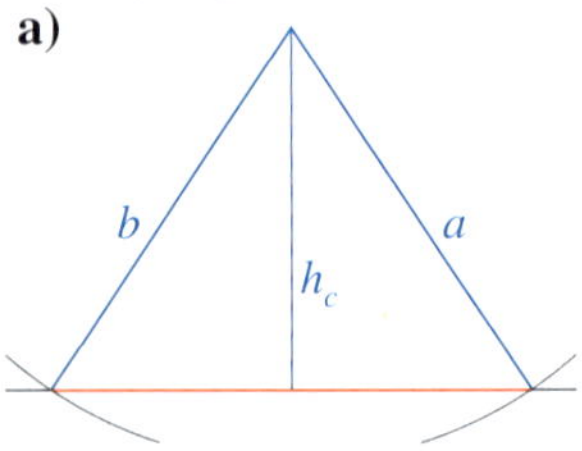

(Maßstab: 1 : 2)

b)

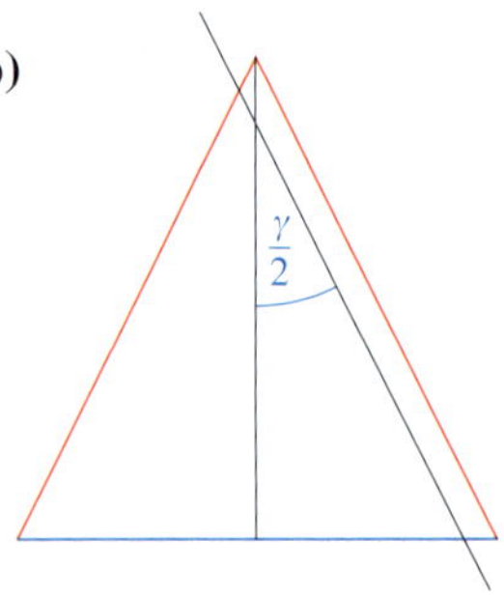

6 a) 2 P, b) 4 P

a)

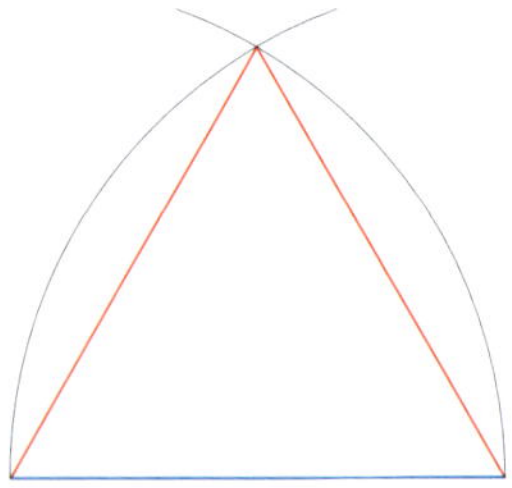

(Maßstab: 1 : 2)

b)

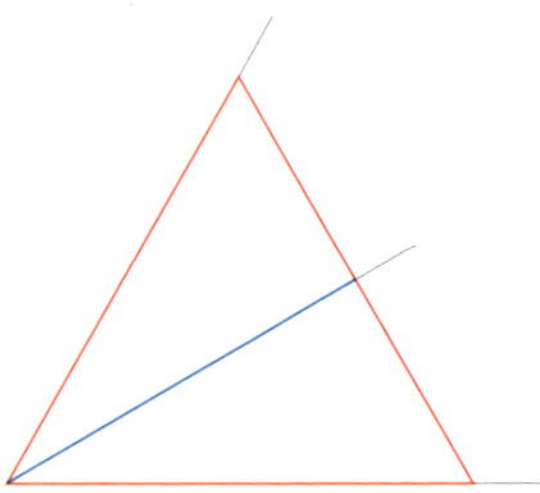

(Maßstab: 1 : 2)

7 a), b), c), d) je 2 P

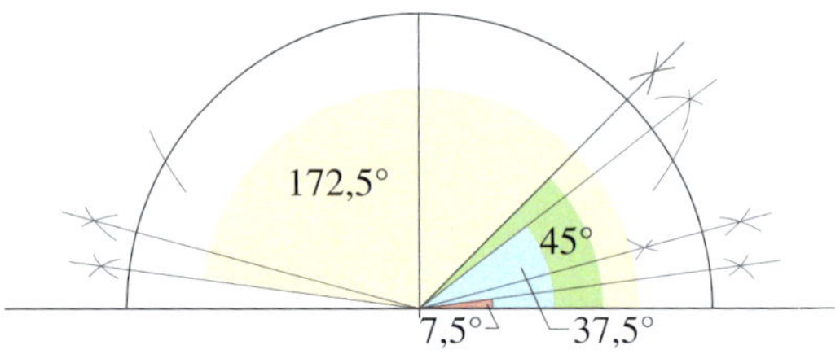

Kapitel 9 • Seite 48

1 a), b) je 2 P, c), d) je 3 P

a) Lösungsidee: Start mit $[AB]$; SsW.
Planfigur: Ergebnis:

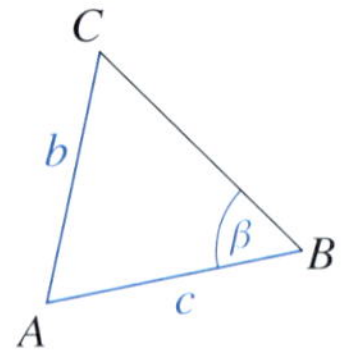

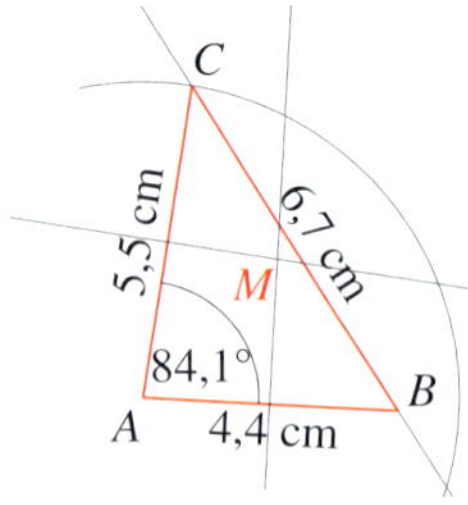

b) Lösungsidee: Start mit $[AB]$; m_{AB} und r ergeben M; $k(M;\,r)$ und $k(A;\,b)$ ergeben C. Zwei Lösungen!
Planfigur: Ergebnis:

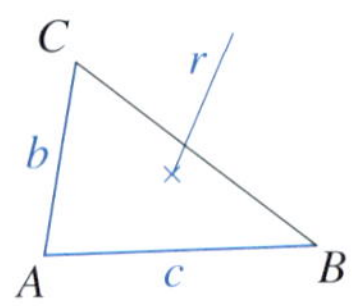

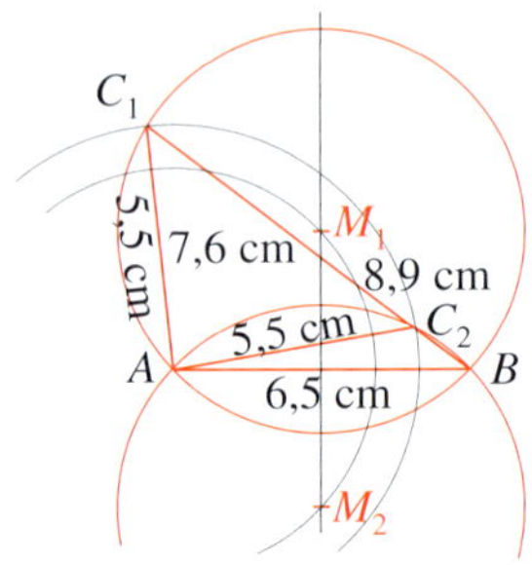

c) Lösungsidee: Teildreieck $\triangle AWC$ (SsW), $\sphericalangle ACW$ bei C an CW antragen, Schnitt des zweiten Schenkels mit $[AW$ ergibt B.
Planfigur: Ergebnis:

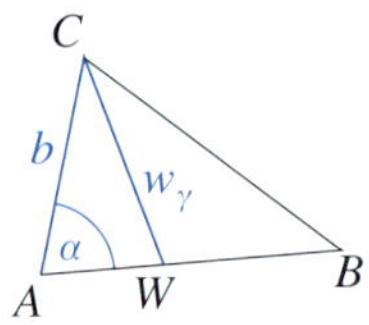

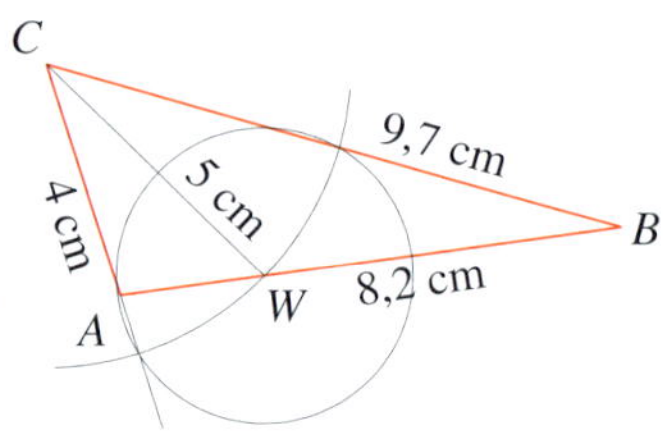

d) Lösungsidee: Thaleskreis über $[AC]$ und Parallele zu AC im Abstand h_b ergeben B; zwei kongruente Lösungen.
Planfigur: Ergebnis:

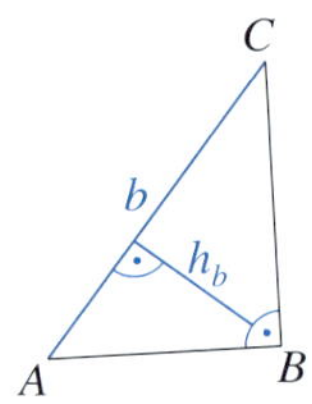

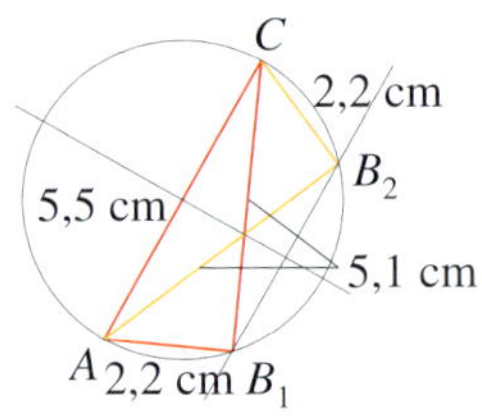

2 a), b), c) je 4 P

a) Planfigur:

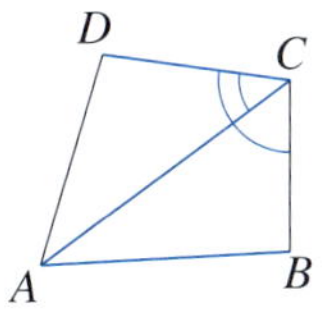

Ergebnis:

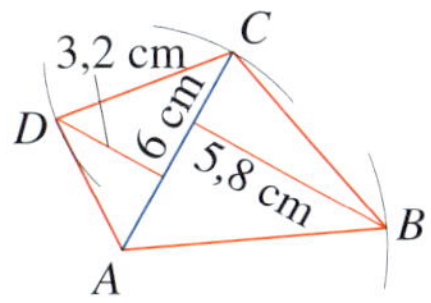

Lösungsidee: Start mit $\triangle ACD$ (SWS); $\sphericalangle DCB$ und $\overline{AB}$ ergeben B (eindeutig).
$A \approx 27\,\text{cm}^2$; $A_{\text{real}} \approx 10\,800\,\text{m}^2$

b) Planfigur:

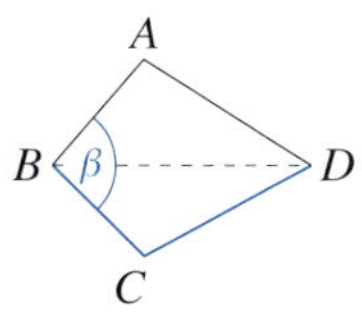

Ergebnis:

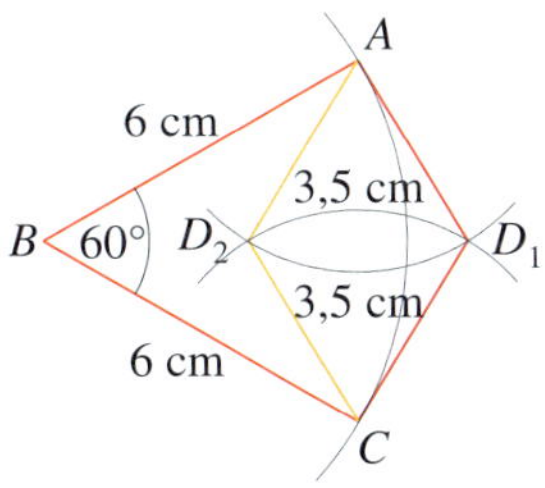

Lösungsidee: Start mit $\triangle BCA$ (SWS; $\overline{AB} = \overline{BC}$); D mit $\overline{AD} = \overline{CD}$ oder auch Start mit $\triangle BCD$ (Winkel $\frac{\beta}{2}$; SsW);
A durch Spiegelung von C an BD.
Zwei nicht kongruente Lösungen.
Weitere Vierecke mit Symmetrie zu einer Diagonalen: Raute, Quadrat.

c) Beispiele:

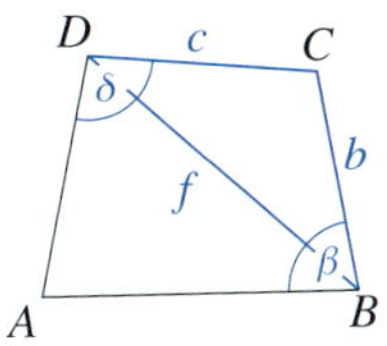

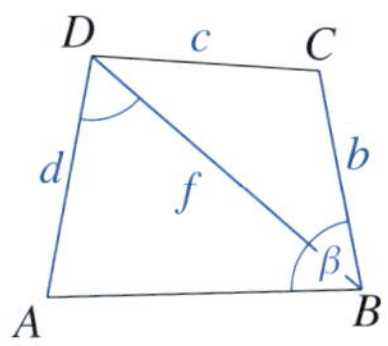

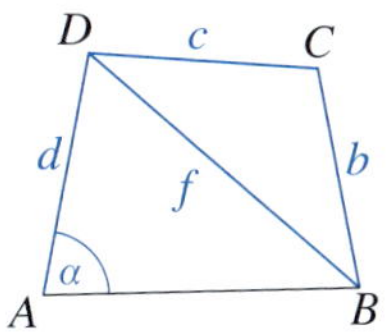

Start mit $\triangle BCD$ (SSS), β und δ ergeben A (eindeutig; zweiter Schnittpunkt C' ergibt keine Lösung).
Start mit $\triangle ABD$ (SWS), b und β ergeben C (eindeutig).
Start mit $\triangle ABD$ (SsW), b und c ergeben C (zweite Lösung C' ergibt kein Viereck!)

Ergebnis:

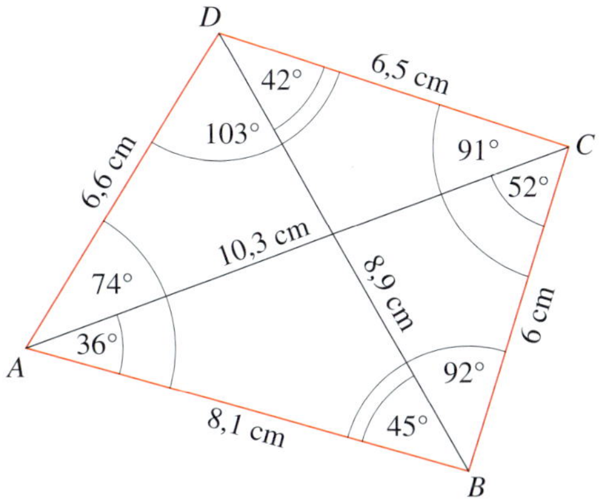

3 4 P

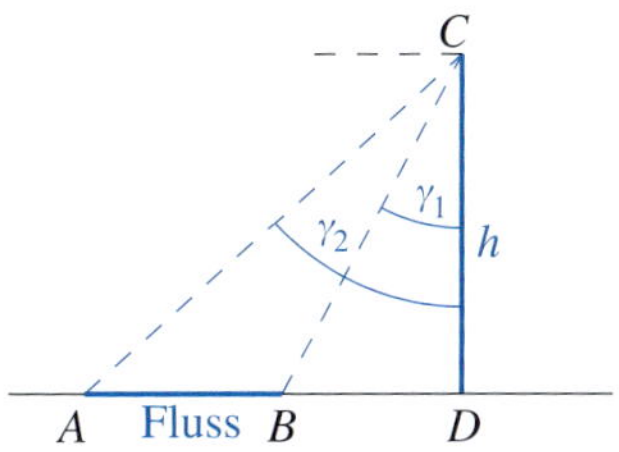

Durch Messung von γ_1 und γ_2 können die beiden rechtwinkligen Dreiecke ADC und BDC (maßstäblich) konstruiert werden. Dieser Konstruktion kann man $\overline{AB}$ entnehmen.

4 4 P

Konstruiert wird eine Raute $ABCD$ mit $\overline{BD} = 7\,\text{cm}$ und $\overline{BA} = 4{,}5\,\text{cm}$.
Ergebnis:

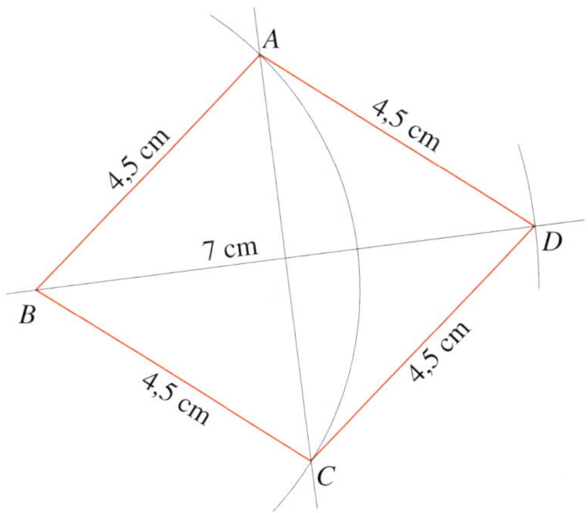

Kontrollergebnis: $\sphericalangle CBA = 78°$
Verbesserung: Die Achsenspiegelung ist unnötig. m und $k(B; 4{,}5\,\text{cm})$ haben die beiden Schnittpunkte A und C.

Grundwissen – Überblick

Terme

Ausdrücke wie $(3a-b)(2a+4b)$, $\frac{3}{x(x-2)}$ oder $6a^2+10ab-4b^2$ nennt man **Terme**.

In die Terme $T_1(a;\,b)=(3a-b)(2a+4b)$ und $T_3(a;\,b)=6a^2+10ab-4b^2$ könnten für a und b alle rationalen Zahlen eingesetzt werden. In den Term $T_2(x)=\frac{3}{x(x-2)}$ dürfen für x weder 0 noch 2 eingesetzt werden, da sonst der Nenner null wird.

Der **Wert eines Terms** mit Variablen hängt davon ab, welche Zahlen aus der **Definitionsmenge** für die Variablen eingesetzt werden.

Die letzte auszuführende Rechenoperation entscheidet über die Struktur eines Terms.

$$\begin{aligned}T_1(1{,}3;\,-2)&=(3\cdot 1{,}3-(-2))\cdot(2\cdot 1{,}3+4\cdot(-2))\\&=(3{,}9+2)\cdot(2{,}6-8)\\&=5{,}9\cdot(-5{,}4)\\&=-31{,}86\end{aligned}$$

Der Term T_1 ist ein Produkt.

Die Terme T_1 und T_3 liefern bei jeder möglichen Einsetzung für die Variablen a und b denselben Wert. Solche Terme nennt man **äquivalent**.
Alle Umformungen eines Terms unter Beachtung der Rechengesetze (siehe unten) erzeugen zueinander äquivalente Terme.

$$T_2(1{,}5)=\frac{3}{1{,}5\cdot(1{,}5-2)}=\frac{3}{1{,}5\cdot(-0{,}5)}=\frac{3}{-0{,}75}=-4$$

Der Term T_2 ist ein Quotient.

$$\begin{aligned}T_3(1{,}3;\,-2)&=6\cdot 1{,}3^2+10\cdot 1{,}3\cdot(-2)-4\cdot(-2)^2\\&=10{,}14-26-16\\&=10{,}14+(-26)+(-16)=-31{,}86\end{aligned}$$

Der Term T_3 ist eine (algebraische) Summe.

Aufgrund der Rechengesetze kannst du:

Produkte von Summen wie $(3a-b)(2a+4b)$ ausmultiplizieren;

gleichartige Terme wie $12ab$ und $2ab$ zusammenfassen.

$T_1(a;\,b)=(3a-b)(2a+4b)$ | Ausmultiplizieren

$=6a^2+12ab-2ab-4b^2$ | Zusammenfassen

$=6a^2+10ab-4b^2$

$=T_3(a;\,b)$

Rechengesetze

Beim Berechnen der Termwerte und beim Umformen von Termen sind die folgenden Rechengesetze oft nützlich. Sie gelten für alle rationalen Zahlen a, b, c.

Kommutativgesetz der Addition und der Multiplikation:
$a+b=b+a$ und $a\cdot b=b\cdot a$

Assoziativgesetz der Addition und der Multiplikation:
$a+b+c=(a+b)+c=a+(b+c)$ und $a\cdot b\cdot c=(a\cdot b)\cdot c=a\cdot(b\cdot c)$

Distributivgesetz:
$a\cdot(b+c)=ab+ac$ und $a\cdot(b-c)=ab-ac$ und $(a+b):c=a:c+b:c\ (c\neq 0)$

Beim Berechnen von Termwerten und beim Umformen von Termen kannst du außerdem nutzen, dass für alle rationalen Zahlen a, b und für alle natürlichen Zahlen m, n gilt:
$a^m\cdot a^n=a^{m+n}$ $\quad(a\cdot b)^n=a^n\cdot b^n$ $\quad(a^m)^n=a^{m\cdot n}$

Gleichungen

Bei vielen Aufgaben ist das Aufstellen und Lösen einer Gleichung ein Erfolg versprechender Lösungsweg.

Gleichungen können durch Probieren, durch Überlegen oder mittels Äquivalenzumformungen gelöst werden.

Äquivalenzumformungen sind:

- Auf beiden Seiten der Gleichung werden die Terme sortiert (Klammern auflösen, gleichartige Glieder zusammenfassen).
- Auf beiden Seiten der Gleichung wird dieselbe Zahl oder derselbe Term addiert.
- Auf beiden Seiten der Gleichung wird dieselbe Zahl oder derselbe Term subtrahiert.
- Auf beiden Seiten der Gleichung wird mit derselben, von null verschiedenen Zahl multipliziert.
- Auf beiden Seiten der Gleichung wird durch dieselbe, von null verschiedene Zahl dividiert.

In einem 5 cm hohen Trapez von 30 cm² Flächeninhalt ist eine der parallelen Seiten 7,5 cm lang. Wie lang ist die andere der parallelen Seiten?

Eine geeignete Gleichung aufstellen und lösen:
Einsetzen der Zahlenwerte der gegebenen Größen in die Flächenformel $A_T = \frac{1}{2} \cdot (a + c) \cdot h$ für das Trapez:

$30 = \frac{1}{2} \cdot (7{,}5 + c) \cdot 5$ | $\cdot 2; :5$
$\frac{30 \cdot 2}{5} = 7{,}5 + c$ | Berechnen; $-7{,}5$
$12 - 7{,}5 = c$ | Berechnen; Seiten vertauschen
$c = 4{,}5$

Die Lösung am Sachverhalt überprüfen und eine Antwort formulieren:
Mit $c = 4{,}5$ ergibt sich als Flächeninhalt:

$A_T = \frac{1}{2} \cdot (7{,}5 + 4{,}5) \cdot 5 = \frac{1}{2} \cdot 12 \cdot 5 = 30$

Die zweite parallele Seite muss 4,5 cm lang sein.

Gleichungen der Art $3x - 2 = 0$ oder $5x + 2 = 3$ nennt man **lineare Gleichungen**. Sie sind stets **eindeutig lösbar**. Sind Gleichung nicht linear, dann können sie auch mehrere Lösungen oder gar keine Lösung haben.

$|x - 1| = 2$ hat zwei Lösungen, -1 und 3, die **Lösungsmenge** ist $L = \{-1; 3\}$.
Während $x^2 = -4$ in den rationalen Zahlen **nicht lösbar** ist, hat $2(x + 3) = 2x + 6$ alle rationalen Zahlen als Lösung und ist damit **allgemein lösbar**.

Daten auswerten

Diagramme
Für das **Vergleichen von Daten** sind z. B. Säulen- und Balkendiagramme geeignet.
Die **Verteilung einer Gesamtheit** kann mithilfe von Kreisdiagrammen oder Prozentstreifen gezeigt werden.
Um **Veränderungen** bzw. **Entwicklungen** aufzuzeigen, sind Säulen- oder Liniendiagramme geeignet.
Abhängigkeiten zwischen zwei Größen lassen sich durch Punkte in einem Koordinatensystem bzw. durch Liniendiagramme veranschaulichen.

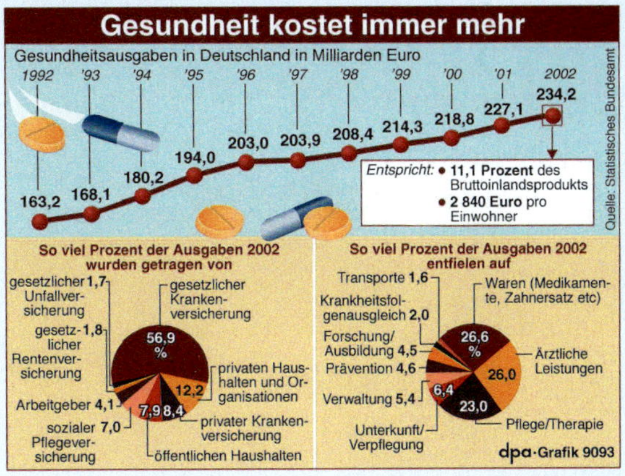

Arithmetisches Mittel („Durchschnitt")
Quotient aus der Summe aller Werte einer Datenreihe und der Anzahl der Werte

Durchschnittliche Gesundheitsausgaben 2000 bis 2002 in Milliarden Euro:

$$\frac{218{,}8 + 227{,}1 + 234{,}2}{3} = 226{,}7$$

Definitionen, Fudamentalsätze und Sätze

Eine Erklärung eines Begriffs nennt man **Definition**. Unmittelbar einsichtige Aussagen werden in diesem Buch als **Fundamentalsatz** bezeichnet. Aussagen, die aus Definitionen oder Fundamentalsätzen abgeleitet werden bzw. mit ihnen begründet werden können, werden als **Satz** bezeichnet.
Mit **D** werden hier Definitionen, mit **F** Fundamentalsätze und mit **S** Sätze gekennzeichnet.

D Deckungsgleiche Figuren heißen zueinander **kongruent**. (In Zeichen: ≅)

F Bei zueinander kongruenten Figuren sind entsprechende Strecken und Winkel gleich groß.

S Die Summe der Innenwinkel im Dreieck beträgt 180°.

Achsen- und Punktsymmetrie

Achsensymmetrie:

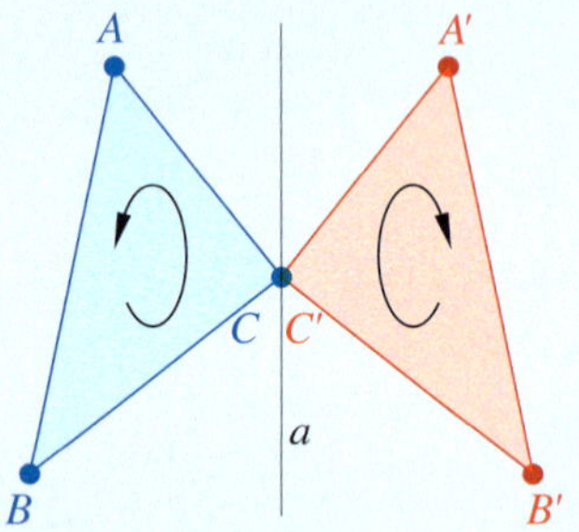

Konstruktion des Bildpunktes,

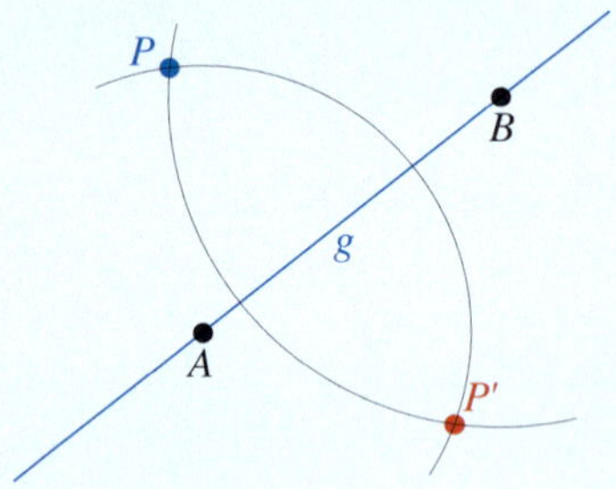

der Symmetrieachse

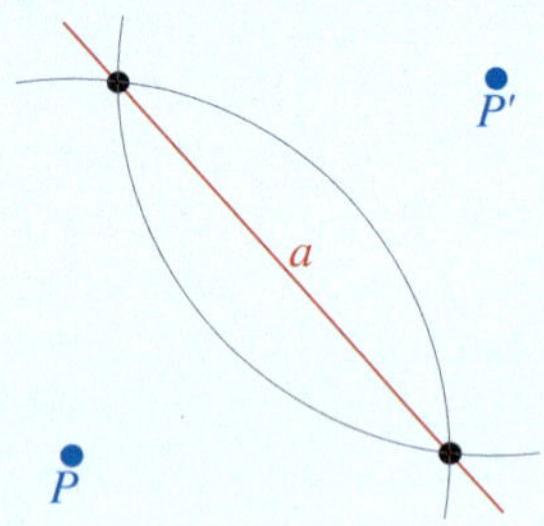

F Liegen zwei Punkte P und P' zueinander symmetrisch bezüglich einer Achse a, so halbiert die **Symmetrieachse** a die Strecke $[PP']$ senkrecht.

F Liegen zwei Punkte P und P' zueinander symmetrisch bezüglich einer Achse a, so hat jeder Punkt der Achse von P den gleichen Abstand wie von P'. Alle Punkte, die von P den gleichen Abstand wie von P' haben, liegen auf der Achse a.

F In zwei bezüglich einer Achse a zueinander symmetrischen gelegenen Figuren sind entsprechende Strecken gleich lang und entsprechende Winkel gleich groß. Die beiden Figuren haben entgegengesetzte Orientierung.

Punktsymmetrie:

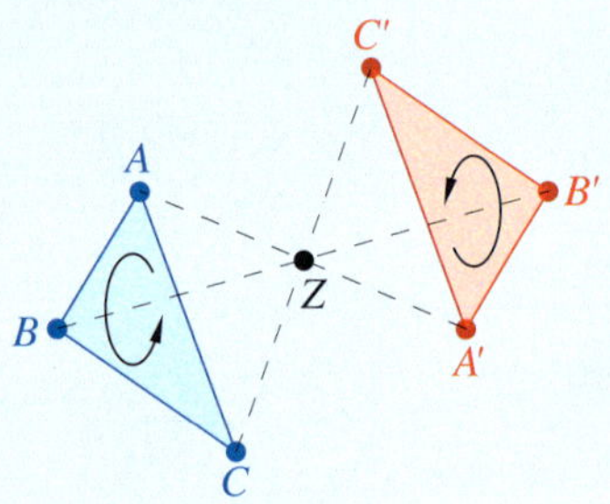

Konstruktion des Bildpunktes,

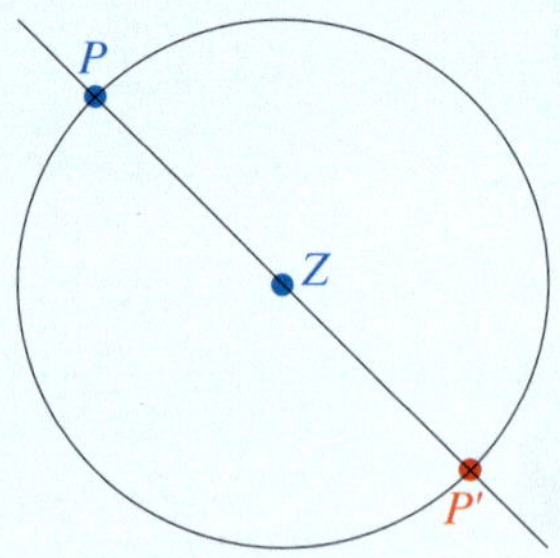

des Symmetriezentrums

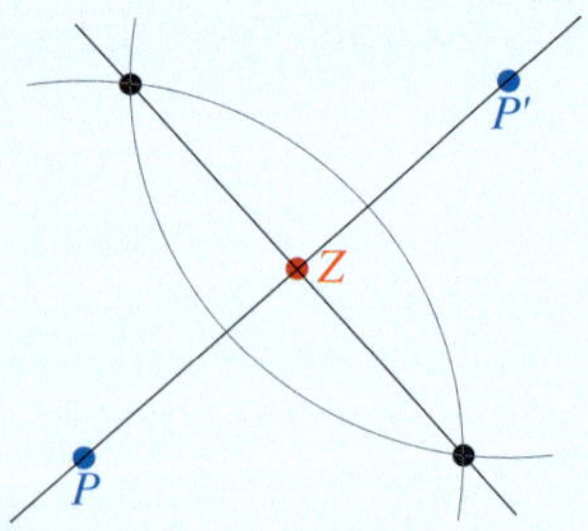

F Liegen zwei Punkte P und P' zueinander symmetrisch bezüglich eines Punktes Z, so halbiert das **Symmetriezentrum** Z die Strecke $[PP']$.

F In zwei bezüglich eines Punktes Z zueinander symmetrischen gelegenen Figuren sind entsprechende Strecken gleich lang und entsprechende Winkel gleich groß.
Die beiden Figuren haben gleiche Orientierung.

Wichtige geometrische Sätze

Winkel an Geraden- und Doppelkreuzungen (mit parallelen Geraden)

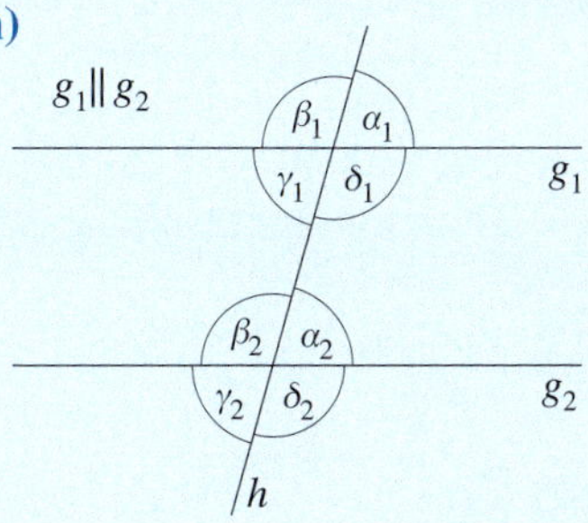

Nebenwinkel ergeben zusammen 180°. (Beispiel: $\alpha_1 + \beta_1 = 180°$)

Scheitelwinkel sind gleich groß. (Beispiel: $\alpha_1 = \gamma_1$)

Stufenwinkel sind gleich groß. (Beispiele: $\alpha_1 = \alpha_2$ oder $\gamma_1 = \gamma_2$)

Wechselwinkel sind gleich groß. (Beispiele: $\alpha_1 = \gamma_2$ oder $\gamma_1 = \alpha_2$)

Seiten-Winkel-Beziehung; Dreiecksungleichung

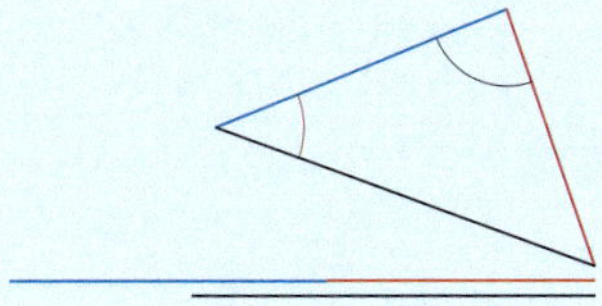

In einem Dreieck liegt der längsten Seite stets der größte Winkel gegenüber und der kürzesten immer der kleinste. Die Summe der Längen zweier beliebiger Dreiecksseiten ist stets größer als die dritte Seitenlänge.

Innenwinkelsätze

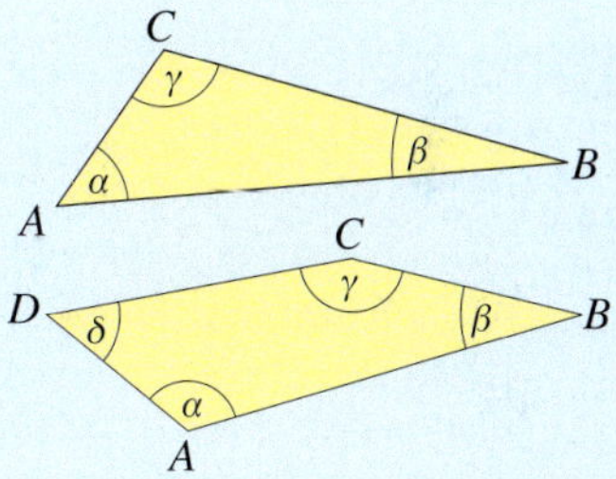

Die Summe der Innenwinkel im Dreieck beträgt 180°.
$\alpha + \beta + \gamma = 180°$

Die Summe der Innenwinkel im Viereck beträgt 360°.
$\alpha + \beta + \gamma + \delta = 360°$

Kongruenzsätze für Dreiecke

Kongruenzsatz SSS: Wenn Dreiecke in den drei Seitenlängen übereinstimmen, dann sind sie kongruent.

Kongruenzsatz SsW: Wenn Dreiecke in der Länge zweier Seiten und dem Winkel übereinstimmen, der der größeren Seite gegenüberliegt, dann sind sie kongruent.

Kongruenzsatz SWS: Wenn Dreiecke in der Länge zweier Seiten und dem von diesen Seiten eingeschlossenen Winkel übereinstimmen, dann sind sie kongruent.

Kongruenzsatz WSW bzw. SWW: Wenn Dreiecke in der Länge einer Seite und zwei gleich liegenden Winkeln übereinstimmen, dann sind sie kongruent.

Satz des Thales

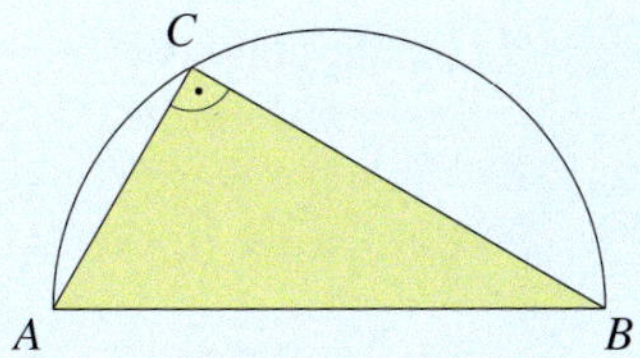

Genau dann, wenn C auf einem Kreis mit dem Durchmesser $[AB]$ liegt, ist der Winkel $\sphericalangle ACB$ ein rechter Winkel.

Besondere Dreiecke

D Ein Dreieck mit zwei gleich langen Seiten nennt man **gleichschenkliges Dreieck**. Die beiden gleich langen Seiten werden **Schenkel**, die dritte Seite wird **Basis** genannt.
Der Schnittpunkt der Schenkel heißt **Spitze**, die beiden der Basis anliegenden Innenwinkel **Basiswinkel**.

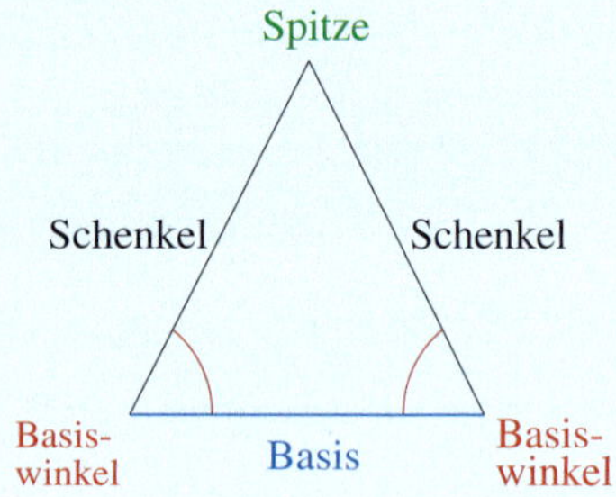

S Ein gleichschenkliges Dreieck hat zwei gleich große Basiswinkel.

S Jedes achsensymmetrische Dreieck und jedes Dreieck mit zwei gleich großen Winkeln ist gleichschenklig.

D Ein Dreieck mit einem rechten Innenwinkel nennt man **rechtwinkliges Dreieck**. Die dem rechten Winkel gegenüber liegende Seite bezeichnet man als **Hypotenuse**, die beiden anliegenden Dreiecksseiten als **Katheten**. Dem rechten Winkel liegt die größte Seite gegenüber.

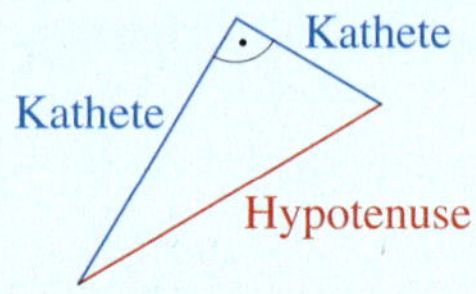

D Ein Dreieck mit drei gleich langen Seiten nennt man **gleichseitiges Dreieck**.

S Ein gleichseitiges Dreieck hat drei Symmetrieachsen: die Winkelhalbierenden jedes Innenwinkels. Die Innenwinkel sind gleich groß, jeder Innenwinkel misst 60°.

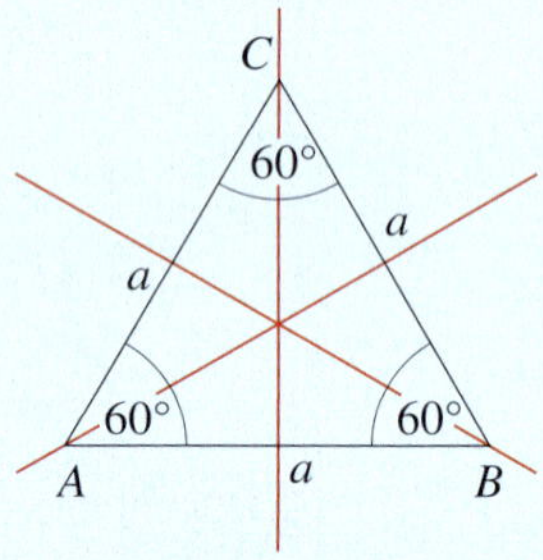

Besondere Punkte und Linien im Dreieck

D Die **Winkelhalbierenden** eines Dreiecks sind die Geraden, die seine Innenwinkel halbieren.

S Die Winkelhalbierenden sind die Symmetrieachsen der jeweiligen Winkel. Jeder Punkt der Winkelhalbierenden ist von den beiden Schenkeln gleich weit entfernt.

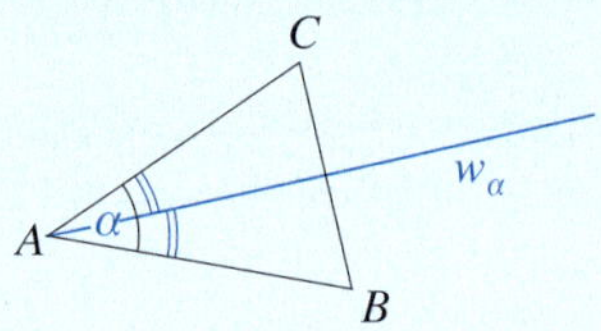

D Die **Höhen** eines Dreiecks sind die Lote von den Eckpunkten auf die gegenüberliegenden Seiten (oder deren Verlängerungen).

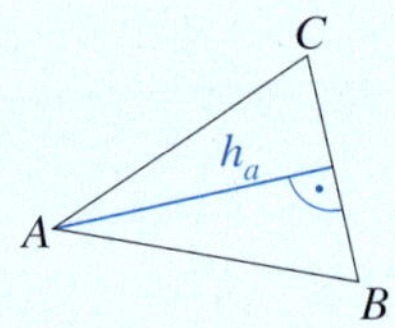

D Die **Mittelsenkrechten** eines Dreiecks sind die Geraden, die senkrecht zu den Seiten durch deren Mittelpunkt verlaufen.

S Die drei Mittelsenkrechten eines Dreiecks schneiden sich in einem Punkt. Dieser Punkt hat von allen drei Ecken den gleichen Abstand.

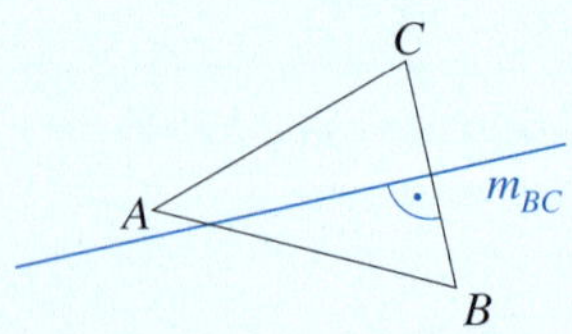

D Der Schnittpunkt der drei Mittelsenkrechten eines Dreiecks heißt **Umkreismittelpunkt** des Dreiecks.
Der Kreis um diesen Punkt, der durch die Eckpunkte des Dreiecks verläuft, ist der **Umkreis** des Dreiecks.

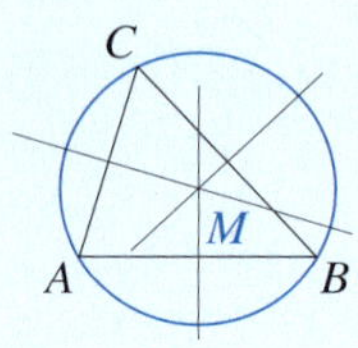

8

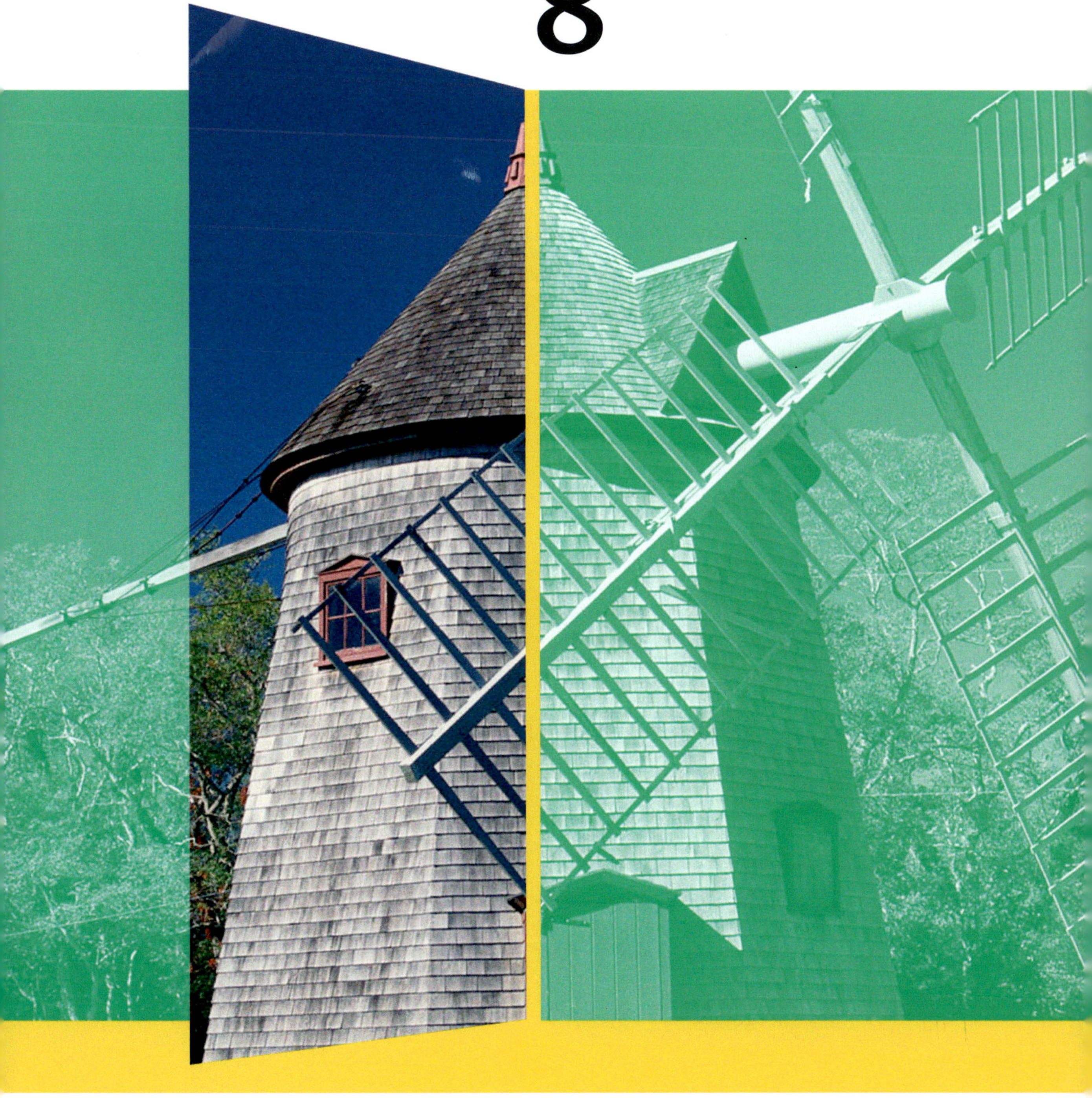

Zeig, was du kannst!

1 Vervollständige die Sätze richtig. Gib die Proportionalitätskonstante an, falls möglich auch zahlenmäßig.

a) Der Umfang eines Kreises ist direkt proportional zu …
b) Das Gewicht eines Körpers ist direkt proportional zu …
c) Die Dehnung einer elastischen Feder ist direkt proportional zu …
d) Die Wegstrecke, die die Spitze des Minutenzeigers einer Uhr zurücklegt, ist direkt proportional zu …
e) Die Wassermenge in einem quaderförmigen Aquarium ist direkt proportional zu …
f) Die Anzahl der Semmeln ist direkt proportional zu …
g) Der Preis einer Tankfüllung ist direkt proportional zu …

2 Verschiedene Packungsgrößen sowie eine 5,4 kg Vorteilspackung desselben Waschmittels stehen nebeneinander im Regal. Vergleiche und finde das günstigste Angebot.

500 g	2,3 kg	1,0 kg	5,4 kg
1,29 €	5,69 €	2,49 €	13,80 €

3 Ein Farblaser-Drucker druckt in einer Minute 24 Seiten schwarz/weiß, 12 Seiten farbig. Wie lange benötigt er jeweils für 50 Seiten?

4 Lies für jeden Graphen den Proportionalitätsfaktor bzw. bei Produktgleicheit den Wert des Produkts ab.

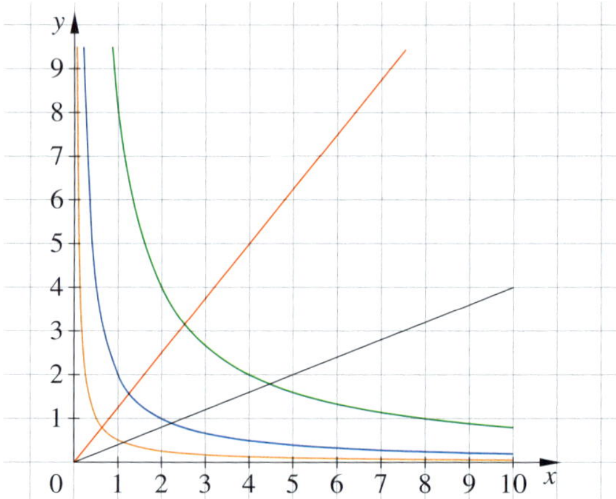

5 Um an einem Weg im Abstand von 30 m Laternen aufzustellen, werden sieben Laternen benötigt, wenn auch am Anfang und Ende des Weges je eine Laterne stehen soll. Es steht aber nur Geld für fünf Laternen zur Verfügung. In welchem Abstand müssen sie aufgestellt werden?

6 Finde heraus, ob x und y in den beiden Tabellen direkt oder indirekt proportional sein sollen. Verbessere fehlerhafte Paare und trage die neuen Paare dort in die Tabelle ein.

x	7	3,5	9	21	10,5
y	11	5,5	17	32	16,5

x	2	7,3	6	14,6	73
y	7,3	2	$\frac{73}{30}$	1,5	20

Aufg.-Nr.	Punkte	Lösungshinweis
1	7 P	Siehe S. 75; direkte Proportionalität.
2	5 P	Siehe S. 75; direkte Proportionalität.
3	3 P	Siehe S. 75; direkte Proportionalität.
4	5 P	Siehe S. 75.
5	5 P	ohne Hinweis
6	7 P	Siehe S. 75.

Lösungen Seite 69

28–32 Punkte
22–27 Punkte
16–21 Punkte

Zeig, was du kannst!

1

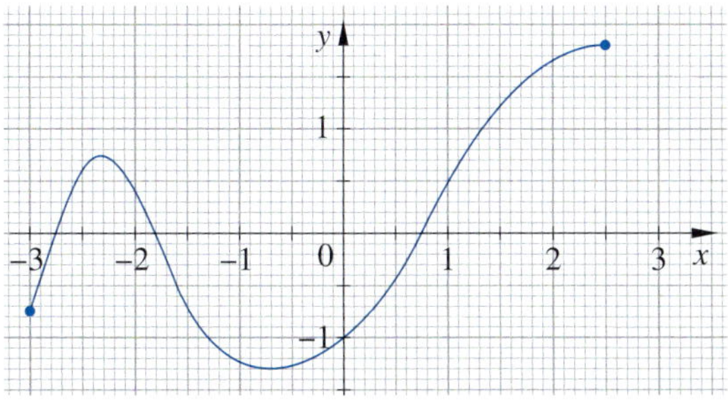

Die Abbildung zeigt den Graphen einer Funktion.

a) Bestimme den Funktionswert zum x-Wert $-1{,}8$ $(0;\ 1{,}5;\ 2{,}25)$.

b) Bestimme die x-Werte, welche den Funktionswert $0{,}3$ $(1{,}5;\ 0;\ -0{,}5;\ -1{,}3)$ besitzen.

c) Bestimme die Definitions- und die Wertemenge der Funktion.

2 Bestimme den Funktionswert für $x = -2;\ \frac{2}{5}$ und 4 mit möglichst wenig Rechenaufwand.
$f(x) = (0{,}5x + 1) \cdot (4 + 6x) - 2x \cdot (4 + x)$

3 Gib zur folgenden Funktion die Definitionsmenge und den Funktionsterm an.
Länge x ↦ Inhalt A der violett gefärbten Fläche

a)

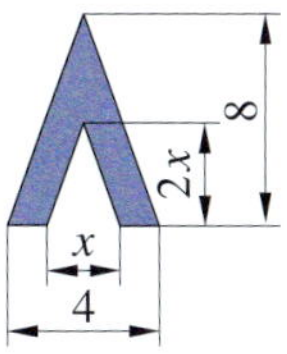

b)

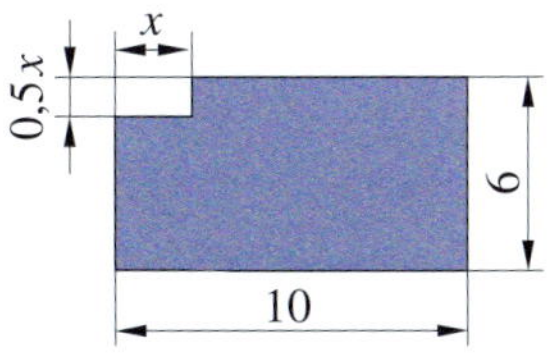

4 Zeichne den Graphen der Funktion $f(x) = 4 - x^2$ $(-3 \leq x \leq 3)$. Untersuche, inwiefern sich die Eigenschaften des Graphen (Steigungsverhalten, Symmetrie, besondere Punkte, …) durch den Funktionsterm erklären lassen.

5 Berechne den Inhalt der Fläche. Gib das Ergebnis auf zwei Dezimalen gerundet an.

a)

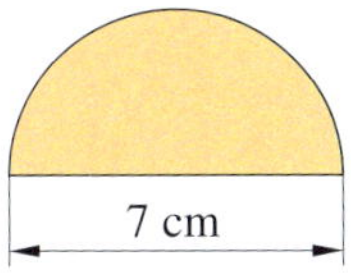

b)

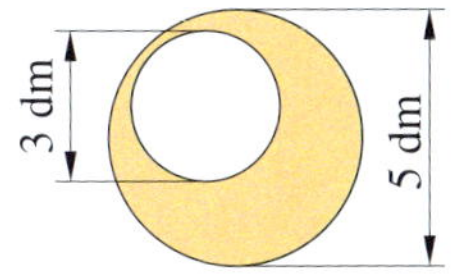

6

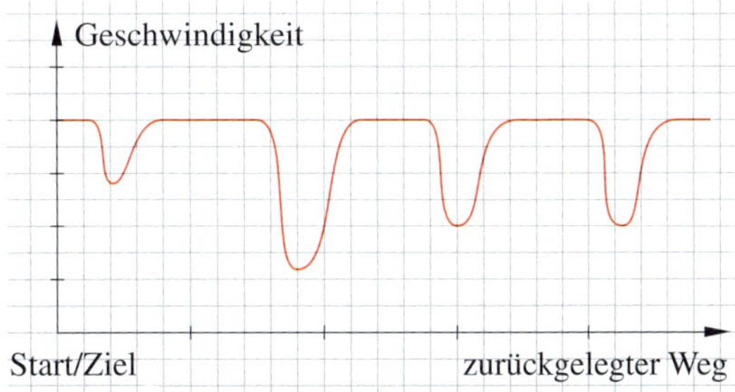

Die Abbildung zeigt den Graphen der Funktion *Länge der zurückgelegten Strecke → Geschwindigkeit* eines Rennwagens in der zweiten Runde einer etwa 10 km langen Rennstrecke.

a) Welche der unten skizzierten Rennstrecken passt zum Graphen? Begründe deine Antwort.

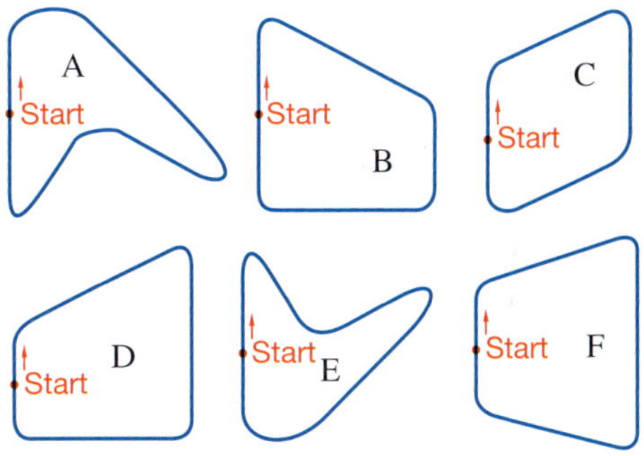

b) Zeichne einen möglichen Graphen der Weg-Geschwindigkeits-Funktion für die erste Runde.

Aufg.-Nr.	Punkte	Lösungshinweis	Lösungen Seiten 69 f.
1	6 P	Siehe S. 76; Funktionen.	
2	5 P	ohne Hinweis	30–34 Punkte
3	6 P	ohne Hinweis	
4	6 P	ohne Hinweis	24–29 Punkte
5	6 P	Siehe S. 80; Flächeninhalt des Kreises.	
6	5 P	ohne Hinweis	17–23 Punkte

Zeig, was du kannst!

1

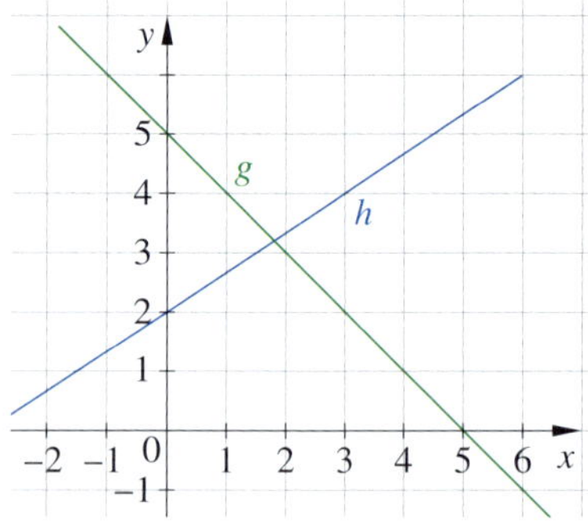

a) Gib jeweils Steigung, y-Achsenabschnitt und eine Gleichung der im Koordinatensystem gegebenen Geraden an.

b) Zeichne mithilfe der Steigung und des y-Achsenabschnitts die Geraden zu den Gleichungen $y = 2x + 3{,}5$ und $2y + x + 2 = 0$ in ein Koordinatensystem. Was fällt dir an den beiden Geraden auf? Berechne die Schnittpunkte der Geraden mit den Koordinatenachsen.

2 Gegeben ist die Gerade g mit der Funktionsgleichung $3x + y = 2$.

a) Zeichne die Gerade g in ein Koordinatensystem.

b) Spiegle die Gerade g an der x-Achse und gib die Gleichung der Spiegelgeraden s an.

c) Gib die Gleichung einer Geraden h an, die zur Geraden g parallel ist und durch den Punkt $(0|-5)$ verläuft.

d) Prüfe durch Rechnung, ob der Punkt $T(17|-50)$ oberhalb, unterhalb oder auf der Geraden g liegt.

e) Berechne die Gleichung einer Geraden l, auf deren Graph die Punkte $R(-2|3)$ und $S(3|4)$ liegen.

3 In einem Rechteck ist eine Seite x cm, die andere Seite y cm und der Umfang 18 cm.

a) Gib eine Gleichung der linearen Funktion an, die den Zusammenhang zwischen Umfang und Seitenlängen des Rechtecks beschreibt.

b) Zeichne den Graphen dieser Funktion.

c) Gib eine für diesen Sachverhalt sinnvolle Definitionsmenge und Wertemenge an.

d) Gib drei Möglichkeiten für die Seitenlängen des Rechtecks an.

4 Bestimme die Lösungen folgender Ungleichung und kontrolliere das Ergebnis durch 2 Stichproben $-4(1 - x) > 3(2x - 1)$

5 Familie Huber will sich im Urlaub ein Auto mieten. Firma A bietet ihr ein Auto mit einer täglichen Grundgebühr von 50 € und einer Gebühr von 8 Cent pro gefahrenen Kilometer an. Firma B will nur 45 € Grundgebühr pro Tag, dafür jedoch 12 Cent pro gefahrenen Kilometer. Ab wie viel gefahrenen km pro Tag ist das Angebot von Firma A günstiger?

Aufg.-Nr.	Punkte	Lösungshinweis
1	8 P	Siehe S. 76; lineare Funktionen.
2	8 P	Siehe S. 77; Gerade durch zwei Punkte.
3	6 P	ohne Hinweis
4	6 P	Siehe S. 77; lineare Ungleichungen.
5	6 P	ohne Hinweis

Lösungen Seiten 70 f.

29–34 Punkte

23–28 Punkte

17–22 Punkte

Zeig, was du kannst!

1 Zwei Würfel werden geworfen und die Augensumme wird gebildet.
a) Gib alle Ergebnisse und ihre Wahrscheinlichkeiten an.
b) Erstelle ein Stab- und ein Kreisdiagramm.
c) Wie oft erwartest du bei 100 Versuchen eine Quadratzahl; wie oft eine Primzahl?

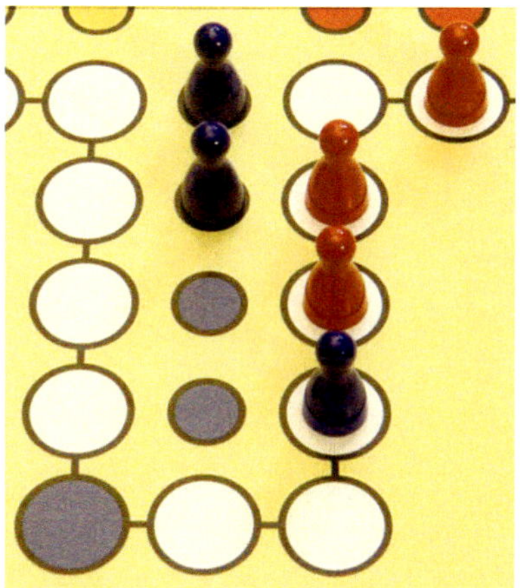

2 Tim und Felix spielen „Mensch ärgere dich nicht". Tim hofft beim nächsten Zug mit seinem blauen Stein in sein Haus zu kommen, Felix hofft, ihn im darauf folgenden Zug mit einem seiner roten Steine noch zu schlagen.
a) Wie wahrscheinlich ist es, dass Tim es schafft? Erläutere deine Berechnung.
b) Tim hat eine „5" geworfen. Wie wahrscheinlich ist es nun, dass Felix ihn schlagen kann?
c) Felix würfelt auch eine „5". Wie würdest du an seiner Stelle ziehen? Begründe deine Antwort.

3 In einer Lostrommel liegen vier rote, drei blaue, zwei gelbe Kugeln und eine schwarze Kugel, die von 0 bis 9 nummeriert sind. Es werden zufällig drei Kugeln gleichzeitig gezogen.
a) Gib zwei verschiedene Ergebnisräume an.
b) Wie musst du das Experiment abändern, dass ein Laplace-Experiment entsteht? Gib einen Ergebnisraum dazu an.
c) Gib ein Ergebnis des Laplace-Experiments an, das beim vorherigen Experiment nicht möglich war.

4 Beim Spiel „Schiffe versenken" setzt jeder der beiden Mitspieler auf einer quadratischen Fläche von 100 Kästchen seine Schiffe (vier „Einser", drei „Zweier", zwei „Dreier" und einen „Vierer"). Nadine hat ihre Schiffe wie im Bild verteilt. (Die Schiffe dürfen zwar den Rand, aber nicht sich gegenseitig berühren). Lena versucht Nadine's Schiffe zu treffen, ohne zu sehen, wo sie stehen: Sie nennt die Koordinaten eines Feldes, z. B. (B|7), und Nadine sagt ihr, ob sie getroffen hat oder nicht.
a) Wie wahrscheinlich ist ein Treffer von Lena beim ersten Versuch?
b) Wie groß ist die Wahrscheinlichkeit für einen Treffer beim nächsten Versuch, wenn sie wie im Bild rechts getroffen hat?

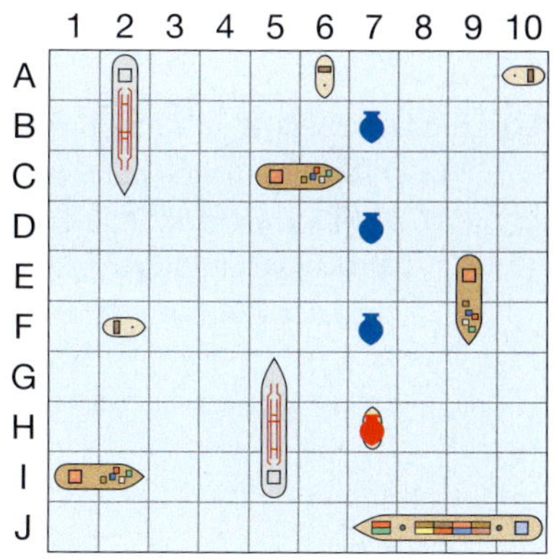

Aufg.-Nr.	Punkte	Lösungshinweis
1	13P	Siehe S. 79; Zufall und Wahrscheinlichkeit.
2	6P	Siehe S. 79; Zufall und Wahrscheinlichkeit.
3	11P	Siehe S. 79; Zufall und Wahrscheinlichkeit.
4	6P	Siehe S. 79; Zufall und Wahrscheinlichkeit.

Lösungen Seiten 71 f.

31–36 Punkte
25–30 Punkte
18–24 Punkte

Zeig, was du kannst!

1 Löse die folgenden linearen Gleichungssysteme und begründe jeweils kurz deine Wahl des Lösungsverfahrens.

a) (I) $7x - 5y = 11$
(II) $8x + 2y = 10$

Überprüfe deine Lösung mit dem grafischen Lösungsverfahren.

b) (I) $2(3x - 2y) + \frac{7}{2}y = 3(x + 1)$
(II) $\frac{12x + 6y}{3} + 3x = 9 + 4y$

Führe die Probe durch.

2 Gib, ohne die Gleichungssysteme zu lösen, an, wie viele Lösungen sie haben.

a) (I) $3x + 4y = 9$
(II) $-4x - 3y = 8$

b) (I) $2x + \frac{5}{2}y = 4$
(II) $x + 1{,}25y = -2$

c) (I) $\frac{3}{2}x - \frac{5}{2}y = 2$
(II) $\frac{1}{2}x - \frac{3}{2}y = 1$

d) (I) $-4x + 10y = 28$
(II) $0{,}5x - 1{,}25y = -3{,}5$

3 Wähle die Werte von a und b so, dass das lineare Gleichungssystem
(I) $ax - 3y = 5$
(II) $8x - 5y = b$

a) unendlich viele Lösungen hat;
b) $(-2|3)$ als einzige Lösung hat.

4 Gustav Ierig hat 50 000 € in Aktienfonds investiert. Nach einem Monat hat der Fonds A 2% an Wert verloren, der Wert von Fonds B stieg um 3%. Das hat Herrn Ierig zusammen einen Verlust von 275 € beschert.
Wie viel Geld hat er in jeden der Fonds investiert?

5 Finde zweistellige Zahlen mit möglichst vielen der folgenden Eigenschaften:
(A) Die Quersumme der Zahl ist 12.
(B) Die Zahl ist das Sechsfache ihrer Einerziffer.
(C) Vertauscht man die Zehnerziffer und die Einerziffer, so erhöht sich der Wert der Zahl um 18.

Aufg.-Nr.	Punkte	Lösungshinweis
1	8P	Siehe S. 78; lineare Gleichungssysteme.
2	4P	Siehe S. 78; lineare Gleichungssysteme.
3	4P	Siehe S. 78; lineare Gleichungssysteme.
4	6P	ohne Hinweis
5	6P	ohne Hinweis

Lösungen Seiten 72 f.

24–28 Punkte
19–23 Punkte
14–18 Punkte

Zeig, was zu kannst!

1 Welcher der folgenden Funktionsterme gehört jeweils zu den drei Graphen in nebenstehendem Bild? Begründe deine Auswahl.

(1) $\frac{1}{x} + 1$ (2) $\frac{1}{x+3} + 3$ (3) $\frac{-1}{x+2} - 1$

(4) $\frac{1}{x^2} + 1$ (5) $\frac{-1}{x+3} - 3$ (6) $\frac{1}{x+2} - 1$

(7) $\frac{1}{x^3} + 1$ (8) $\frac{1}{x-3} - 3$ (9) $\frac{1}{x-2} + 1$

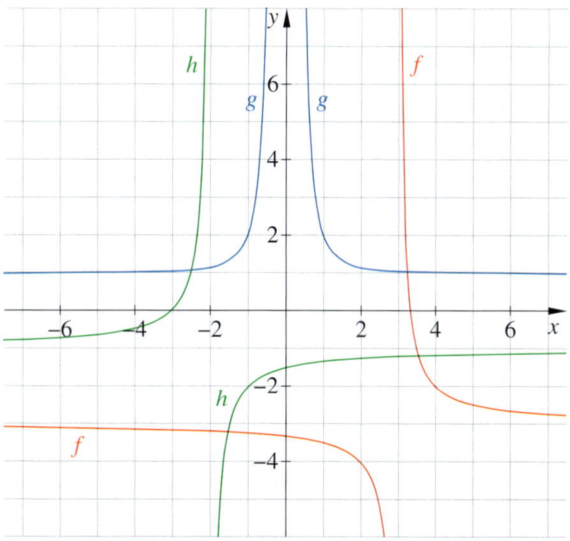

2 Gegeben sind zwei Funktionen f und g durch ihre Funktionsterme:

$f(x) = \frac{1}{x-2} + \frac{3}{2}$ und $g(x) = \frac{-2}{x+1} + 3$

a) Skizziere die Graphen beider Funktionen. Lies aus der Skizze näherungsweise die Punkte ab, wo sich die Graphen schneiden, sowie die Schnittpunkte der Graphen mit den Achsen.

b) Berechne die Nullstellen der Funktionen.

c) Bestimme die Schnittpunkte der Graphen von f und g durch Rechnung.

3 Bringe die folgenden Terme in die Form $\frac{Z}{N}$.

a) $\frac{2}{3x} - \frac{2x}{6} + \frac{1}{2}$ **b)** $\frac{1}{4x^2} + \frac{5}{8x} - x$ **c)** $\frac{2}{2x-1} + \frac{x}{3-x}$ **d)** $\frac{3x}{2(x+3)} + \frac{4}{x(3+x)}$

4 Schreibe ohne Bruchstriche und vereinfache.

a) $\frac{-x^{14}y^{-7}(-x)^3}{(xy)^{-4}x^{-14}}$ **b)** $\left(\frac{ab^2c}{2(ab)^2}\right)^{-3} : \frac{4c^{-1}}{a}$

5 Gleitkommadarstellung

a) Gib in Gleitkommadarstellung an: Ein Wasserstoffatom wiegt etwa 0,000 000 000 000 000 000 000 000 001 661 g.

b) Gib ohne Gleitkommadarstellung an: Der Mond hat eine Masse von ungefähr $0{,}07349 \cdot 10^{24}$ Kilogramm.

Aufg.-Nr.	Punkte	Lösungshinweis	Lösungen Seiten 73 f.
1	9 P	Siehe S. 77; gebrochen-rationale Funktionen.	
2	12 P	Siehe S. 79; Bruchgleichungen.	34–39 Punkte
3	8 P	Siehe S. 79; Über-Kreuz-Multiplizieren.	
4	6 P	Siehe S. 80; Potenzen mit ganzzahligen Exponenten.	27–33 Punkte
5	4 P	Gleitkommadarstellung einer Zahl $z \in \mathbb{Q}$ $z = a \cdot 10^n$ mit $a \in [1; 10[$ und $n \in \mathbb{Z}$	19–26 Punkte

Zeig, was du kannst!

1 Zeichne ein Parallelogramm mit $a = 3{,}2\,\text{cm}$, $b = 2{,}4\,\text{cm}$ und $\alpha = 70°$. Vergrößere es maßstäblich mit dem Ähnlichkeitsfaktor $k = 2{,}5$.

2 Von einer 12 m breiten und 8 m hohen Fachwerkfassade wird mit einer Spezialkamera ein Negativ im Format 9 cm × 6 cm aufgenommen.
Von diesem Negativ wird ein Abzug im Format 40 cm × 30 cm angefertigt.
Bestimme, mit welchem Faktor die Fassade auf dem Negativ (mindestens) verkleinert abgebildet ist und mit welchem Faktor der Abzug maximal vergrößert werden kann.
Benenne mindestens ein Problem, das sich aus den unterschiedlichen Formaten ergibt.

3 Berechne für die abgebildete Figur aus den angegebenen Maßen (in cm) die Streckenlängen x, y und z.
Welche Annahme legst du deinen Rechnungen zugrunde?

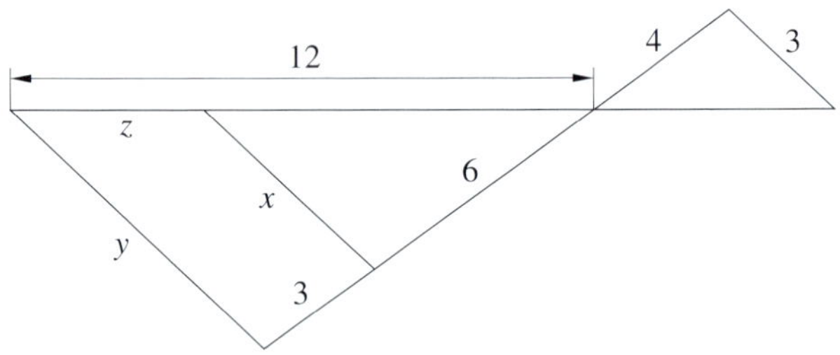

4 Ein Trapez $ABCD$ (siehe Bild rechts) hat die Seitenlängen $a = 5\,\text{cm}$, $b = 2\,\text{cm}$, $c = 3\,\text{cm}$, $d = 3\,\text{cm}$.
Berechne die Streckenlängen $\overline{AS}$ und $\overline{CS}$.

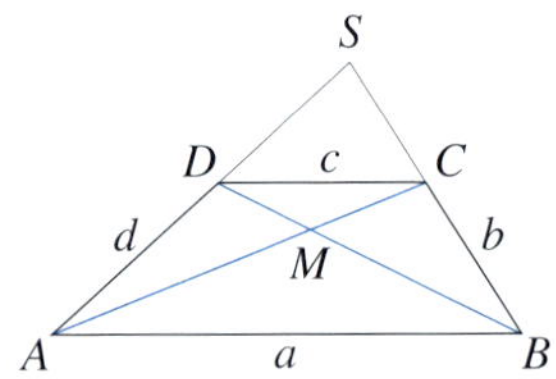

5 Ein Trapez $ABCD$ (siehe Bild rechts) wird durch seine Diagonalen in Dreiecke zerlegt. Zwei dieser Dreiecke sind zueinander ähnlich. Welche? Begründe diese Behauptung.

6 Einem rechtwinkligen Dreieck ist ein Quadrat einbeschrieben (siehe Skizze).

a) Begründe, dass die Dreiecke AED und CGF zueinander ähnlich sind.

b) Zeige: $\overline{EF}^2 = \overline{AD} \cdot \overline{GC}$.

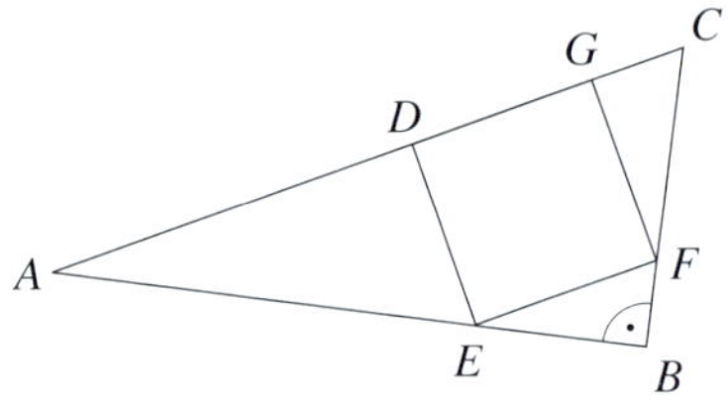

Aufg.-Nr.	Punkte	Lösungshinweis
1	4 P	$k = 2{,}5$ bedeutet Vergrößerung auf das 2,5-Fache.
2	5 P	ohne Hinweis
3	6 P	Siehe S. 80; Strahlensatz.
4	5 P	Siehe S. 80; Strahlensatz.
5	4 P	Siehe S. 80; Ähnlichkeitssätze.
6	6 P	Siehe S. 80; Ähnlichkeitssätze.

Lösungen Seite 74

26–30 Punkte

21–25 Punkte

15–20 Punkte

Lösungen: Zeig, was du kannst!

Kapitel 1 • Seite 62

1 a) bis g) je 1 P

a) … zu seinem Radius.
Proportionalitätskonstante: 2π
Alternativ: … zu seinem Durchmesser.
Proportionalitätskonstante: π

b) … zu seiner Masse.
Proportionalitätskonstante: Fallbeschleunigung g

c) … zu der Zugkraft.
Proportionalitätskonstante: Federhärte D

d) … zu der Zeit t in Minuten $(0 \leq t \leq 60)$.
Proportionalitätskonstante: $\frac{2\pi \cdot l}{60} = \frac{\pi \cdot l}{30}$, wenn l die Zeigerlänge bedeutet.

e) … zu der Wasserhöhe h.
Proportionalitätskonstante: Grundflächeninhalt des Aquariums.

f) … zu dem Gesamtpreis der Semmeln.
Proportionalitätskonstante: Preis je Semmel

g) … zu der Menge, die getankt wurde.
Proportionalitätskonstante: Literpreis

2 5 P

Errechnest du den Preis für ein Kilogramm bei den verschiedenen Packungsgrößen, so ergeben sich folgende Werte: 2,58 €, etwa 2,47 €, 2,49 € bzw. etwa 2,56 €. Die günstigste Packungsgröße enthält also 2,3 kg.

3 3 P

Für eine Seite Schwarz-Weiß-Druck benötigt der Drucker $\frac{1}{24}$ Minute bzw. 2,5 Sekunden, für eine Seite Farbdruck doppelt so lange.
Für 50 Seiten benötigt er $\frac{50}{24}$ Minuten, also 2 Minuten und 5 Sekunden, bei Schwarz-Weiß-Druck, sonst doppelt so lange, also 4 Minuten und 10 Sekunden.

4 je Graph 1 P

k ist der Proportionalitätsfaktor bei direkter Proportionalität und a der Wert des Produkts bei indirekter Proportionalität:

$k_{\text{schwarz}} = \frac{2}{5} = 0{,}4$; $k_{\text{rot}} = \frac{5}{4} = 1{,}25$;

$a_{\text{grün}} = 8$; $a_{\text{blau}} = 2$; $a_{\text{orange}} = 0{,}5$.

5 5 P

Bei 7 Laternen hat man 6 Abstände von je 30 m, der Weg ist also 180 m lang.
Bei 5 Laternen ergeben sich 4 Zwischenräume, die damit jeweils 45 m betragen müssen.

6 obere Tabelle 4 P, untere Tabelle 3 P

x	7	3,5	9	21	10,5
y	11	5,5	17	32	16,5

Die Größen sollen wohl direkt proportional sein. Mögliche Verbesserungsvorschläge, um direkte Proportionalität zu erreichen: $(9|17)$ ersetzen durch $\left(9\middle|14\frac{1}{7}\right)$ oder $\left(10\frac{9}{11}\middle|17\right)$; $(21|32)$ durch $(21|33)$ ersetzen.

x	2	7,3	6	14,6	73
y	7,3	2	$\frac{73}{30}$	1,5	20

Die Größen sollen wohl indirekt proportional sein. Mögliche Verbesserungsvorschläge, um indirekte Proportionalität zu erreichen: $(14{,}6|1{,}5)$ ersetzen durch $(14{,}6|1)$; $(73|20)$ durch $(73|0{,}2)$ oder auch $(0{,}73|20)$ ersetzen.

Kapitel 2 • Seite 63

1 a), b), c) je 2 P

a)

x	−1,8	0	1,5	2,25
y	0	−1	1,2	1,75

b)

x	−2,6; −1,9; 0,9	1,8	−2,75; −1,8; 0,75
y	0,3	1,5	0

x	−2,9; −1,6; 0,45	−0,7
y	−0,5	−1,3

c) $D = [-3; 2{,}5]$; $W = [-1{,}3; 1{,}8]$

2 5 P

$f(x) = (0{,}5x + 1) \cdot (4 + 6x) - 2x \cdot (4 + x) = x^2 + 4$

$f(-2) = 8$; $f\left(\frac{2}{5}\right) = 4\frac{4}{25} = 4{,}16$; $f(4) = 20$

3 a), b) je 3 P

a) $D = [0; 4]$; $A(x) = \frac{1}{2} \cdot 4 \cdot 8 - \frac{1}{2} \cdot x \cdot 2x = 16 - x^2$

b) $D = [0; 10]$; $A(x) = 10 \cdot 6 - x \cdot 0{,}5x = 60 - 0{,}5x^2$

4 6 P

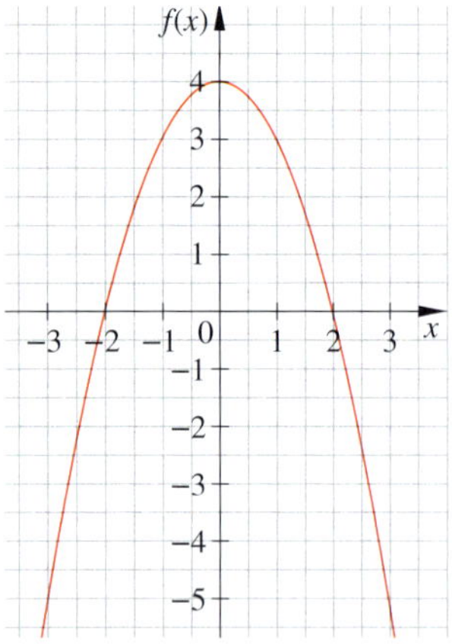

Eigenschaften des Graphen	Erklärung mithilfe des Funktionsterms
Steigungsverhalten: Im Bereich der negativen x-Achse ist der Graph steigend, im Bereich der positiven x-Achse fallend.	Für negative x-Werte gilt: Je größer x, desto kleiner dessen Betrag, desto kleiner x^2, desto größer $4-x^2$. Für positive x-Werte gilt: Je größer x, desto größer x^2, desto kleiner $4-x^2$.
Symmetrie: Achsensymmetrie zur y-Achse	Aufgrund des Quadrats von x ist das Vorzeichen des x-Werts bei der Berechnung des Funktionswerts ohne Bedeutung, z. B. $f(-3) = -5 = f(3)$.
Besondere Punkte: Schnittpunkte mit der x-Achse: $(-2 \mid 0)$, $(2 \mid 0)$ Schnittpunkt mit der y-Achse: $(0 \mid 4)$	$f(x) = 0 \Rightarrow 4 - x^2 = 0$ $\Rightarrow x^2 = 4 \Rightarrow x = 2$ und $x = -2$ Schnittpunkte mit der x-Achse: $(-2 \mid 0)$, $(2 \mid 0)$ $f(0) = 4 \Rightarrow$ Schnittpunkt mit der y-Achse: $(0 \mid 4)$
Wertemenge: Alle rationalen Zahlen kleiner oder gleich 4. (Kurz: $x \le 4$)	Da x^2 nicht negativ sein kann, ist 4 der größte Funktionswert von $f(x) = 4 - x^2$. Da x^2 jede positive Zahl annehmen kann, kann $f(x)$ jede Zahl kleiner gleich 4 annehmen.

5 a), b) je 3 P

a) $A = \frac{1}{2} \cdot \pi \cdot (3{,}5\,\text{cm})^2 \approx 19{,}24\,\text{cm}^2$

b) $A = \pi \cdot (2{,}5\,\text{dm})^2 - (1{,}5\,\text{dm})^2 \approx 12{,}57\,\text{dm}^2$

6 a) 3 P, b) 2 P

a) Rennstrecke D passt zum Graphen. Zuerst durchfährt der Rennwagen eine weite und dann eine enge und anschließend zwei 90°-Kurven. Daher muss der Wagen bei der ersten Kurve die Geschwindigkeit am geringsten und bei der zweiten Kurve am stärksten reduzieren.

b) Falls die erste Runde bereits so rasant gefahren wird wie die zweite:

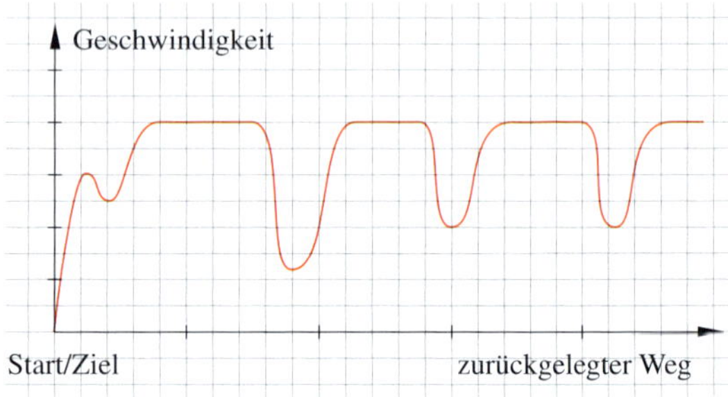

Kapitel 3 • Seite 64

1 a), b) je 4 P

a) Gerade g: $m = -1$; $t = 5$; $y = -x + 5$

Gerade h: $m = \frac{2}{3}$; $t = 2$; $y = \frac{2}{3}x + 2$

b)

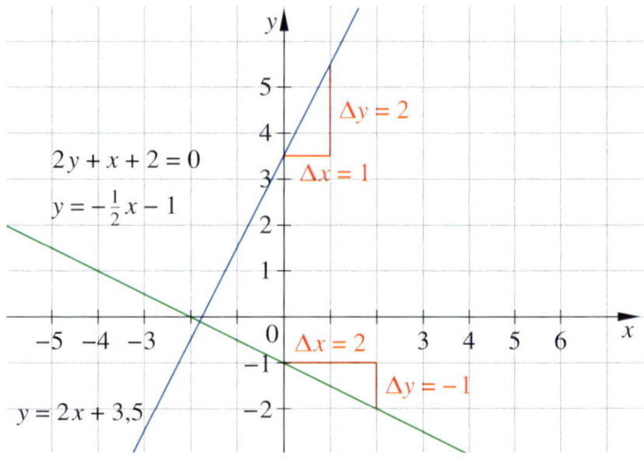

Das Produkt der Steigungen der beiden Geraden $2 \cdot \left(-\frac{1}{2}\right)$ ist -1. Daraus folgt: Die beiden Geraden verlaufen zueinander senkrecht.
Berechnete Schnittpunkte mit den Koordinatenachsen:
grün gefärbte Gerade $(0 \mid -1)$ und $(-2 \mid 0)$;
blau gefärbte Gerade $(0 \mid 3{,}5)$ und $(-1{,}75 \mid 0)$.

2 a), d) je 1 P, b), c), e) je 2 P

a)
b)

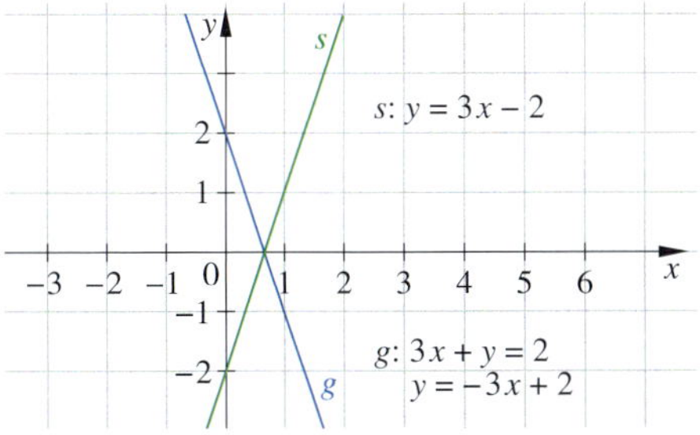

c) Für die Gerade h gilt: Sie hat die gleiche Steigung wie die Gerade g also $m = -3$, den y-Achsenabschnitt $t = -5$ und die Geradengleichung $y = -3x - 5$

d) Für $x = 17$ gilt $y = -3 \cdot 17 + 2 = -49$.
Da $-50 < -49$, liegt der Punkt $T(17|-50)$ unterhalb der Geraden g.

e) Es ist $m = \frac{4-3}{3-(-2)} = \frac{1}{5}$ und damit $y = \frac{1}{5}x + \text{t}$.
Einsetzen von z. B. $S(-2|3)$ ergibt:
$3 = \frac{1}{5} \cdot (-2) + t$ und damit $t = 3 + \frac{2}{5} = 3\frac{2}{5}$
Somit gilt: $y = \frac{1}{5}x + 3\frac{2}{5}$

3 a), c) je 2 P, b), d) je 1 P

a) Für das Rechteck gilt $2x + 2y = 18$, aufgelöst nach y ergibt sich $y = -x + 9$.

b)

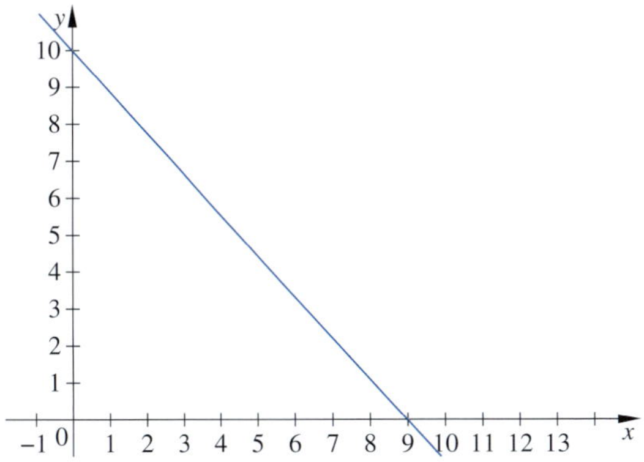

c) $D = W =]0; 9[$ (Die Seitenlängen 0 cm und 9 cm sind nicht sinnvoll.)

d) z. B. 1 cm und 8 cm, 3 cm und 6 cm, 5 cm und 4 cm

4 Lösung 4 P, Stichprobe 2 P

$$
\begin{aligned}
-4(1-x) &> 3(2x-1) \\
-4 + 4x &> 6x - 3 \qquad |+4-6x \\
-2x &> 1 \qquad |:-2 \\
x &< -0{,}5
\end{aligned}
$$

Lösung sind alle Zahlen aus dem Intervall $]-\infty; -0{,}5[$.

Stichprobe:
$x = -0{,}5$: $-6 > -6$ *falsche Aussage*
$x = -1$: $-8 > -9$ *wahre Aussage*

5 6 P

Ist x ist die Anzahl der am Tag gefahrenen Kilometer und y der pro Tag in Euro zu bezahlende Mietpreis für das Auto, dann gilt:
Firma A: $y_A = 50 + 0{,}08x$
Firma B: $y_B = 45 + 0{,}12x$
Frage: Für welche x-Werte ist $y_A < y_B$?

$$
\begin{aligned}
50 + 0{,}08x &< 45 + 0{,}12x \qquad |-45+0{,}08x \\
5 &< 0{,}04x \qquad |:0{,}04 \\
125 &< x
\end{aligned}
$$

Stichprobe am Text: Bei 125 km wären bei beiden Firmen 60,00 € zu zahlen. Bei 126 km wären bei Firma A 60,08 € und bei Firma B 60,12 € zu zahlen.
Bei mehr als 125 gefahrenen Kilometern ist also das Angebot der Firma A günstiger.

Kapitel 4 • Seite 65

1 a) 5 P, b) 4 P, c) 4 P

a)

$\{\omega\}$	2	3	4	5	6	7
$P(\{\omega\})$	$\frac{1}{36}$	$\frac{2}{36}$	$\frac{3}{36}$	$\frac{4}{36}$	$\frac{5}{36}$	$\frac{6}{36}$

$\{\omega\}$	8	9	10	11	12	
$P(\{\omega\})$	$\frac{5}{36}$	$\frac{4}{36}$	$\frac{3}{36}$	$\frac{2}{36}$	$\frac{1}{36}$	

b)

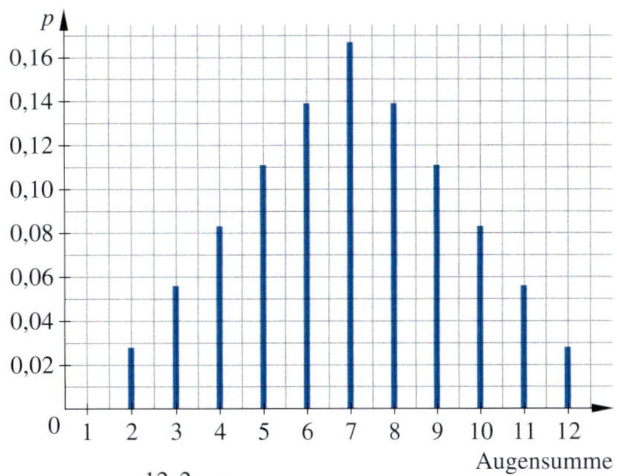

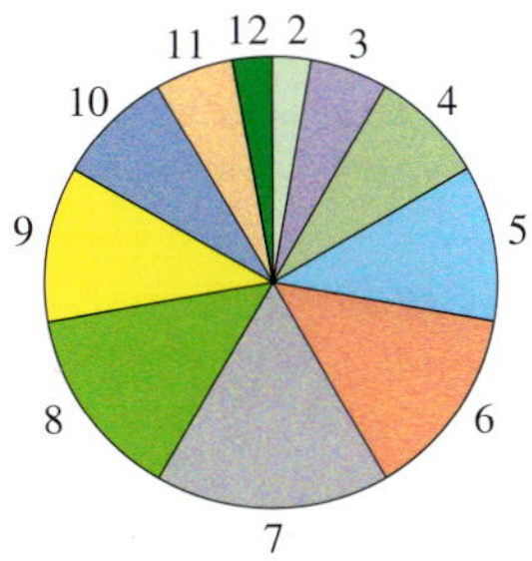

c) $P(\{4; 9\}) = \frac{3}{36} + \frac{4}{36} = \frac{7}{36} \approx 0{,}19$

Etwa 19 Quadratzahlen sind zu erwarten.

$P(\{2; 3; 5; 7; 11\}) = \frac{15}{36} \approx 0{,}42$

Etwa 42 Primzahlen sind zu erwarten.

2 a), b), c) je 2 P

a) Tim kommt mit den Augenzahlen 3 und 4 in sein Haus. Die Wahrscheinlichkeit ist deshalb $\frac{2}{6} = \frac{1}{3} = 33\frac{1}{3}\%$.

b) Felix kann mit den Augenzahlen 1, 2 und 4 den Stein von Tim schlagen. Die Wahrscheinlichkeit ist deshalb $\frac{3}{6} = \frac{1}{3} = 50\%$

c) Falls nur diese drei abgebildeten Steine zum Ziehen zur Verfügung stehen, würde ich mit dem vordersten Stein ziehen.
Mit jedem der drei Steine muss man vor Tims Stein ziehen. Die Chance, Tims Stein zu werfen, verringert sich also für alle drei Steine gleichermaßen.
Für den vordersten Stein ist nach dem Zug die Wahrscheinlichkeit, selbst geworfen zu werden, am geringsten.
Der hinterste Stein könnte nach dem Zug von Tims Stein mit einer 1 geworfen werden.
Der mittlere Stein würde durch den Zug auf Tims Startfeld kommen. Falls dort noch ein Stein steht, besteht Wurfgefahr bei einer 6.
Der vorderste Stein kann nach dem Zug nur durch eine 6 und eine folgende 1 geworfen werden, falls Tim noch einen Stein ins Spiel bringen kann.

3 a) 6 P, b) 3 P, c) 2 P

a) Man betrachtet nur die Farbkombinationen:
Ω_1 = {rrr; rrb; rrg; rrs; rbb; rbg; rbs; rgg; rgs; bbb; bbg; bbs; bgg; bgs; ggs}
Man betrachtet die gezogenen Ziffern und ordnet sie der Größe nach:
Ω_2 = {987; 986; 985; 984; 983; 982; 981; 980; 876; 875; 874; 873; 872; 871; 870; 765; 764; 763; 762; 761; 760; 654; 653; 652; 651; 650; 543; 542; 541; 540; 432; 431; 430; 321; 320; 210}

b) Ein Laplace-Experiment entsteht, wenn man die drei Kugeln nacheinander mit Zurücklegen zieht.
Ω_3 = {999; 998; 997; …; 001; 000}
1000 Elemente

c) Beispiele für Ergebnisse, die nur beim Laplace-Experiment möglich sind:
999; sss; …

4 a), b), c) je 2 P

a) 20 der 100 Kästchen sind mit Schiffsfeldern belegt. Die Trefferwahrscheinlichkeit beim ersten Versuch ist also 20%.

b) Die Trefferwahrscheinlichkeit für den nächsten Versuch ist $\frac{19}{88}$, da es noch 19 Schiffsfelder und 88 Felder zum Untersuchen gibt.

Kapitel 5 • Seite 66

1 a) 3 P, b) 5 P

a) Lösung mit dem Einsetzverfahren: Das Auflösen der Gleichung (II) nach y gelingt leicht; das Additionsverfahren ist dagegen nicht ohne größere Vorarbeit anwendbar.

(II) ⇒ $y = -4x + 5$ (*)

in (I): $7x - 5(-4x + 5) = 11$

…

$x = \frac{4}{3}$

(*) $y = -4 \cdot \frac{4}{3} + 5 = -\frac{1}{3}$

$L = \left\{\left(\frac{4}{3} \middle| -\frac{1}{3}\right)\right\}$

Graphische Lösung (Graphen mit Plotter gezeichnet):

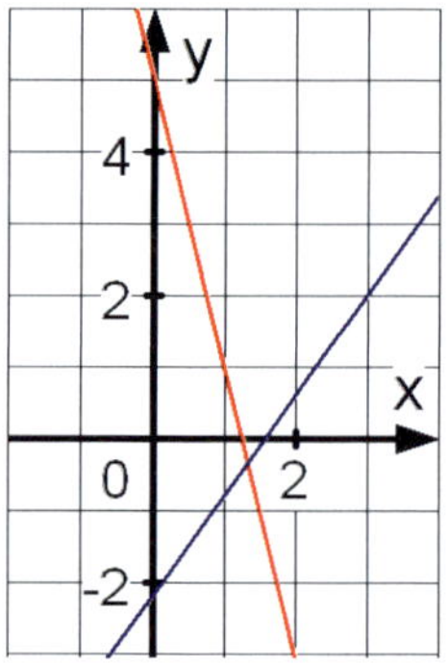

Aus Gleichung (I) folgt
$y = \frac{7}{5}x - \frac{11}{5}$

Aus Gleichung (II) folgt
$y = -4x + 5$

b) Nach Vereinfachung der Gleichungen:

(I) $3x - \frac{1}{2}y = 3$ und

(II) $7x - 2y = 9$

Möglich wäre das Einsetzverfahren: Gleichung (I) lässt sich leicht nach y auflösen (Multiplikation mit -2). Noch einfacher gelingt das Additionsverfahren:

$4 \cdot$ (I): $12x - 2y = 12$

$4 \cdot$ (I – II) $5x = 3$

…

$x = \frac{3}{5};\ y = -\frac{12}{5};\ L = \left\{\left(\frac{3}{5} \middle| -\frac{12}{5}\right)\right\}$

Probe an den Ausgangsgleichungen:

(I): linke Seite:

$2\left(3 \cdot \frac{3}{5} - 2 \cdot \left(-\frac{12}{5}\right)\right) + \frac{7}{2} \cdot \left(-\frac{12}{5}\right)$

$= 2 \cdot \left(\frac{9}{5} + \frac{24}{5}\right) - \frac{42}{5} = \frac{66}{5} - \frac{42}{5} = \frac{24}{5}$

rechte Seite:

$3\left(\frac{3}{5} + 1\right) = 3 \cdot \frac{8}{5} = \frac{24}{5}$

(II): linke Seite:

$\frac{12\cdot\frac{3}{5}+6\cdot\left(-\frac{12}{5}\right)}{3} + 3\cdot\frac{3}{5} = \frac{\frac{36}{5}-\frac{72}{5}}{3} + \frac{9}{5}$

$= \left(-\frac{36}{5}\right) : 3 + \frac{9}{5} = -\frac{12}{5} + \frac{9}{5} = -\frac{3}{5}$

rechte Seite:

$9 + 4\cdot\left(-\frac{12}{5}\right) = \frac{45}{5} - \frac{48}{5} = -\frac{3}{5}$

2 a), b), c), d) je 1 P

Eine Lösungsmöglichkeit: Aus den Gleichungen die Steigungen und ggf. auch noch die y-Abschnitte berechnen und vergleichen.
(Eine andere Möglichkeit wäre: Prüfen, ob die Zahlen in der einen Gleichung alle dieselben Vielfachen der entsprechenden Zahlen in der anderen Gleichung sind, und Schlussfolgerungen daraus ziehen.)

a) $m_1 = -\frac{3}{4}$; $m_2 = -\frac{4}{3}$; $m_1 \neq m_2$; genau eine Lösung

b) $m_1 = -\frac{4}{5}$, $m_2 = -\frac{4}{5}$; $m_1 = m_2$; $t_1 = \frac{8}{5}$, $t_2 = -\frac{8}{5}$; $t_1 \neq t_2$; keine Lösung

c) $m_1 = \frac{3}{5}$, $m_2 = \frac{1}{3}$; $m_1 \neq m_2$; genau eine Lösung

d) $m_1 = 0{,}4$, $m_2 = 0{,}4$; $m_1 = m_2$; $t_1 = 2{,}8$, $t_2 = 2{,}8$; $t_1 = t_2$; unendlich viele Lösungen

3 a), b), je 2 P

a) Wegen der y-Terme muss (II) $= \frac{5}{3}\cdot$ (I) sein:
$a = 8 : \frac{5}{3} = \frac{24}{5}$; $b = \frac{5}{3}\cdot 5 = \frac{25}{3}$

b) Für $x = -2$ und $y = 3$ ergibt sich aus (I) $a = -7$ und aus (II) $b = -31$.

4 6 P

Wurden x € in Fond A und y € in Fond B investiert, so gilt:
(I) $x + y = 50\,000$ und
(II) $-0{,}02x + 0{,}03y = -275$; $x, y \in \mathbb{Q}_0^+$.
Günstig Additionsverfahren: (I) + 50 · (II)
Aus $L = \{(35\,500|14\,500)\}$ folgt:
Herr Iering hat 35 500 € in Fond A und 14 500 € in Fond B investiert.

5 6 P

Ist x die Zehnerziffer und y die Einerziffer, so bedeuten die drei Bedingungen:
(A) $x + y = 12$
(B) $10x + y = 6y$ bzw. $10x - 5y = 0$ bzw. $2x - y = 0$
(C) $10x + y + 18 = 10y + x$ bzw. $9x - 9y = -18$ bzw. $x - y = -2$
(A) und (B) gleichzeitig: nur $x = 4$ und $y = 8$, also die Zahl 48
(A) und (C) gleichzeitig: nur $x = 5$ und $y = 7$, also die Zahl 57
(B) und (C) gleichzeitig: nur $x = 2$ und $y = 4$, also die Zahl 24
Es gibt kein Zahlenpaar $(x|y)$, das alle drei Bedingungen gleichzeitig erfüllt.

Kapitel 6 • Seite 67

1 9 P

Zum Graphen f gehört der Term (8): Hyperbel 1. Ordnung, Polstelle bei 3, Asymptote $y = -3$
Zum Graphen g gehört der Term (4): Hyperbel 2. Ordnung, Polstelle bei 0, Asymptote $y = 1$
Zum Graphen h gehört der Term (3): Hyperbel 1. Ordnung an der Asymptote $y = -1$ gespiegelt, Polstelle bei -2

2 a), b), c) je 4 P

a)

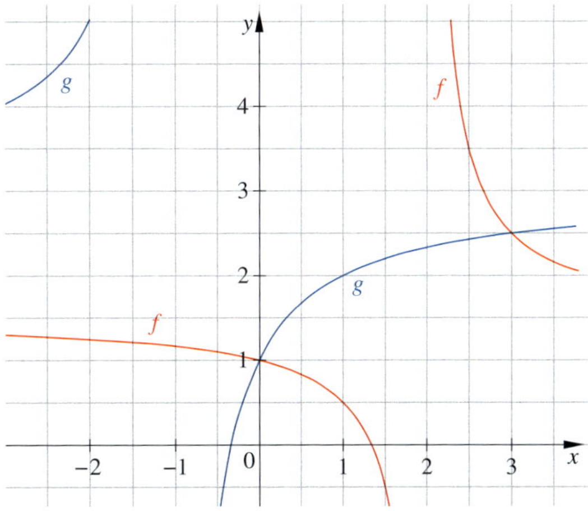

Abgelesene Schnittpunkte der Graphen: $(0|1)$ und $(3|2{,}5)$
Abgelesene Schnittpunkte mit den Achsen:
f: $(1{,}3|0)$, $(0|1)$ g: $(-0{,}3|0)$, $(0|1)$

b) f: Aus $\frac{1}{x-2} + \frac{3}{2} = 0$ folgt $x = \frac{4}{3}$.

g: Aus $\frac{-2}{x+1} + 3 = 0$ folgt $x = -\frac{1}{3}$.

c) $\frac{1}{x-2} + \frac{3}{2} = \frac{-2}{x+1} + 3$ ($x \neq 2$ und $x \neq -1$)

$\frac{1}{x-2} = \frac{-2}{x+1} - \frac{3}{2}$

$\frac{1}{x-2} = 3x\frac{-1}{2x+2}$

…

$3x^2 - 9 = 0$

$x(x-3) = 0$, also $x = 0$ oder $x = 3$

$f(0) = g(0) = 1$ und $f(3) = g(3) = 2{,}5$

Schnittpunkte: $(0|1)$ und $(3|2{,}5)$

3 a), b), c), d) je 2 P

a) $\frac{-2x^2+3x+4}{6x}$ b) $\frac{8x^3+5x+2}{8x^2}$

c) $\frac{2x^2-3x+6}{(2x-1)(3-x)}$ d) $\frac{3x^2+8}{2x(x+3)}$

4 a), b) je 3 P

a) $x^{35}y^{-3}$ b) $2a^4c^{-2}$

5 a), b) je 2 P

a) $1{,}661 \cdot 10^{-27}$ g

b) 73 490 000 000 000 000 000 000 kg

Kapitel 7 • Seite 68

1 4 P

Es gilt: $a = c = 3{,}2$ cm, $b = d = 2{,}4$ cm,
$a' = c' = 2{,}5 \cdot 3{,}2$ cm $= 8{,}0$ cm;
$b' = d' = 2{,}5 \cdot 2{,}4$ cm $= 6{,}0$ cm
$\alpha = \alpha' = \gamma = \gamma' = 70°$, $\beta = \beta' = \delta = \delta' = 110°$

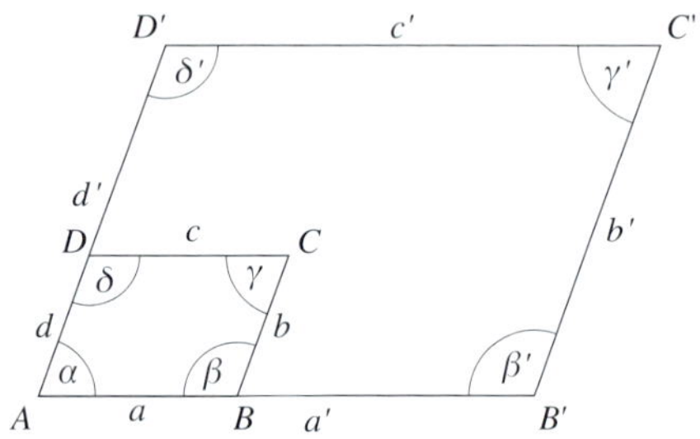

(Maßstab 1 : 2)

2 5 P

Verkleinerungsfaktor beim Negativ:
9 cm : 12 m = 6 cm : 8 m = 1 : 133,$\overline{3}$. Dann ist die Fassade auf dem Negativ formatfüllend. In der Praxis wird das Bild stärker verkleinert, z. B. im Verhältnis 1 : 150. Dann ist die Fassade auf dem Negativ nur 8 cm breit und 5,$\overline{3}$ cm hoch.
Die Vergrößerung beim Papierabzug kann höchstens 40 cm : 9 cm = 4,$\overline{4}$ sein. Dabei wird die Fassade aber nur 4,$\overline{4}$ · 6 cm = 26,$\overline{6}$ cm hoch, wenn das Bild beim Vergrößern nicht verzerrt wird. Das Problem besteht darin, dass das Seitenverhältnis bei der Fassade und beim Negativ 3 : 2, beim Abzug aber 4 : 3 ist.

3 6 P

$x : 6 = 3 : 4$; $x = 4{,}5$ (cm);
$y : 9 = 3 : 4$; $y = 6{,}75$ (cm)
$z : 12 = 3 : 9$; $z = 4$ (cm)
Dabei wird zugrunde gelegt, dass die mit „y“, „x“ und „3“ bezeichneten Strecken parallel zueinander verlaufen.

4 5 P

$\overline{AS} : (\overline{AS} - d) = a : c$
$\overline{AS} : (\overline{AS} - 3\,\text{cm}) = 5\,\text{cm} : 3\,\text{cm} = 5 : 3 = 7{,}5 : 4{,}5$
$\overline{AS} = 7{,}5\,\text{cm}$
$\overline{CS} : (\overline{CS} + d) = c : a$
$\overline{CS} : (\overline{CS} + 2\,\text{cm}) = 3\,\text{cm} : 5\,\text{cm} = 3 : 5$
$\overline{CS} = 3{,}0\,\text{cm}$

5 4 P

Nach dem Ähnlichkeitssatz WW sind die Dreiecke ABM und CDM zueinander ähnlich, denn es gilt z. B.:
$\sphericalangle AMB = \sphericalangle CMD$ (Scheitelwinkel) und
$\sphericalangle BAM = \sphericalangle DCM$ (Wechselwinkel).

6 a), b) je 3 P

a)

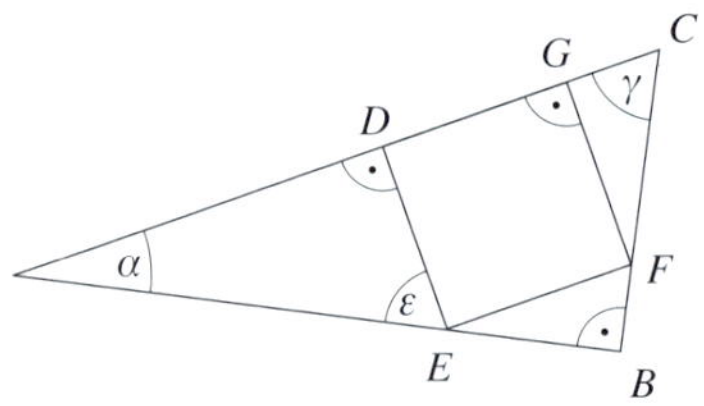

Nach dem Ähnlichkeitssatz WW sind die Dreiecke AED und CGF zueinander ähnlich, da sie in einem rechten Winkel übereinstimmen.
Es gilt:
$\varepsilon = 180° - 90° - \alpha$ (Winkelsumme im Dreieck AED) und $\gamma = 180° - 90° - \alpha$ (Winkelsumme im Dreieck ABC)

b) Aus Teilaufgabe a) folgt: $\frac{\overline{AD}}{\overline{DE}} = \frac{\overline{FG}}{\overline{GC}}$ bzw.
$\overline{AD} \cdot \overline{GC} = \overline{DE} \cdot \overline{FG}$.
Da $DEFG$ ein Quadrat ist, gilt $\overline{DE} \cdot \overline{FG} = \overline{EF}^2$ und damit $\overline{AD} \cdot \overline{GC} = \overline{EF}^2$.

Grundwissen – Überblick

Direkte und indirekte Proportionalität

Direkte Proportionalität

Wird eine Größe halbiert, verdoppelt, verdreifacht, vervierfacht, … und führt dies zu einer Halbierung, Verdopplung, Verdreifachung, Vervierfachung, … der anderen Größe, so heißen diese beiden Größen **direkt proportional zueinander**.

Zwei Größen sind direkt proportional zueinander, wenn für alle Wertepaare $(x|y)$ der Quotient $\frac{y}{x}$ beider Werte (beide ungleich null) stets den gleichen Wert k annimmt.
Man spricht dann von **Quotientengleichheit**.

k heißt **Proportionalitätsfaktor** oder **Proportionalitätskonstante**.

Aus $\frac{y}{x} = k$ folgt die **Zuordnungsvorschrift**:
$x \mapsto k \cdot x$ bzw. $x \mapsto y$ mit $y = k \cdot x$

Im **Diagramm** ist der Graph einer direkt proportionalen Zuordnung eine Halbgerade, die vom Ursprung des Koordinatensystems ausgeht.

Beispiel:

·3,5 ·2,5

Masse Äpfel in kg	1	2	3,5	5
Preis in €	2,50	5,00	8,75	12,50

·3,5 ·2,5

$\frac{\text{Preis}}{\text{Masse Äpfel}}$ in $\frac{€}{kg}$	2,50	2,50	2,50	2,50

$k = 2{,}50\,\frac{€}{kg}$ ist der Preis pro Kilogramm.
Zuordnungsvorschrift:
Masse Äpfel $\mapsto$ Preis $= k \cdot$ Masse Äpfel

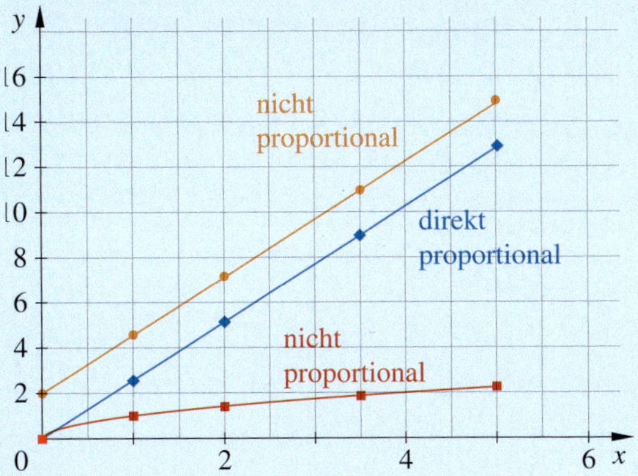

Indirekte Proportionalität

Wird eine Größe verdoppelt, verdreifacht, vervierfacht, … und führt dies zu einer Halbierung, Drittelung, Viertelung, … der anderen Größe, so heißen diese beiden Größen **indirekt proportional zueinander**.

Zwei Größen sind indirekt proportional zueinander, wenn für alle Wertepaare $(x|y)$ das Produkt $x \cdot y$ beider Werte stets den gleichen Wert a annimmt.
Man spricht dann von **Produktgleichheit**.

Aus $x \cdot y = a$ folgt die **Zuordnungsvorschrift**:
$x \mapsto \frac{a}{x}$ bzw. $x \mapsto y$ mit $y = \frac{a}{x}$

Im **Diagramm** ist der Graph einer indirekten Proportionalität eine gekrümmte Linie. Diese ist Teil einer sogenannten **Hyperbel**.

Beispiel:

·2 ·2,4

benötigte Zeit t in h	1,5	2,5	3	6
Geschwindigkeit v in $\frac{km}{h}$	160	96	80	40

:2 :2,4

$t \cdot v$ in km	240	240	240	240

$t \cdot v = 240\,km$ ist der zurückgelegte Weg.
Zuordnungsvorschrift:
t in h $\mapsto \frac{240\,km}{t \text{ in h}}$

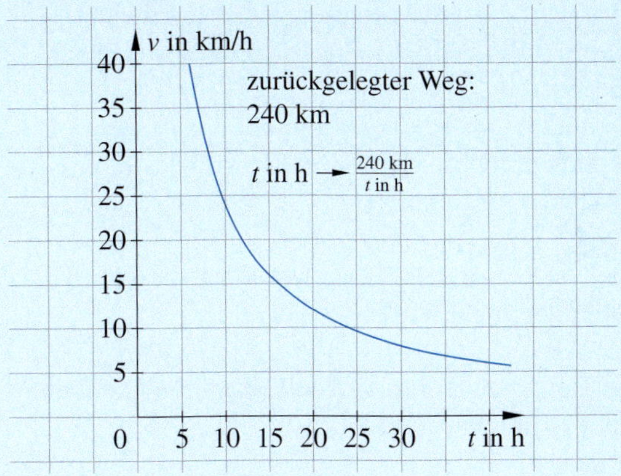

Funktionen

Eine **Funktion** ist eine **eindeutige Zuordnung**: Jedem Wert aus der **Definitionsmenge** wird **genau ein** Wert aus der **Wertemenge** zugeordnet.

Ist f eine Funktion und sind x und y einander zugeordneten Werte, dann schreibt man kurz:

$\boldsymbol{f: x \mapsto y}$	für die **Zuordnungsvorschrift**,
$\boldsymbol{f(x)}$	für den **Funktionsterm**,
$\boldsymbol{y = f(x)}$	für die **Funktionsgleichung**,
$\boldsymbol{D_f}$ **und** $\boldsymbol{W_f}$	für Definitions- und Wertemenge.

Funktionen können durch **Wertetabellen**, **Pfeildiagramme** und **Funktionsgraphen** (kurz: Graphen) veranschaulicht werden.
Enthält die Definitionsmenge unendlich viele Zahlen, dann können in der Wertetabelle und im Pfeildiagramm nur einige ausgewählte Wertepaare dargestellt werden.
Der Graph einer Funktion f besteht aus den Punkten $(x|y)$ aller Wertepaare $x \mapsto y$.

Der Graph einer Funktion heißt **steigend** (bzw. **fallend**), wenn die y-Werte der Graphenpunkte von links nach rechts betrachtet immer größer (kleiner) werden. Die zugehörige Funktion heißt dann **zunehmend** oder **wachsend** (bzw. **abnehmend**).

Zuordnungsvorschrift: Zahl $x \mapsto$ Betrag der Zahl x

Die Zuordnung ist eindeutig, sie ist eine Funktion.

Funktionsterm: $f(x) = |x|$
Funktionsgleichung: $y = |x|$
Definitions- und Wertemenge: $D_f = \mathbb{Q}$; $W_f = \mathbb{Q}_0^+$

Wertetabelle:

x	−2	−1	−0,5	0	0,5	1	2
y	2	1	0,5	0	0,5	1	2

Pfeildiagramm:

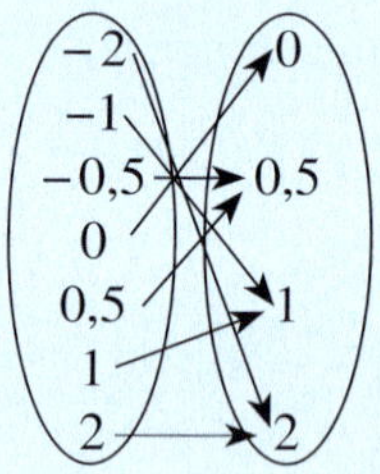

Graph:

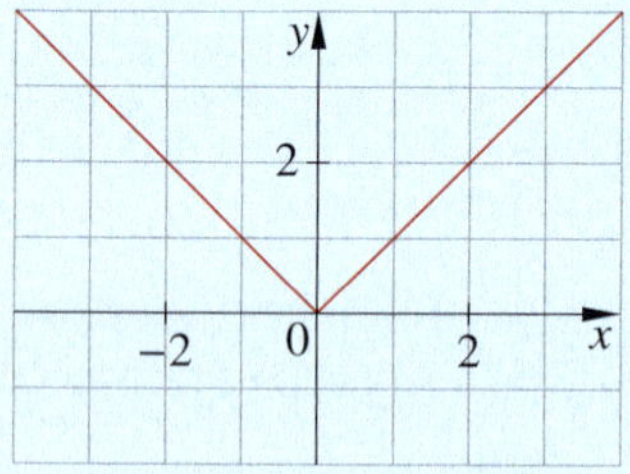

Die Funktionswerte sind im Bereich der negativen x-Achse abnehmend und im Bereich der der positiven x-Achse zunehmend.
Der Graph ist also links von der y-Achse fallend und rechts davon steigend.

Lineare Funktionen

Für alle m, t aus $\mathbb{Q}$ heißt die Funktion $\boldsymbol{f: x \mapsto mx + t}$ **lineare Funktion**.
Die Definitionsmenge ist $\mathbb{Q}$ oder eine Teilmenge davon.

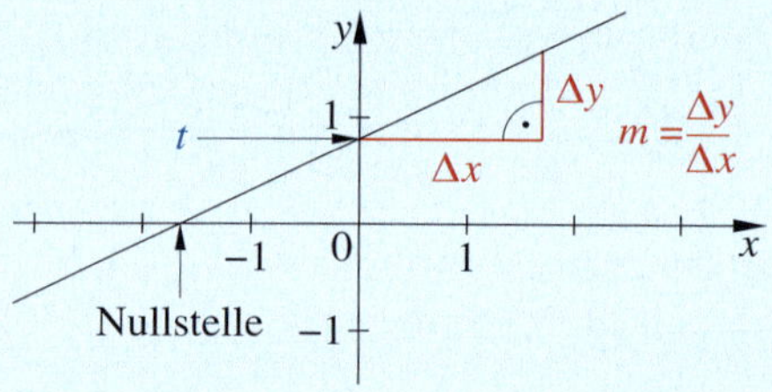

Der Graph einer linearen Funktion ist eine Gerade (oder ein Teil davon) mit der Gleichung $y = mx + t$.
Die Gerade hat die **Steigung** m und schneidet an der Stelle $y = t$ die y-Achse. t heißt **y-Achsenabschnitt**.
Der Graph einer linearen Funktion lässt sich z. B. mithilfe eines Steigungsdreiecks und des y-Achsenabschnitts zeichnen.

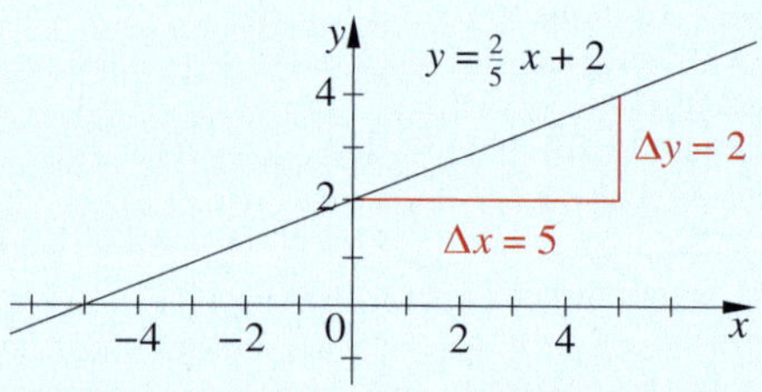

Die Stelle x, an der der Graph von f die x-Achse schneidet, heißt **Nullstelle** von f.

Zur Berechnung der Nullstelle wird die Gleichung $mx + t = 0$ nach x aufgelöst.

Nullstelle: $\frac{2}{5}x + 2 = 0 \Rightarrow x = -5$
Schnittpunkt mit der x-Achse: $S_x(-5|0)$

Gerade durch zwei Punkte

Soll zu einer durch zwei Punkte vorgegebenen Geraden die Gleichung erstellt werden, so kann diese folgendermaßen berechnet werden:

1. Berechne die **Steigung *m*** mithilfe zweier Punkte
   $m = \frac{y_2 - y_1}{x_2 - x_1}$.
2. Setze m und die Koordinaten eines Punktes in die Gleichung $y = mx + t$ ein und löse die Gleichung nach t auf
3. Gib die Funktionsgleichung an.

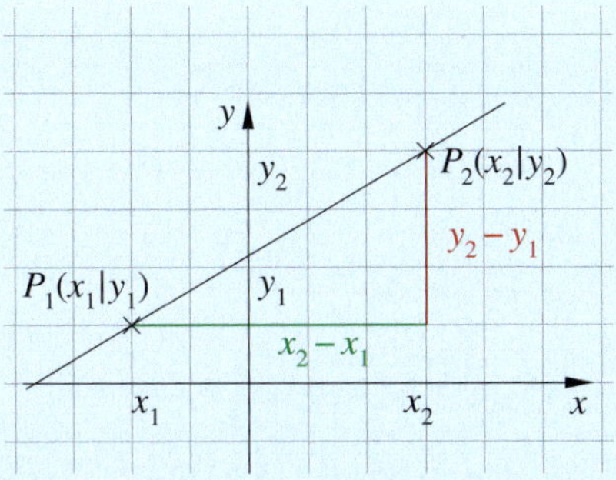

Beispiel: $P_1(-2|1)$, $P_2(3|4)$

1. $m = \frac{4-1}{3-(-2)} = \frac{1-4}{-2-3} = \frac{3}{5}$
2. $y = \frac{3}{5}x + t$; $P_1(-2|1)$ einsetzen:
   $1 = \frac{3}{5} \cdot (-2) + t$; $t = 1 + \frac{6}{5}$
   d.h. $t = 2\frac{1}{5}$
3. $y = \frac{3}{5}x + 2\frac{1}{5}$

Gebrochen-rationale Funktionen

Die Funktionsterme **gebrochen-rationaler Funktionen** enthalten im Nenner die unabhängige Variable x.

Für die x-Werte, für die der Nenner Null würde, ist die Funktion nicht definiert. Der Graph hat hier in der Regel eine **Polstelle**.

Einfache Beispiele sind Funktionen g mit $g(x) = \frac{\pm 1}{x - a} + b$.

Ihre Graphen sind **Hyperbeln**. Sie haben bei $x = a$ eine Polstelle und die Geraden $x = a$ und $y = b$ sind Asymptoten dieser Hyperbeln. Die Graphen von g gehen alle durch Verschieben oder Spiegeln an der x-Achse aus dem Graphen von f mit $f(x) = \frac{1}{x}$ hervor.

Graphen von f mit $f(x) = \frac{1}{x}$ und g mit $g(x) = \frac{1}{x+2} + 1$:

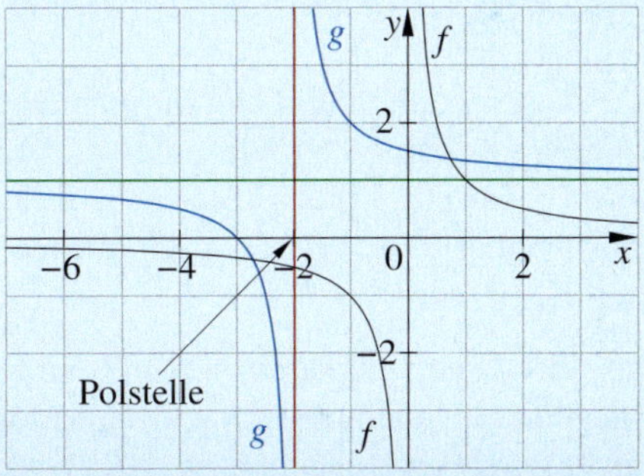

Lineare Ungleichungen

Werden zwei Terme durch die Zeichen <, ≤, > oder ≥ verbunden, so entsteht eine **Ungleichung**. Ungleichungen der Art $4x \geq 8$ oder $2x + 5 < 3x - 7$ gehören zu den **linearen Ungleichungen**.

Zur Lösung von Ungleichungen werden dieselben **Äquivalenzumformungen** verwendet wie bei linearen Gleichungen, mit einer Ausnahme:
Eine Ungleichung geht in eine äquivalente Ungleichung über, wenn beide Seiten mit derselben negativen Zahl multipliziert oder dividiert werden und gleichzeitig das Ungleichheitszeichen umgekehrt wird.

Lösungen von Ungleichungen sind Zahlenmengen.

Um das Ergebnis zu kontrollieren, setzt du stichpunktartig Lösungswerte in die Ausgangsungleichung ein.

$4x - 3(x + 2) > 2(x - 1) + x$
Klammern auflösen und zusammenfassen
$x - 6 > 3x - 2 \quad |-3x + 6$
$-2x > 4 \quad |:(-2)$
$x < -2$

Angabe der Lösungen als **Intervall**:
$x \in]-\infty; -2[$
Veranschaulichung an der Zahlengeraden:

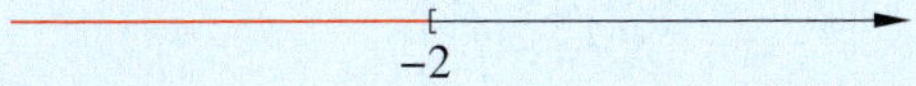

Stichprobe – z. B. für $x = -3$
l. S. $-12 - 3 \cdot (-1) = -12 + 3 = -9$
r. S. $2 \cdot (-4) - 3 = -8 - 3 = -11$
$-9 > -11$
Für $x = -3$ richtig.

Lineare Gleichungssysteme mit zwei Unbekannten

Lösungen linearer Gleichungssysteme mit zwei Unbekannten sind Zahlenpaare, die beim Einsetzen beide Gleichungen erfüllen.
Zur grafischen Lösung werden die Geraden, deren Funktionsgleichungen sich aus den linearen Gleichungen ergeben, in einem gemeinsamen Koordinatensystem dargestellt.

(I) $x + 2y = 2 \Rightarrow y = -\frac{1}{2}x + 1$

(II) $5x - 6y = 18 \Rightarrow y = \frac{5}{6}x - 3$

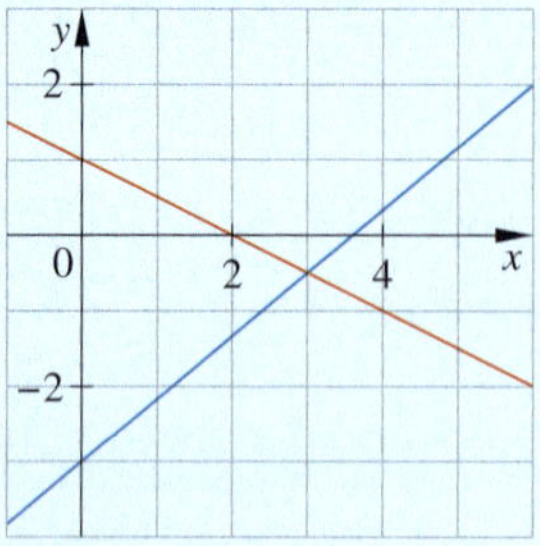

Schneiden sich die Geraden in einem Punkt, dann hat das Gleichungssystem **genau eine Lösung**. $L = \{(3|-0{,}5)\}$

(I) $x + 2y = 2 \Rightarrow y = -\frac{1}{2}x + 1$

(II) $x + 2y = -4 \Rightarrow y = -\frac{1}{2}x - 2$

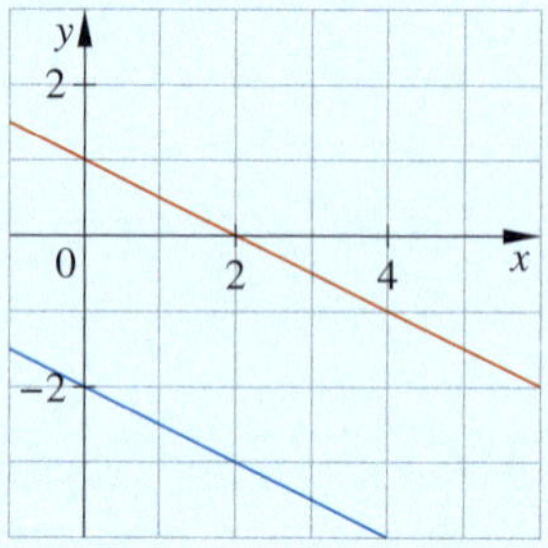

Sind die Geraden parallel, liegen aber nicht aufeinander, dann hat das Gleichungssystem **keine Lösung**. $L = \{\ \}$

(I) $x + 2y = 2 \Rightarrow y = -\frac{1}{2}x + 1$

(II) $3x + 6y = 6 \Rightarrow y = -\frac{1}{2}x + 1$

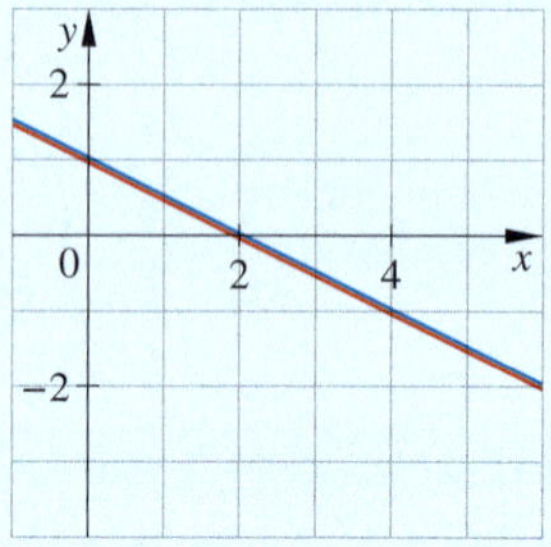

Liegen die Geraden aufeinander, dann hat das Gleichungssystem **unendlich viele Lösungen**.
$L = \left\{(x|y) \mid y = -\frac{1}{2}x + 1\right\}$

Der entscheidende Schritt bei der rechnerischen Lösung eines linearen Gleichungssystems ist es, auf möglichst einfachem Weg eine Gleichung zu gewinnen, in der nur noch eine der Unbekannten vorkommt (d. h. die andere Unbekannte zu „eliminieren"). Eines der drei folgenden Verfahren musst du sicher beherrschen.

Beispiel:
(I) $3x + 2y = -3$
(II) $x - 2y = 1$

Beim **Gleichsetzverfahren** werden beide Gleichungen nach der gleichen Unbekannten aufgelöst und die entstehenden Terme gleichgesetzt.

(I) $\Rightarrow \quad x = -1 - \frac{2}{3}y \quad (*)$
(II) $\Rightarrow \quad x = 1 + 2y \quad (**)$
$\Rightarrow \quad -1 - \frac{2}{3}y = 1 + 2y$
$y = -\frac{3}{4}$
in (**:) $\quad x = 1 + 2 \cdot \left(-\frac{3}{4}\right) = -\frac{1}{2}$
$L = \left[\left(-\frac{1}{2}\middle|-\frac{3}{4}\right)\right]$

Beim **Einsetzverfahren** wird eine der Gleichungen nach einer Unbekannten aufgelöst.
Der entstehende Term wird benutzt, um diese Unbekannte in der anderen Gleichung zu ersetzen.

(II) $\Rightarrow \quad x = 1 + 2y \quad (*)$
(*) in (I): $\quad 3 \cdot (1 + 2y) + 2y = -3$
$y = -\frac{3}{4}$
in (*): $\quad x = 1 + 2 \cdot \left(-\frac{3}{4}\right) = -\frac{1}{2}$
$L = \left\{\left(-\frac{1}{2}\middle|-\frac{3}{4}\right)\right\}$

Beim **Additionsverfahren** werden die linken und die rechten Seiten der beiden Gleichungen (ggf. nach vorherigen Äquivalenzumformungen) so addiert oder subtrahiert, dass die zweite Unbekannte dabei verschwindet.

(I) + (II): $\quad 4x = -2$
$x = -\frac{1}{2}$
(II) $\quad -\frac{1}{2} - 2y = 1$
$y = -\frac{3}{4}$
$L = \left\{\left(-\frac{1}{2}\middle|-\frac{3}{4}\right)\right\}$

Um die **Probe** durchzuführen, muss das berechnete Zahlenpaar **in alle Gleichungen** des Gleichungssystems eingesetzt werden.

Probe:
(I): Linke Seite: $3 \cdot \left(-\frac{1}{2}\right) + 2 \cdot \left(-\frac{3}{4}\right) = -3$
Rechte Seite: -3
(II): Linke Seite: $1 \cdot \left(-\frac{1}{2}\right) - 2 \cdot \left(-\frac{3}{4}\right) = 1$
Rechte Seite: 1

Bruchgleichungen

Gleichungen, bei denen die Variable im Nenner vorkommt, heißen **Bruchgleichungen**.
Bruchgleichungen musst du z. B. lösen, wenn du die Schnittpunkte der Graphen oder die Nullstellen gebrochen-rationaler Funktionen berechnest.

Bruchgleichungen sind z. B.:

$\frac{3}{x} = \frac{x}{21}$; $\frac{2}{2x+1} = \frac{1}{2x-1}$; $\frac{3}{2x} - \frac{3}{4} = \frac{6}{7x}$

Vorgehen beim Lösen einer Bruchgleichung:

- Definitionsmenge bestimmen: Überlegen, welche Zahlen nicht zur Definitionsmenge gehören dürfen, damit kein Nenner der der Bruchgleichung Null werden kann.
- Eine zur Bruchgleichung äquivalente Gleichung suchen, die die Variable nicht mehr im Nenner enthält. Eine Möglichkeit dafür ist immer, beide Seiten der Gleichung mit dem Hauptnenner zu multiplizieren.
  Im Falle einer Bruchgleichung des Typs $\frac{Z_1}{N_1} = \frac{Z_2}{N_2}$ entspricht dem das **Über-Kreuz-Multiplizieren**: $Z_1 \cdot N_2 = N_1 \cdot Z_2$.
  Manchmal ist es zweckmäßig, kompliziertere Bruchgleichungen erst in die Form $\frac{Z_1}{N_1} = \frac{Z_2}{N_2}$ zu bringen, um dann über Kreuz multiplizieren zu können.
- Lösen der entstandenen Gleichung.
- Prüfen, ob die Lösungen der Gleichung zur Definitonsmenge gehören, und Probe anhand der Ausgangsgleichung durchführen.

$\frac{1}{x-2} - \frac{1}{2} = \frac{-1}{x+1}$ $\quad D = \mathbb{Q}\setminus\{-1; 2\}$

Variante 1, mit HN multiplizieren (oder Gleichung auf HN bringen):

$$\frac{2(x-2)(x+1)}{x-2} - \frac{2(x-2)(x+1)}{2} = \frac{-2(x-2)(x+1)}{x+1}$$
$$2(x+1) - (x-2)(x+1) = -2(x-2)$$
$$2x + 2 - x^2 + x + 2 = -2x + 4$$
$$5x - x^2 = 0$$

Variante 2, so umformen, dass Über-Kreuz-Multiplizieren möglich wird:

$$\frac{2-(x-2)}{2(x-2)} = \frac{-1}{x+1}$$
$$\frac{4-x}{2(x-2)} = \frac{-1}{x+1}$$
$$(4-x)(x+1) = -2(x-2)$$
$$3x - x^2 + 4 = -2x + 4$$
$$5x - x^2 = 0$$

Lösen der Gleichung:
$x(5-x) = 0$ also $x = 0$ der $5 - x = 0$
$x = 0$ und $x = 5$ $\quad (0 \in D$ und $5 \in D)$

Probe:

$x = 0$: l. S.: $\frac{1}{0-2} - \frac{1}{2} = -1$ $\quad$ r. S.: $\frac{-1}{0+1} = -1$

$x = 5$: l. S.: $\frac{1}{5-2} - \frac{1}{2} = -\frac{1}{6}$ $\quad$ r. S.: $\frac{-1}{5+1} = -\frac{1}{6}$

Zufall und Wahrscheinlichkeit

Versuchsausgänge von Zufallsexperimenten heißen **Ergebnisse ω**.
Werden alle Ergebnisse zu einer Menge zusammengefasst, erhält man den **Ergebnisraum Ω**.
Teile des Ergebnisraumes (**Teilmengen**) bilden **Ereignisse**.
Ein **Elementarereignis** enthält nur ein Element.

Zufallsexperimente mit gleich wahrscheinlichen Elementarereignissen heißen **Laplace-Experimente**.
Bei Laplace-Experimenten kann die **Wahrscheinlichkeit** $P(E)$ für ein Ereignis E berechnet werden:

$$P(E) = \frac{\text{Anzahl der Elemente von } E}{\text{Anzahl der Elemente von } \Omega}$$

Beim Werfen eines Spielwürfels sind die möglichen **Ergebnisse**, die Augenzahlen 1, 2, 3, 4, 5 und 6, Elemente des **Ergebnisraums** $\Omega = \{1; 2; 3; 4; 5; 6\}$.
Beispielsweise ist $3 \in \Omega$.
Ein **Ereignis** ist z. B.
„Gerade Augenzahl" $G = \{2; 4; 6\}$.
Es ist $G \subset \Omega$.
Die Elementarereignisse $\{1\}, \{2\}, \{3\}, \{4\}, \{5\}, \{6\}$ haben alle die gleiche Wahrscheinlichkeit $\frac{1}{6}$.
Es kann z. B. berechnet werden:
$P(\text{„Gerade Augenzahl"}) = \frac{3}{6} = 50\%$

Potenzen mit ganzzahligen Exponenten

Für $a \in \mathbb{Q}\setminus\{0\}$ und $n \in \mathbb{Z}$ ist: $\boldsymbol{a^0 = 1}$ und $\boldsymbol{a^{-n} = \frac{1}{a^n}}$

$27^0 = 1$ $\quad 4^{-3} = \frac{1}{4^3} = \frac{1}{64}$

Rechengesetze für Potenzen ($a, b \in \mathbb{Q}\setminus\{0\}$ und $m, n \in \mathbb{Z}$)

Potenzen mit gleicher Basis:

$a^m \cdot a^n = a^{m+n}$ $\quad a^m : a^n = a^{m-n}$ $\quad (a^m)^n = a^{m \cdot n}$

Potenzen mit gleichem Exponenten:

$a^n \cdot b^n = (a \cdot b)^n$ $\quad a^n : b^n = (a : b)^n$

$5^2 \cdot 5^3 = 5^{2+3} = 5^5$ $\quad 3^7 : 3^{-2} = 3^{7-(-2)} = 3^9$

$(6^2)^3 = 6^{2 \cdot 3} = 6^6$

$2^4 \cdot 0{,}5^4 = (2 \cdot 0{,}5)^4 = 1^4 = 1$

$6^{-4} : 2^{-4} = (6 : 2)^{-4} = 3^{-4}$

Umfang und Flächeninhalt des Kreises

Der Umfang u und der Flächeninhalt A eines Kreises sind vom Radius r bzw. vom Durchmesser d abhängig:

$\boldsymbol{u = \pi \cdot 2r}$ bzw. $\boldsymbol{u = \pi \cdot d}$

$\boldsymbol{A = \pi \cdot r^2}$ bzw. $\boldsymbol{A = \pi \cdot \frac{d^2}{4}}$

Kreiszahl $\pi = 3{,}14159265\ldots$

Für die meisten Anwendungen liefert der Näherungswert $\pi \approx 3{,}14$ Ergebnisse mit ausreichender Genauigkeit.

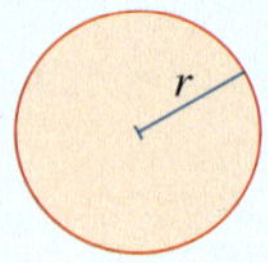

$r = 8\,\text{mm}$

$u = \pi \cdot 2 \cdot 8\,\text{mm} \approx 50{,}3\,\text{mm}$

$A = \pi \cdot (8\,\text{mm})^2 \approx 201\,\text{mm}^2$

Strahlensatz und Ähnlichkeit

Strahlensatz: Werden zwei Geraden g und h mit dem Schnittpunkt Z von zwei Parallelen p_1 und p_2 (die nicht durch Z verlaufen) geschnitten, so gilt:

1. Je **zwei Abschnitte auf g** verhalten sich wie **die entsprechenden Abschnitte auf h.**
2. **Die Abschnitte auf den Parallelen** verhalten sich wie **die Entfernungen ihrer Endpunkte von Z auf g** (oder h).

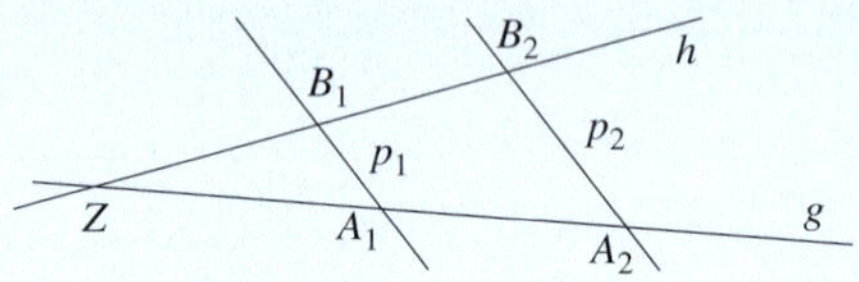

1. $\overline{ZA_1} : \overline{ZA_2} = \overline{ZB_1} : \overline{ZB_2}$ oder
   $\overline{ZA_1} : \overline{A_1A_2} = \overline{ZB_1} : \overline{B_1B_2}$
2. $\overline{A_1B_1} : \overline{A_2B_2} = \overline{ZA_1} : \overline{ZA_2} = \overline{ZB_1} : \overline{ZB_2}$

Zueinander ähnliche Figuren stimmen in allen entsprechenden Winkeln und in allen Verhältnissen entsprechender Seitenlängen überein. Ob zwei Dreiecke zueinander ähnlich sind, lässt sich mithilfe von **Ähnlichkeitssätzen** feststellen.

In der „Strahlensatzfigur“ sind die Dreiecke ZA_1B_1 und ZA_2B_2 zueinander ähnlich.

Zwei Dreiecke sind ähnlich, wenn sie

... in zwei Winkeln übereinstimmen **(W:W)**
(z. B. wenn $\alpha = \alpha'$, und $\beta = \beta'$,).

... in zwei Verhältnissen entsprechender Seitenlängen übereinstimmen **(S:S:S)**
(z. B. wenn $\frac{a}{b} = \frac{a'}{b'}$ und $\frac{a}{c} = \frac{a'}{c'}$).

... im Verhältnis zweier Seitenlängen und dem der jeweils größeren der beiden Seiten gegenüberliegenden Winkel übereinstimmen **(S:s:W)**
(z. B. wenn $\frac{b}{c} = \frac{b'}{c'}$ und $\gamma = \gamma'$).

... im Verhältnis zweier Seitenlängen und dem eingeschlossenen Winkel übereinstimmen **(S:W:S)**
(z. B. wenn $\frac{b}{c} = \frac{b'}{c'}$ und $\alpha = \alpha'$).

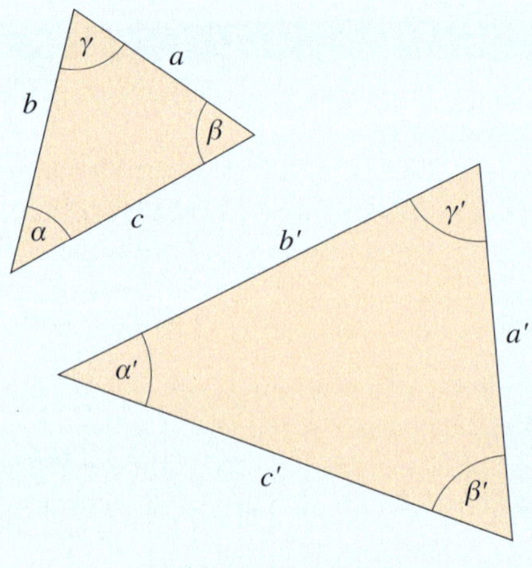

9

Zeig, was du kannst!

1 Übertrage die Tabelle ins Heft und gib die Lösungsmenge der Gleichungen in den jeweiligen Definitionsmengen an. Beachte, dass du jedes der Felder ausfüllen sollst.

Gleichung	Lösungsmenge in der Menge der …		
	rationalen Zahlen	irrationalen Zahlen	reellen Zahlen
$(\sqrt{x})^2 = 9$			
$\sqrt{x^2} = 5$			
$x^2 = 5$			
$2x^2 + 50 = 0$			
$4x^2 - 12 = 0$			
$\sqrt{x^2} = -x$			

2 Fasse soweit wie möglich zusammen. Gib das exakte Ergebnis an.

$\sqrt{\frac{50}{9}} + 3\sqrt{147} - \sqrt{18} - 2\sqrt{108}$

3 Berechne mit dem Heron-Verfahren ausgehend vom Startwert $x_0 = 15$ Näherungswerte für $\sqrt{90}$.
Wie weit weicht der Näherungswert x_3 höchstens noch von $\sqrt{90}$ ab? Gib den Fehler an, ohne den Taschenrechner-Wert für $\sqrt{90}$ zu verwenden.

4 Sind die folgenden Gleichungen bzw. Ungleichungen richtig oder falsch? Hältst du eine Gleichung für falsch, dann korrigiere – wenn möglich.

a) $\frac{a}{\sqrt{a}} = \sqrt{a}$ für $a > 0$

b) $\left(\sqrt{\sqrt{a^2}}\right)^2 = a$ für $a \in \mathbb{R}$

c) $\sqrt{a} < a$ für $a \in \mathbb{R}$

d) $\sqrt{(-a)^2(-b)^2} = ab$ für $a, b \in \mathbb{R}$

e) $\sqrt{a} + \sqrt{4a} - \sqrt{2{,}25a} = 1{,}5\sqrt{a}$ für $a \geq 0$

f) $\sqrt{a^2 - b^2} = a - b$ für $0 < b < a$

g) $\sqrt{a^2 b^8 c^6} = ab^4 c^3$ für $a, b, c \in \mathbb{R}^+$

Aufg.-Nr.	Punkte	Lösungshinweis
1	9P	Siehe S. 96; reelle Zahlen, Wurzeln.
2	6P	Siehe S. 96; Rechnen mit Quadratwurzeln.
3	6P	Siehe Wikipedia: „Heron-Verfahren“.
4	9P	Siehe S. 96; Rechnen mit Quadratwurzeln.

Lösungen Seite 90

26–30 Punkte
21–25 Punkte
15–20 Punkte

Zeig, was du kannst!

1 Das Dreieck *ABC* hat die Seitenlängen $a = 8{,}9\,\text{cm}$, $b = 3{,}9\,\text{cm}$ und $c = 8\,\text{cm}$. Überprüfe rechnerisch, ob das Dreieck rechtwinklig ist.

2 Im abgebildeten rechtwinkligen Dreieck sind $r = 6{,}4\,\text{cm}$ und $h = 4\,\text{cm}$. Berechne die fehlenden Seitenlängen.

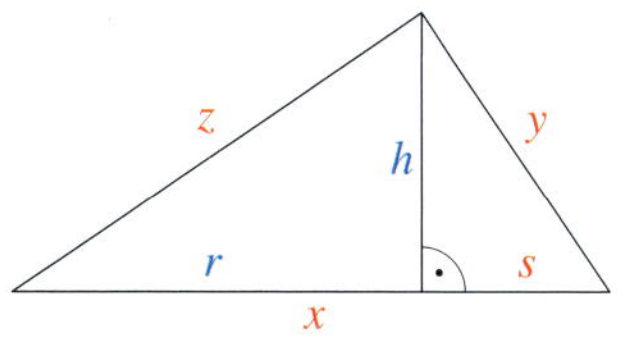

3 Ein Kreis mit 10 cm Durchmesser enthält eine 3,8 cm lange Kreissehne. Berechne den Abstand der Sehne vom Kreismittelpunkt.

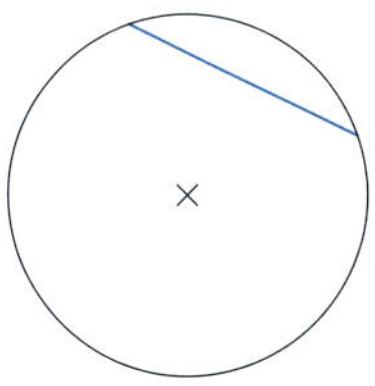

4 Konstruiere ein Quadrat, das denselben Flächeninhalt hat wie ein Rechteck mit den Seitenlängen $l = 3\,\text{cm}$ und $b = 5\,\text{cm}$.

5 Berechne für das eingefärbte Dreieck im abgebildeten geraden Prisma die Seitenlängen sowie den Flächeninhalt (Maße in cm).

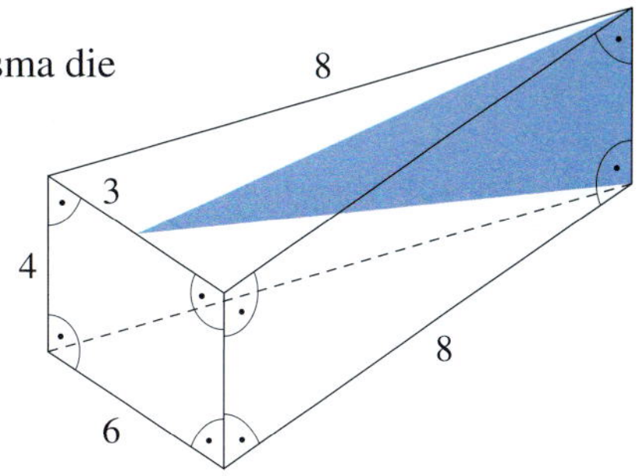

6 Von einer quaderförmigen Kiste haben Susi und Frank die folgenden Innenmaße gemessen: $0{,}98\,\text{m} \times 0{,}55\,\text{m} \times 0{,}64\,\text{m}$. Sie überlegen, wie lang ein dünner, starrer Stab maximal sein darf, wenn er in die Kiste passen soll.
Nachdem Sie gerechnet haben, meint Frank: „Ich bin mir nicht sicher, ob ein 129 cm langer Stab mit Gewissheit in die Kiste passt – auch wenn die Dicke des Stabes vernachlässigt werden kann."
Susi erwidert: „Unter Umständen passt sogar ein 130 cm langer Stab in die Kiste."
Setze dich mit den Aussagen von Susi und Frank auseinander.

Aufg.-Nr.	Punkte	Lösungshinweis
1	1 P	Siehe S. 97; Satzgruppe des Pythagoras.
2	8 P	Siehe S. 97; Satzgruppe des Pythagoras.
3	3 P	ohne Hinweis
4	4 P	Siehe S. 97; Kathetensatz.
5	6 P	Siehe S. 97.
6	7 P	Denke auch daran, dass hier gemessen wurde.

Lösungen Seiten 90 f.

26–30 Punkte

21–25 Punkte

15–20 Punkte

Zeig, was du kannst!

1 Sabine möchte eine oben offene, zylindrische Dose außen mit Papier bekleben. Die Dose ist 15 cm hoch und hat einen Durchmesser von 9 cm. Reichen ihre zwei quadratische Bögen mit 20 cm Seitenlänge? Wie könnte sie die Bögen ggf. zuschneiden?

2 Ein gerades Prisma hat ein rechtwinkliges Dreieck mit den Seitenlängen 3 cm, 4 cm und 5 cm als Grundfläche und ist 3,5 cm hoch.

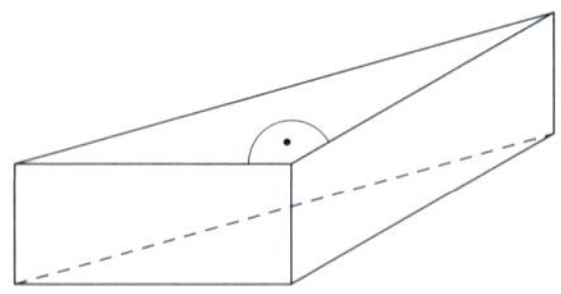

a) Zeichne ein Netz des Prismas.
b) Berechne den Oberflächeninhalt des Prismas.

3 Einem Prisma mit einem regelmäßigen Sechseck als Grundfläche ist eine gerade Pyramide einbeschrieben. Die Höhe beider Körper ist gleich der doppelten Seitenlänge der Grundfläche.
Tim behauptet: „Die Oberfläche des Prismas ist ungefähr doppelt so groß wie die Oberfläche der Pyramide."
Stimmt diese Aussage? Begründe.

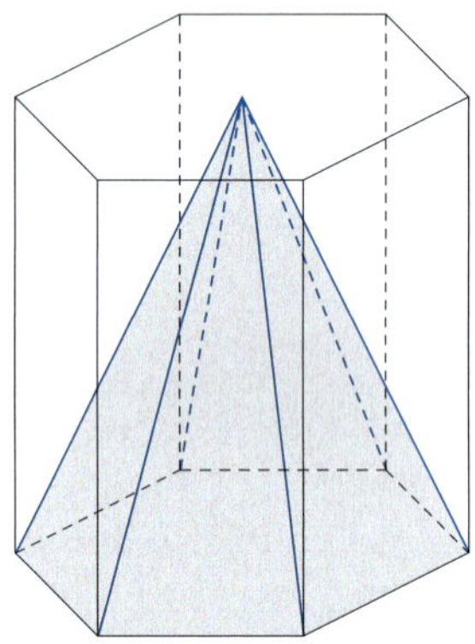

4 Basti möchte aus einem DIN-A4-Blatt einen Kegelmantel so ausschneiden, dass beim Kegel Höhe und Durchmesser gleich groß sind und möglichst wenig Verschnitt auftritt.
a) Begründe, warum er für den Radius des Kreissektors 15 cm wählen kann.
b) Wie viel Prozent des DIN-A4-Blattes sind in diesem Fall Verschnitt?

Aufg.-Nr.	Punkte	Lösungshinweis	Lösungen Seiten 91 f.
1	8 P	Siehe S. 99; Kreiszylinder.	24–28 Punkte
2	5 P	Siehe S. 99; Prisma.	20–23 Punkte
3	6 P	Siehe S. 99; Prisma und Pyramide.	14–19 Punkte
4	9 P	Siehe S. 99; Kreiskegel.	

Zeig, was du kannst!

1 Triff zuerst ohne Rechnung Aussagen über die Graphen der Funktionen. Zeichne anschließend die Graphen ohne Wertetabellen in ein Koordinatensystem.

a) $f(x) = (x - 2{,}5)^2 + 4$ **b)** $g(x) = -(x + 2{,}5)^2 + 2$ **c)** $h(x) = 0{,}25(2{,}5 - x)^2$

2 Die Funktionsterme $f(x)$, $g(x)$ und $h(x)$ sind von der Art $a(x - d)^2 + e$. Bestimme mithilfe der Wertetabelle die Koeffizienten a, d und e.

	x	−2	−1	0	1	2	3	4
a)	$f(x)$	7	4	3	4	7	12	19
b)	$g(x)$	4	0,5	−2	−3,5	−4	−3,5	−2
c)	$h(x)$	2	5	2	−7	−22	−43	−70

3 Beim Zaunfeld in der Abbildung rechts ist der obere Abschluss parabelförmig, d. h. die oberen Enden der Latten liegen auf einer Parabel.

a) Bestimme mithilfe der Informationen des Angebots eine Gleichung dieser Parabel bezüglich eines geeigneten Koordinatensystems.

b) Berechne die Längen der Latten.

4 Faktorisiere den Term.

a) $x^2 - 50x + 625$ **b)** $0{,}04 - \frac{x^2}{4}$ **c)** $p^6q^8 - 4p^5q^5 + 4p^4q^2$

5 Ermittle die Scheitelpunktform der Parabel und beschreibe an einem Beispiel das Verfahren.

a) $y = x^2 - 6x + 13$ **b)** $y = 2x^2 + 24x + 68$

6 Lösen quadratischer Gleichungen

a) Ermittle möglichst einfach rechnerisch die Lösungen der Gleichungen.
(I) $5 - x^2 = 3$ (II) $2x - x^2 - 1 = 1$

b) Bestimme grafisch die Näherungslösungen der Gleichung $x^2 - 6x + 4 = 0$. Überprüfe deine Lösung rechnerisch.

7 In einem rechtwinkligen Dreieck ist die längere Kathete um 1 cm kürzer als die Hypotenuse und um 17 cm länger als die kürzere Kathete. Wie lang sind die Seiten des Dreiecks?

Aufg.-Nr.	Punkte	Lösungshinweis
1	6 P	Siehe S. 100; quadratische Funktionen.
2	3 P	Siehe S. 100; quadratische Funktionen.
3	5 P	Siehe S. 100; quadratische Funktionen.
4	4 P	Siehe S. 99; binomische Formeln.
5	2 P	Siehe S. 99; quadratische Ergänzung.
6	6 P	Siehe S. 101; quadratische Gleichungen.
7	4 P	Veranschauliche die Situation durch eine Skizze.

Lösungen Seiten 92 f.

26–30 Punkte
21–25 Punkte
15–20 Punkte

Zeig, was du kannst!

1 Aus einer Urne mit zwei weißen und drei schwarzen Kugeln werden nacheinander drei Kugeln ohne Zurücklegen gezogen.

a) Wie groß ist die Wahrscheinlichkeit, zuerst eine weiße Kugel zu ziehen?

b) Wie groß ist die Wahrscheinlichkeit, zwei weiße und eine schwarze Kugel zu ziehen?

c) Wie groß ist die Wahrscheinlichkeit, beim zweiten Zug eine weiße Kugel zu ziehen?

2 Aus einer Urne mit zwei weißen und drei schwarzen Kugeln werden nacheinander drei Kugeln mit Zurücklegen gezogen.

a) Wie groß ist die Wahrscheinlichkeit, zwei weiße und eine schwarze Kugel zu ziehen?

b) Wie groß ist die Wahrscheinlichkeit, beim zweiten Zug eine weiße Kugel zu ziehen?

3 **Urnenexperiment** (siehe Abbildung)

a) Was muss unter den Klecksen stehen?

b) Beschreibe ein dazu passendes Urnenexperiment.

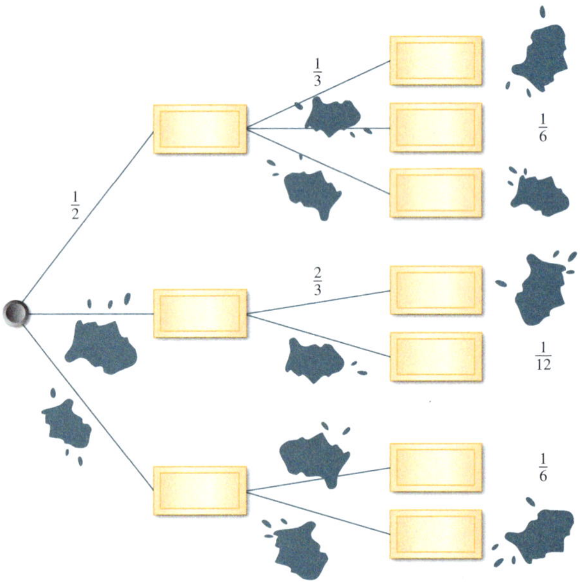

4 Beschreibe genau, wie man mit Zufallszahlen das Zufallsexperiment „dreifacher Münzwurf" simulieren kann.
Wiederhole das Simulationsexperiment 20-mal und bestimme damit die relative Häufigkeit für das Ereignis „dreimal Kopf".

Zufallszahlen:				
	46269	34227	67903	98814
	80738	57662	22465	59372
	89907	21877	77675	85491

5 Sechs Briefe an verschiedene Personen werden zufällig, ohne auf die Adressen zu achten, in sechs adressierte Kuverts gesteckt. Nun stellt sich die Frage, wie wahrscheinlich es ist, dass kein Brief in das passende Kuvert gesteckt wird. Beschreibe genau, wie man dieses Zufallsexperiment mit Spielkarten simulieren kann.

Aufg.-Nr.	Punkte	Lösungshinweis
1	6 P	Siehe S. 102; Pfadregeln.
2	4 P	Siehe S. 102; Pfadregeln.
3	8 P	Siehe S. 102; Pfadregeln.
4	6 P	Siehe S. 102; Simulation.
5	6 P	Siehe S. 102; Simulation.

Lösungen Seiten 93 f.

26–30 Punkte

21–25 Punkte

15–20 Punkte

Zeig, was du kannst!

1 Gegeben ist ein rechtwinkliges Dreieck ABC mit rechtem Winkel α. Berechne jeweils die gesuchte Größe:

a) $\beta = 30°$, $a = 4\,\text{cm}$, gesucht: b

b) $c = 6{,}2\,\text{cm}$, $\beta = 40°$, gesucht: a

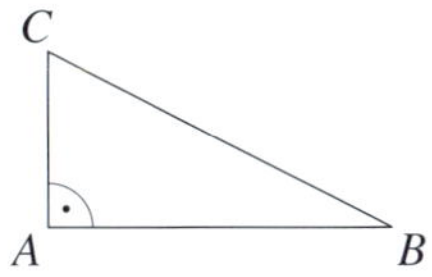

2 Berechne ohne Verwendung des Taschenrechners $\sin\alpha$, $\tan\alpha$, $\sin(90° - \alpha)$ und $\cos(90° - \alpha)$, wenn $\cos\alpha = \frac{15}{17}$ ist.

3 Das achsensymmetrische Trapez $ABCD$ besitzt die Maße $h = 3{,}5\,\text{cm}$, $a = 7{,}2\,\text{cm}$, $c = 4{,}3\,\text{cm}$. Berechne die Länge der Seite s sowie den Winkel α.

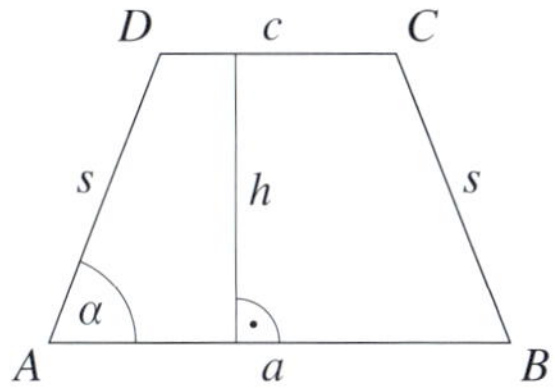

4 Die Kreissehne s gehört zu einem Kreissektor mit Radius r und Mittelpunktswinkel φ (s. Skizze). Zeige, dass für die Länge der Sehne gilt: $s = 2r\sin\frac{\varphi}{2}$.

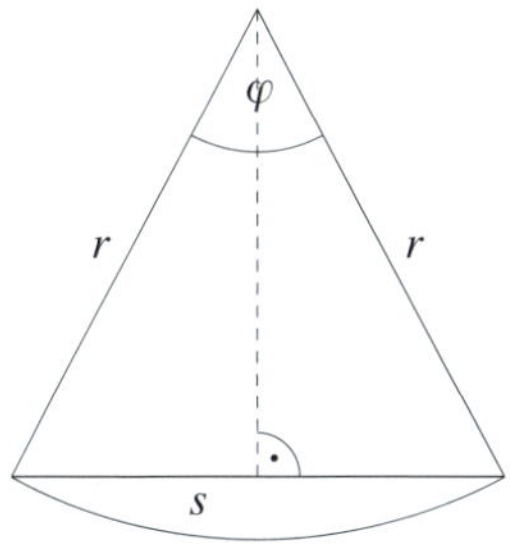

5 Das Dach eines Kirchturms hat die Form einer Pyramide mit quadratischer Grundfläche. Die Länge einer Seitenkante beträgt 7,2 m, die Grundlinie ist 4,6 m lang. Wie hoch ist das Dach und wie groß ist der Neigungswinkel einer Seitenfläche gegen die Grundfläche?

Aufg.-Nr.	Punkte	Lösungshinweis
1	6 P	Siehe S. 98; Berechnungen mithilfe …
2	8 P	Siehe S. 98; Beziehungen zwischen Sinus, Kosinus und Tangens.
3	5 P	Siehe S. 98; Berechnungen mithilfe …
4	5 P	Siehe S. 98; Berechnungen mithilfe …
5	6 P	Siehe S. 99; Pyramide.

Lösungen Seite 94

26–30 Punkte

21–25 Punkte

15–20 Punkte

Zeig, was du kannst!

1 Berechne jeweils das Volumen und den Oberflächeninhalt.

a) für ein 8,0 cm hohes Prisma mit der abgebildeten Grundfläche

b) für eine Pyramide mit der Spitze senkrecht über B mit der abgebildeten Grundfläche und 8,0 cm Höhe

c) Vergleiche jeweils die Ergebnisse für das Volumen und den Oberflächeninhalt untereinander.

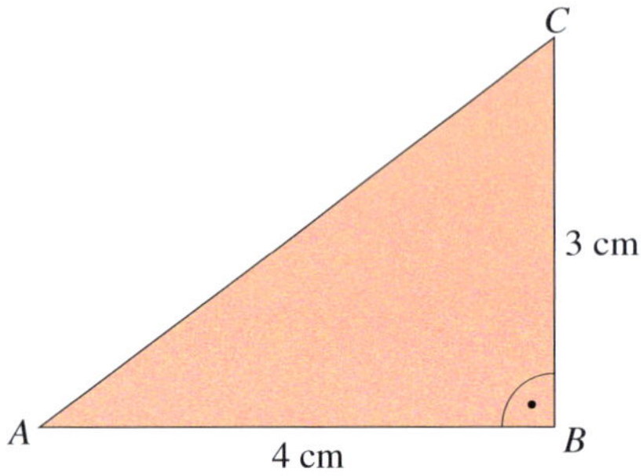

2 Die Punkte A, B, C und D bilden ein Trapez mit $\overline{AB} = 4{,}0\,\text{cm}$, $\overline{BC} = 1{,}0\,\text{cm}$, $\overline{AD} = 3{,}0\,\text{cm}$, $AB \perp AD$. Berechne das Volumen des Körpers, der entsteht, wenn das Trapez

a) um die Achse AD,

b) um die Achse BC rotiert.

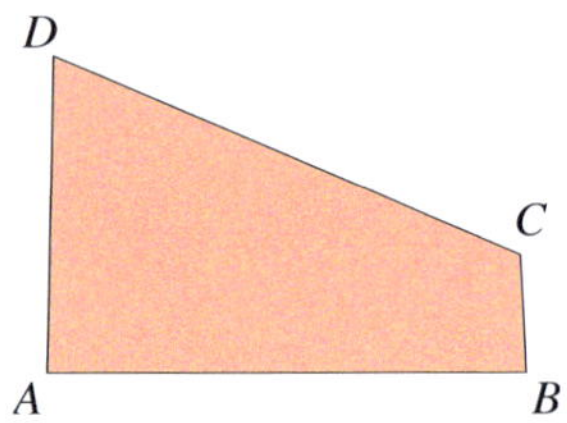

3 Bestimme für ein (regelmäßiges) Tetraeder die Kantenlänge so, dass alle vier Flächen jeweils $20\,\text{cm}^2$ Flächeninhalt haben. Berechne damit sein Volumen und erläutere, wie sich der Oberflächeninhalt und das Volumen ändert, wenn die Kantenlänge verdoppelt wird.

4 Beschreibe am Beispiel einer Mehrweg-Saftflasche, aus welchen Grundkörpern sie sich näherungsweise zusammensetzt, welche Maße zu bestimmen sind und wie damit das angegebene Volumen kontrolliert werden kann.

Aufg.-Nr.	Punkte	Lösungshinweis	Lösungen Seiten 88 f.
1 a)	5 P	Siehe S. 99; Prisma und Pyramide.	
1 b)	7 P	Siehe S. 99; Prisma und Pyramide.	26–30 Punkte
1 c)	2 P	Siehe S. 99; Prisma und Pyramide.	
2	5 P	Siehe S. 99; Zylinder und Kegel.	21–25 Punkte
3	7 P	Siehe S. 97; Tetraeder.	
4	4 P	Siehe S. 99.	15–20 Punkte

Zeig, was du kannst!

1 Schnittpunkte

a) Bestimme die Schnittpunkte der Graphen der Funktionen mit den Funktionsgleichungen $y = \frac{3}{2x}$ und $y = x - 2{,}5$ zeichnerisch und rechnerisch.

b) Überprüfe, ob die Parabel mit der Funktionsgleichung $y = x^2 - 6x + 5$ Schnittpunkte mit der x-Achse hat. Gib die Schnittpunkte der Parabel mit der Geraden mit der Gleichung $y = -3$ an.

2 Für den Wasserablauf soll eine rechteckige Rinne gebaut werden. Die Bleche, aus denen die Rinne gebogen wird, sind 1,40 m breit. Wie müssen die Bleche gebogen werden, damit die größtmögliche Menge Wasser hindurchfließen kann?

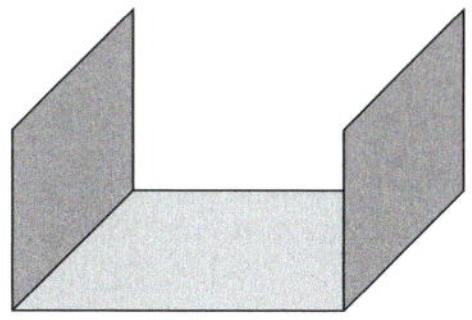

3 Löse die Gleichungssysteme.

a) (I) $6x + 2y + z = 2$
(II) $2y + 3z = 4$
(III) $x - 2z = 5$

b) (I) $2x - 3y + 5z = 10$
(II) $4x - 2y + 6z = 8$
(III) $3x + 2y - 4z = 4$

4 Bestimme den Term der quadratischen Funktion, deren Graph durch die Punkte $A(5|21)$, $B(7|3)$ und $C(11|3)$ verläuft. Bestimme die Koordinaten des Scheitelpunkts ihres Graphen auf zwei verschiedene Weisen.

5 Berechne die Termwerte ohne Taschenrechner.

a) $\sqrt[4]{5000} : \sqrt[4]{8}$

b) $\sqrt[3]{4^5} \cdot 2^{-\frac{4}{3}}$

6 In einem einfachen Modell geht man davon aus, dass die Anzahl der Besucher einer Disco am Samstagabend mit steigendem Eintrittspreis gleichmäßig abnimmt. Erkläre, wie aus dieser Annahme folgt, dass sich für einen solchen Abend die Abhängigkeit des Gewinns des Discobesitzers vom Eintrittspreis durch eine quadratische Funktion beschreiben lässt.
Aus der Vergangenheit sind die in der Tabelle zusammengestellten Daten bekannt. Ermittle daraus, für welchen Eintrittspreis der maximale Gewinn erzielt wird. Wie hoch ist dieser, und wie viele Besucher gehen dann in diese Disco? Wie hoch sind die Fixkosten des Besitzers?
Innerhalb welcher Grenzen für den Eintrittspreis ist dieses Modell höchstens sinnvoll?

Eintrittspreis in €	Gewinn in €
4,00	400,00
6,00	700,00
8,00	−200,00

Aufg.-Nr.	Punkte	Lösungshinweis
1	5 P	Siehe S. 79; Bruchgleichungen.
2	5 P	ohne Hinweis
3	4 P	Siehe S. 101; Gleichungssystem mit drei Unbekannten.
4	5 P	Siehe S. 101.
5	4 P	Siehe S. 96; n-te Wurzel.
6	7 P	ohne Hinweis

Lösungen Seite 95

26–30 Punkte
21–25 Punkte
15–20 Punkte

Lösungen: Zeig, was du kannst!

Kapitel 1 • Seite 82

1 je zwei richtig ausgefüllte Felder 1 P

Gleichung	Lösungsmenge in der Menge der		
	ration. Zahlen	irration. Zahlen	reellen Zahlen
$(\sqrt{x})^2 = 9$	$\{9\}$	$\{\ \}$	$\{9\}$
$\sqrt{x^2} = 5$	$\{-5; 5\}$	$\{\ \}$	$\{-5; 5\}$
$x^2 = 5$	$\{\ \}$	$-\sqrt{5}; \sqrt{5}$	$-\sqrt{5}; \sqrt{5}$
$2x^2 + 50 = 0$	$\{\ \}$	$\{\ \}$	$\{\ \}$
$4x^2 - 12 = 0$	$\{\ \}$	$\{-\sqrt{3}; \sqrt{3}\}$	$\{-\sqrt{3}; \sqrt{3}\}$
$\sqrt{x^2} = -x$	Menge aller nicht positiven Zahlen der jeweiligen Zahlenmenge		

2 6 P

$$\sqrt{\tfrac{50}{9}} + 3\sqrt{147} - \sqrt{18} - 2\sqrt{108}$$
$$= \tfrac{1}{3}\sqrt{2 \cdot 25} + 3\sqrt{3 \cdot 49} - \sqrt{2 \cdot 9} - 2\sqrt{3 \cdot 36}$$
$$= \tfrac{5}{3}\sqrt{2} + 21\sqrt{3} - 3\sqrt{2} - 12\sqrt{3}$$
$$= -\tfrac{4}{3}\sqrt{2} + 9\sqrt{3}$$

3 Näherungswerte 4 P; Fehler 2 P

$x_1 = 10{,}5$
$x_2 \approx 9{,}53571428571428$
$x_3 \approx 9{,}48695826645265$
$x_4 \approx 9{,}48683298133241$
$x_5 \approx 9{,}48683298050514$ (stabiler Wert)
Der Fehler von x_3 ist kleiner als:
$x_3 - \frac{90}{x_3} \approx 0{,}00025057024048 = 0{,}0003$
(Der Fehler muss sogar kleiner als die Hälfte dieser Differenz sein, also kleiner als etwa 0,0002.)

4 a), b), e), f), g) je 1 P, c), d) je 2 P

a) richtig

b) Die Gleichung ist nur für $a > 0$ richtig. Soll sie für alle reellen Zahlen richtig sein, muss rechts vom Gleichheitszeichen $|a|$ stehen.

c) Dass die Ungleichung falsch ist, zeigt ein Gegenbeispiel:
Für $a = 0{,}09$ ist $\sqrt{a} = 0{,}3$, also $\sqrt{a} > a$.
$\sqrt{a} < a$ gilt nur für $a > 1$.

d) Die Gleichung ist nur dann richtig, wenn ab nicht negativ ist, also wenn $a = b = 0$ oder wenn a und b dasselbe Vorzeichen haben.
Die Gleichung wäre für alle reellen Zahlen a, b richtig, wenn rechts des Gleichheitszeichens $|ab|$ stünde.

e) richtig

f) Die Gleichung ist falsch (sie wäre nur für $a = b$ richtig), und es gibt auch keine naheliegende Korrektur. Eine „ähnliche, aber richtige Gleichung“ wäre:
$\sqrt{(a-b)^2} = a - b$ für $a > b$.

g) Die Gleichung ist richtig. Sie ist sogar noch in anderen Fällen als für $a, b, c \in \mathbb{R}^+$ richtig: b kann eine beliebige reelle Zahl sein, und a und c müssen dasselbe Vorzeichen haben.

Kapitel 2 • Seite 83

1 1 P

$b^2 + c^2 = 79{,}21\,\text{cm}^2$ $a^2 = 79{,}21\,\text{cm}^2$
Es ist $b^2 + c^2 = a^2$. Das Dreieck ABC hat demnach bei A einen rechten Winkel (Kehrsatz zum Satz des Pythagoras).

2 je Seitenlänge 2 P

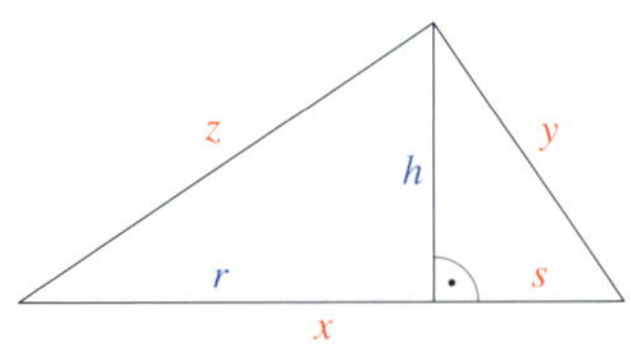

$h^2 = rs$
$\Rightarrow s = 2{,}5\,\text{cm}$
$x = r + s$
$\Rightarrow x = 8{,}9\,\text{cm}$
$y^2 = xs$
$\Rightarrow y^2 = 22{,}25\,\text{cm}^2,\ y \approx 4{,}7\,\text{cm}$
$y^2 + z^2 = x^2 \Leftrightarrow z^2 = x^2 - y^2$
$\Rightarrow z^2 = 56{,}96\,\text{cm}^2,\ z \approx 7{,}5\,\text{cm}$

3 3 P

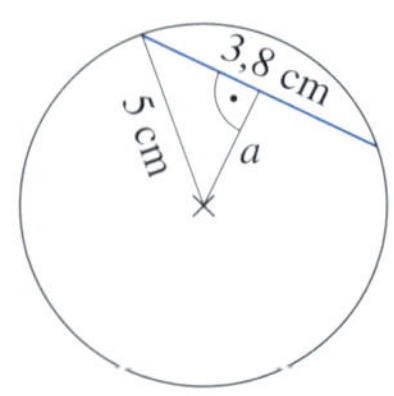

$a^2 = 5^2 - 1{,}9^2\,\text{cm}^2$
$= 21{,}39\,\text{cm}^2$
$a \approx 4{,}6\,\text{cm}$

4 4 P

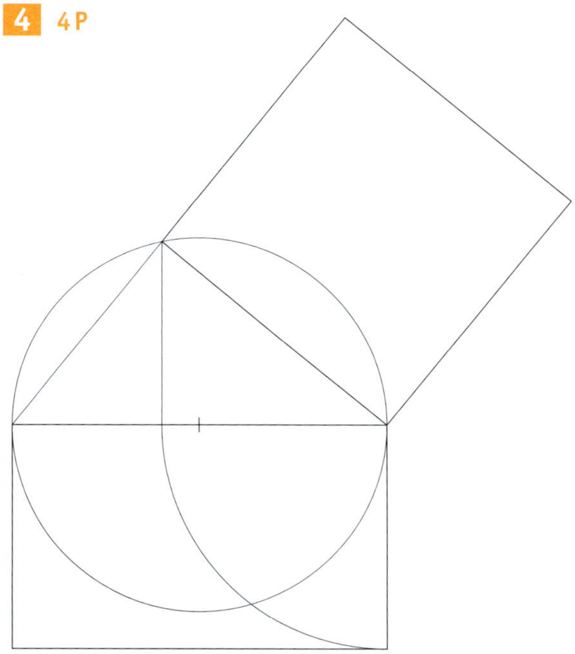

5 Seitenlängen 5 P, Flächeninhalt 1 P

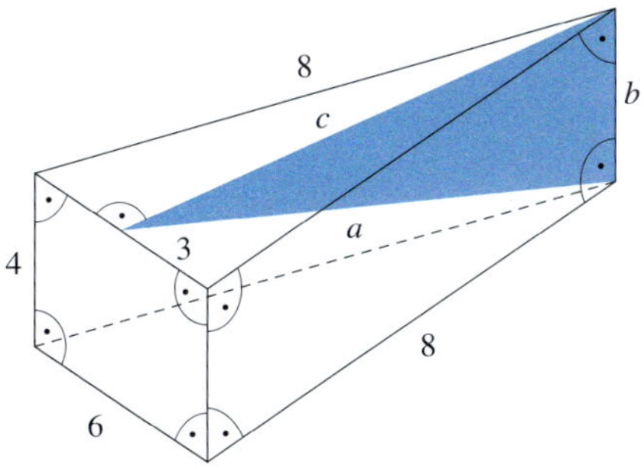

$b = 4$ (cm)
c ist die Höhe im Deckflächendreieck.
$c^2 = 8^2 - 3^2 = 55,\ c \approx 7{,}4\,(\text{cm})$
$a^2 = b^2 + c^2 = 71,\ a \approx 8{,}4\,(\text{cm})$
$A_{\text{blau}} = \frac{b\,c}{2} = \frac{4 \cdot \sqrt{55}}{2} \approx 14{,}8\,(\text{cm}^2)$

6 Berechnungen 3 P, Argumentation 4 P

Berechnet man die Länge der Raumdiagonale der Kiste aus den gegebenen Werten, ergibt sich rund 129,3 cm. Die verwendeten Messwerte sind aber vermutlich fehlerbehaftet – bis ±0,5 cm. Rechnet man einmal mit den kürzesten und einmal mit den größten möglichen Längen, ergibt sich eine Abschätzung für die wahre Länge d der Raumdiagonalen: $128\,\text{cm} < d < 130\,\text{cm}$.
Da man den genauen Wert von d nicht kennt, haben sowohl Frank als auch Susi Recht.

Kapitel 3 • Seite 84

1 8 P

Gegeben: $d = 9\,\text{cm}$, $h = 15\,\text{cm}$, $s = 20\,\text{cm}$
Sie benötigt Papier für die Grundfläche und den Mantel der zylindrischen Dose.

$$A_{\text{Papier}} = \pi r^2 + 2\pi r h$$
$$= \pi \cdot (4{,}5\,\text{cm})^2 + 2\pi \cdot 4{,}5\,\text{cm} \cdot 15\,\text{cm}$$
$$\approx 487{,}5\,\text{cm}^2$$

Ein quadratischer Bogen Papier hat folgenden Flächeninhalt: $A_{\text{Bogen}} = s^2 = (20\,\text{cm})^2 = 400\,\text{cm}^2$
Zwei Bogen Papier reichen also.
Schnittvorschlag:

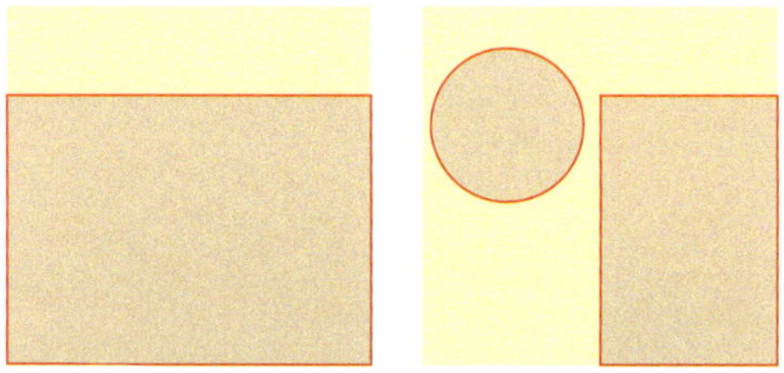

Die beiden 15 cm hohen Rechtecke bilden zusammen mit knapp einem Zentimeter Überlappung den Mantel.

2 a) 2 P, b) 3 P

a) Ein mögliches Netz:

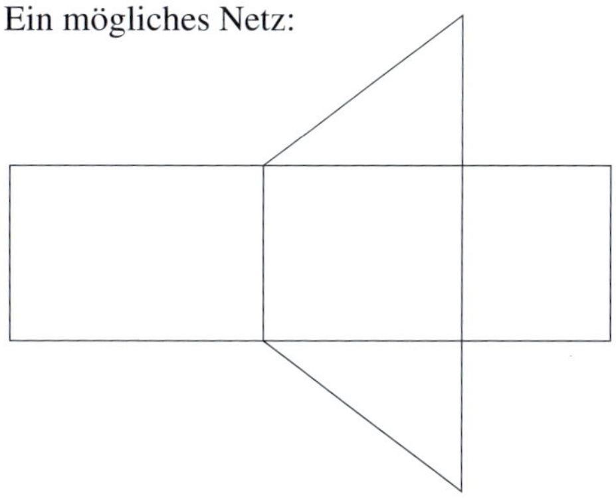

b)
$$O_{\text{Prisma}} = 2A_{\text{Dreieck}} + M$$
$$= 2 \cdot \tfrac{1}{2} \cdot 4\,\text{cm} \cdot 3\,\text{cm}$$
$$+ (4\,\text{cm} + 3\,\text{cm} + 5\,\text{cm}) \cdot 3{,}5\,\text{cm}$$
$$= 54\,\text{cm}^2$$

3 6 P

Die Oberfläche des Prismas besteht aus zwei regelmäßigen Sechsecken mit Seitenlänge a und sechs Rechtecken mit den Seitenlängen a und $2a$. Die Oberfläche der Pyramide besteht aus einem regelmäßigen Sechseck mit Seitenlänge a und sechs Dreiecken mit der Grundseite a und der Höhe h_a.

Tims Behauptung wäre richtig, wenn eine Dreiecksfläche der Pyramide ungefähr halb so groß wäre, wie eine Rechtecksfläche des Prismas. Dazu müsste die Höhe h_a des Dreiecks ungefähr gleich der Höhe $2a$ des Rechtecks sein. Die Höhe h_a ist aber etwas größer als $2a$:

$$h_a = \sqrt{(2a)^2 + \left(\tfrac{1}{2}\sqrt{3}\,a\right)^2} = \sqrt{4{,}75}\,a \approx 2{,}18\,a$$

Tims Behauptung kann als eine grobe Näherung aufgefasst werden.
Es können auch beide Oberflächeninhalte berechnet und verglichen werden.

4 a) 6 P, b) 3 P

a)

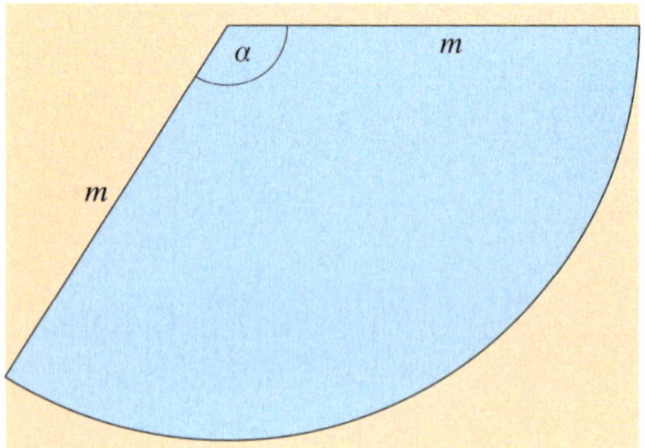

Ein DIN-A4-Blatt hat die Maße 29,7 cm mal 21,0 cm und einen Flächeninhalt von 623,7 cm². Beim Kegel soll $h = 2r$ sein. Für die Länge der Mantellinie gilt dann:

$$m = \sqrt{r^2 + (2r)^2} = \sqrt{5}\,r$$

Für den Mittelpunktswinkel folgt daraus:

$$\alpha = \frac{r}{m} \cdot 360° = \frac{360°}{\sqrt{5}} \approx 160°$$

Durch Konstruieren kann sich Basti davon überzeugen, dass ein Kreissektor mit $\alpha = 160°$ und einem Radius von 15 cm noch auf das DIN-A4-Blatt passt, während er bei einem Radius von 16 cm nicht mehr auf das Blatt passt.

b) Für $m = 15$ cm beträgt der prozentuale Abfall:

$$\frac{A_{\text{Blatt}} - A_{\text{Sektor}}}{A_{\text{Blatt}}} \approx \frac{623{,}7\,\text{cm}^2 - \frac{160°}{360°} \cdot \pi \cdot (15\,\text{cm})^2}{623{,}7\,\text{cm}^2} \approx 0{,}50$$

Der Verschnitt beträgt also etwa 50 %.

Kapitel 4 • Seite 85

1 a), b), c) je 2 P (einschl. Zeichnungen)

a) Nach oben geöffnete Parabel, die zur Normalparabel kongruent ist; der Scheitel $S(2{,}5|4)$ ist der tiefste Punkt; keine Schnittpunkte mit der x-Achse; Gerade $x = 2{,}5$ als Symmetrieachse.

b) Nach unten geöffnete Parabel, die zur Normalparabel kongruent ist;
der Scheitel $S(-2{,}5|2)$ ist der höchste Punkt; zwei Schnittpunkte mit der x-Achse;
Gerade $x = -2{,}5$ als Symmetrieachse.

c) Nach oben geöffnete Parabel;
sie ist weiter als die Normalparabel – sie ist kongruent zu einer Parabel, die aus der Normalparabel entsteht, wenn alle Funktionswerte mit dem Faktor 0,25 multipliziert werden;
der Scheitel $S(2{,}5|0)$ liegt auf der x-Achse und ist der tiefste Punkt – die Parabel berührt also die x-Achse in genau einem Punkt; Gerade $x = 2{,}5$ als Symmetrieachse.

2 a), b), c) je 1 P

a) $f(x) = x^2 + 3$

b) $g(x) = 0{,}5(x-2)^2 - 4$

c) $g(x) = -3(x+1)^2 + 5$

3 a) 3 P, b) 2 P

a) x-Achse: durch die Zaununterkante
y-Achse: durch die mittlere Zaunlatte
Einheit des Koordinatensystems: entspricht einem Meter
Scheitel: $S(0|0{,}88)$
weiterer Punkt: $P(0{,}8|1)$ (nicht $P(0{,}85|1)$!)
Daraus folgt:

$$y = \tfrac{3}{16}x^2 + 0{,}88 \quad \text{bzw.} \quad y = 0{,}1875x^2 + 0{,}88$$

b) Bei 11 Latten wie im Bild gibt es neben der 0,88 m langen Latte und den beiden 1 m langen Latten noch je zwei Latten mit den Längen von rund 0,88 m, 0,90 m, 0,92 m, 0,96 m.

4 a), b) je 1 P, c) 2 P

a) $x^2 - 50x + 625 = (x-25)^2$

b) $0{,}04 - \frac{x^2}{4} = \left(0{,}2 - \frac{x}{2}\right)\left(0{,}2 + \frac{x}{2}\right)$

c) $p^6q^8 - 4p^5q^5 + 4p^4q^2 = p^4q^2(p^2q^6 - 4pq^3 + 4)$

5 a), b) je 1 P

a) $y = x^2 - 6x + 13 = (x-3)^2 + 4$

b) $y = 2x^2 + 24x + 68 = 2(x+6)^2 - 4$

6 **a), b) je 3 P**

a) (I) $5 - x^2 = 3 \Leftrightarrow x^2 = 2 \Leftrightarrow x = \sqrt{2}$ oder $x = -\sqrt{2}$
(1 Punkt Abzug, falls mithilfe von Lösungsformel oder quadratischer Ergänzung gelöst.)
(II) $2x - x^2 - 1 = 1 \;\Leftrightarrow\; x^2 - 2x + 2 = 0$
$D = (-2)^2 - 4 \cdot 1 \cdot 2 = -4$, also keine Lösung
Oder: $(x-1)^2 = -1$ hat keine Lösung.

b) Ermittlung des Scheitels der entsprechenden Parabel:
$y = x^2 - 6x + 4$
$= x^2 - 6x + 9 - 9 + 4$
$= (x-3)^2 - 5$
$S(3|-5)$
Abgelesen:
$x \approx 0{,}8$ (evtl. auch $x \approx 0{,}7$) oder
$x \approx 5{,}2$ (evtl. auch $x \approx 5{,}3$)
Berechnet:
$x = 3 - \sqrt{5} \approx 0{,}76$
$x = 3 + \sqrt{5} \approx 5{,}24$

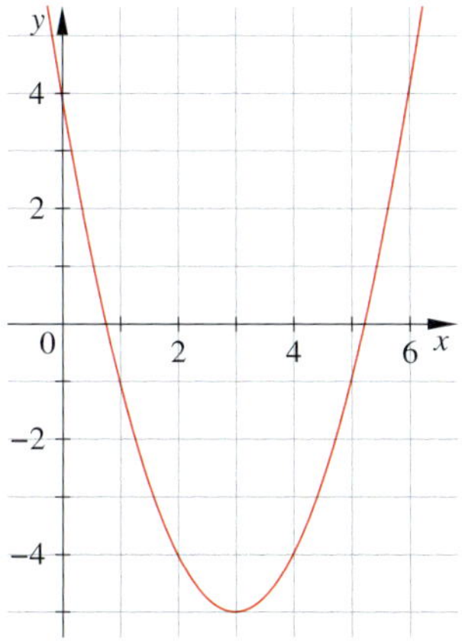

Andere Lösungsmöglichkeit:
Schnittpunkte der Parabel mit $y = x^2$ und der Geraden mit $y = 6x - 4$ ablesen.

7 **4 P**

Skizze:

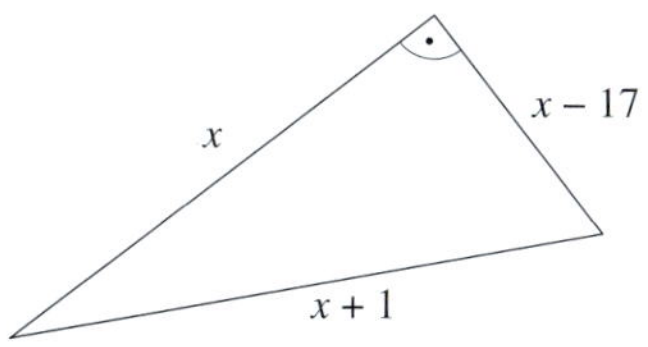

x: Länge der längeren Kathete in cm
Ansatz: $x^2 + (x-17)^2 = (x+1)^2$
Äquivalentes Umformen führt auf:
$x^2 - 36x + 288 = 0$
$x = 24$ (oder $x = 12$, aber geometrisch irrelevant, da sonst $x - 17 < 0$)
Seitenlängen: 7 cm, 24 cm, 25 cm

Kapitel 5 • Seite 86

1 **a), b), c) je 2 P**

a) Geeignetes Baumdiagramm
$P(\{\text{zuerst w}\}) = \frac{2}{5} = 0{,}4$

b) Für das Ereignis „zwei weiße Kugeln und eine schwarze Kugel“ sind die Ziehungen wws, wsw und sww günstig.
$P(\{2\,\text{w}, 1\,\text{s}\}) = \frac{2}{5} \cdot \frac{1}{4} \cdot 1 + \frac{2}{5} \cdot \frac{3}{4} \cdot \frac{1}{3} + \frac{3}{5} \cdot \frac{2}{4} \cdot \frac{1}{3}$
$= \frac{1}{10} + \frac{1}{10} + \frac{1}{10} = \frac{3}{10} = 0{,}3$

c) Für das Ereignis „zweite Kugel weiß“ sind die Ziehungen ww und sw günstig.
$P(\{2.\ \text{Kugel w}\}) = \frac{2}{5} \cdot \frac{1}{4} + \frac{3}{5} \cdot \frac{1}{2} = \frac{1}{10} + \frac{3}{10} = \frac{2}{5} = 0{,}4$

2 **a), b) je 2 P**

Geeignetes Baumdiagramm

a) Für das Ereignis „zwei weiße und eine schwarze Kugel“ sind die Ziehungen wws, wsw und sww günstig.
$P(\{2\ \text{w und}\ 1\ \text{s}\}) = 3 \cdot \frac{2}{5} \cdot \frac{2}{5} \cdot \frac{3}{5} = 0{,}288$

b) Für das Ereignis „zweite Kugel weiß“ sind die Ziehungen ww und sw günstig.
$P(\{2.\ \text{Kugel w}\}) = \frac{2}{5} \cdot \frac{2}{5} + \frac{3}{5} \cdot \frac{2}{5} = 0{,}4$

3 **a), b) je 4 P**

a) Rot die Werte, die unter den Klecksen stehen müssen:

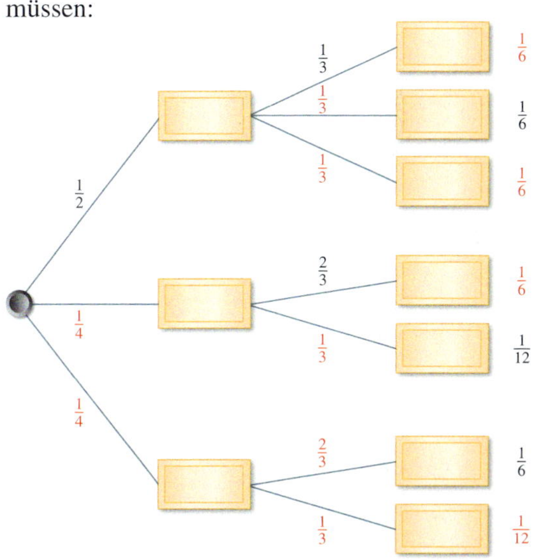

b) Ein passendes Urnenexperiment wäre z. B.:
Aus einer Urne mit zwei roten, einer blauen und einer gelben Kugel werden nacheinander zwei Kugeln ohne Zurücklegen gezogen.

4 **6 P**

Beispielsweise wird festgelegt:
K gerade Zahl; Z ungerade Zahl
Die Simulation ergibt dann:
KKK, KZZ, KKK, ZKZ, ZKZ, ZKK, ZKK, KZZ, KZZ, KKK, KKK, KZZ, ZZZ, KKZ, ZKZ, KZK, ZZZ, ZKZ, ZKZ, KZZ
$\text{P KKK} = \frac{4}{20} = \frac{1}{5} = 20\,\%$

5 6 P

Beispielsweise kannst du aus einem Skatspiel mit Eichel 7, 8, 9 10, Bube, Dame die 6 Kuverts und mit Herz 7, 8, 9 10, Bube, Dame die 6 Briefe simulieren.
Zuerst legst du die 6 Eichel-Karten verdeckt auf den Tisch, dann verteilst du die 6 Herz-Karten verdeckt auf die 6 Eichel-Karten.
Dann drehst du die Kartenpaare um. Dem Fall, dass kein Brief im passenden Kuvert ist, entspricht dem Fall, dass kein Paar mit gleichen Werten (Eichel 6 – Herz 6, Eichel 7 – Herz 7, …) vorkommt.
Nun werden die Eichel- und die Herzkarten jeweils für sich gemischt, und es wird wieder wie vorher ausgelegt. …
Dieses Vorgehen wiederholst du immer wieder – z. B. 20-mal.

Kapitel 6 • Seite 87

1 a), b) je 3 P

a) $\sin\beta = \frac{b}{a}$

$b = a \cdot \sin\beta$

$b = 4\,\text{cm} \cdot 0{,}5 = 2\,\text{cm}$

b) $\cos\beta = \frac{c}{a}$

$a = \frac{c}{\cos\beta}$

$a = \frac{6{,}2\,\text{cm}}{\cos 40°} \approx 8{,}1\,\text{cm}$

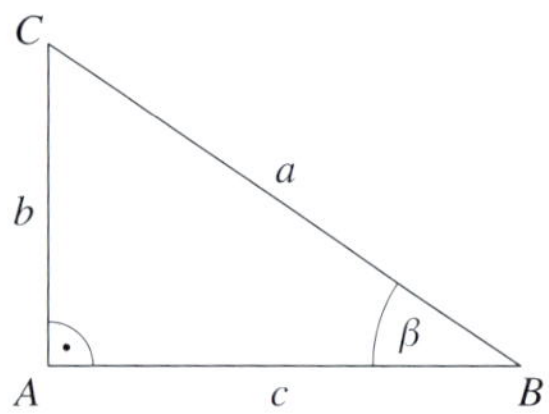

2 je 2 P

$\sin\alpha = \sqrt{1-\cos^2\alpha} = \sqrt{1-\left(\frac{15}{17}\right)^2} = \frac{8}{17}$

$\tan\alpha = \frac{\sin\alpha}{\cos\alpha} = \frac{\frac{8}{17}}{\frac{15}{17}} = \frac{8}{15}$

$\sin(90° - \alpha) = \cos\alpha = \frac{15}{17}$

$\cos(90° - \alpha) = \sin\alpha = \frac{8}{17}$

3 5 P

$x = \frac{a-c}{2}$

$= \frac{7{,}2\,\text{cm} - 4{,}3\,\text{cm}}{2}$

$= 1{,}45\,\text{cm}$

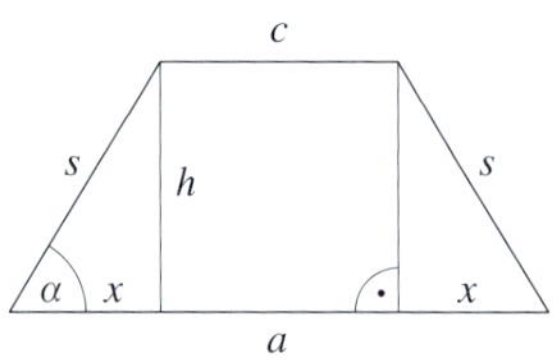

$\tan\alpha = \frac{h}{x} = \frac{3{,}5\,\text{cm}}{1{,}45\,\text{cm}} \approx 2{,}4138 \Rightarrow \alpha \approx 67{,}5°$

$\sin\alpha = \frac{h}{s}$ bzw. $s = \frac{h}{\sin\alpha} \Rightarrow s \approx 3{,}8\,\text{cm}$

4 5 P

Entsprechend der Zeichnung ist: $\sin\frac{\varphi}{2} = \frac{\frac{s}{2}}{r}$

Daraus folgen $\frac{s}{2} = r\sin\frac{\varphi}{2}$ bzw. $s = 2r\sin\frac{\varphi}{2}$.

5 6 P

Mit $s = 7{,}2\,\text{m}$ und $a = 4{,}6\,\text{m}$ gilt:

$\left(\frac{d}{2}\right)^2 = 2 \cdot \left(\frac{a}{2}\right)^2 = \frac{a^2}{2}$

$h = \sqrt{s^2 - \left(\frac{d}{2}\right)^2}$

$= \sqrt{s^2 - \frac{a^2}{2}}$

$\approx 6{,}4\,\text{cm}$

$\tan\alpha = \frac{h}{\frac{a}{2}} = \frac{2h}{a}$

$\approx 2{,}7928$

$\alpha \approx 70{,}3°$

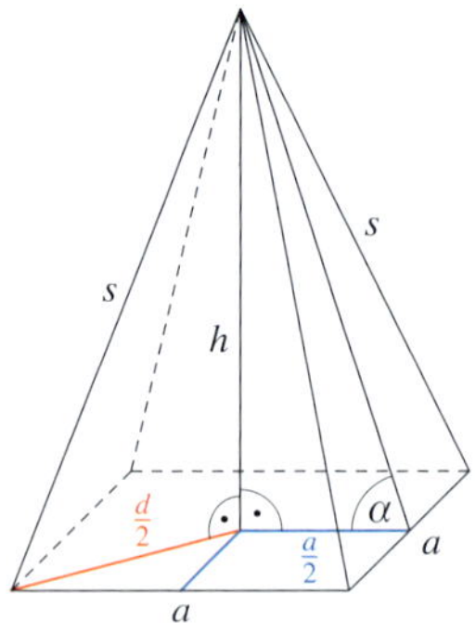

Kapitel 7 • Seite 88

1 a) 5 P, b) 7 P, c) 2 P

$G = \frac{1}{2} \cdot 4\,\text{cm} \cdot 3\,\text{cm} = 6\,\text{cm}^2$

a) $V_{\text{Prisma}} = G \cdot h = 48\,\text{cm}^3$

$O_{\text{Prisma}} = 2G + M = 108\,\text{cm}^3$

b) $V_{\text{Pyramide}} = \frac{1}{3} \cdot G \cdot h = 16\,\text{cm}^3$

$h_b : 4\,\text{cm} = 3\,\text{cm} : 5\,\text{cm}$

$h_b = 2{,}4\,\text{cm}$

$h^{*2} = h_b^2 + 64\,\text{cm}^2$

$h^* \approx 8{,}35\,\text{cm}$

$O_{\text{Pyramide}} = G + M$

$M \approx 16\,\text{cm}^2 + 12\,\text{cm}^2 + 20{,}9\,\text{cm}^2 = 48{,}9\,\text{cm}^2$

$O_{\text{Pyramide}} \approx 55\,\text{cm}^2$

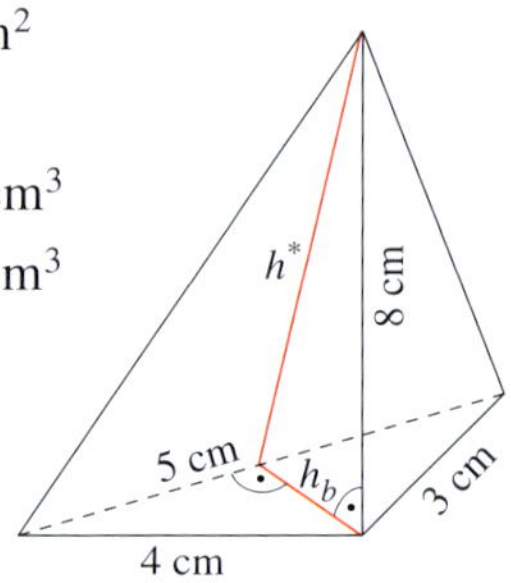

c) $V_{\text{Pyramide}} = \frac{1}{3} V_{\text{Prisma}}$, da sich die beiden Volumenformeln um den Faktor $\frac{1}{3}$ unterscheiden.
Der relative Unterschied zwischen den Oberflächeninhalten ist nicht so groß wie der zwischen den Volumina: $O_{\text{Pyramide}} \approx \frac{1}{2} O_{\text{Prisma}}$.

2 a) 3 P, b) 2 P

a) $V_1 = V_{\text{Zylinder}} + V_{\text{Kegel}}$

$= \pi \cdot \overline{AB}^2 \cdot \left[\overline{BC} + \frac{1}{3}(\overline{AD} - \overline{BC})\right] \approx 84\,\text{cm}^3$

b) $V_2 = V_{\text{Zylinder}} - V_{\text{Kegel oben}}$

$= \pi \cdot \overline{AB}^2 \cdot \left[\overline{AD} - \frac{1}{3}(\overline{AD} - \overline{BC})\right] \approx 117\,\text{cm}^3$

3 **7 P**

Ist s die Seitenlänge des gleichseitigen Dreiecks, dann ist sein Flächeninhalt $A = \frac{\sqrt{3}}{4}s^2$.

Aus $s^2 = \frac{4A}{\sqrt{3}}$ folgt für das gleichseitigen Dreieck von $20\,\text{cm}^2$ Flächeninhalt $s \approx 6{,}80\,\text{cm}$.

Ist s die Kantenlänge des Tetraeders, dann ergibt sich für dessen Körperhöhe $h = \sqrt{\frac{2}{3}} \cdot s$.

Für das Volumen des Tetraeders folgt daraus:

$V = \frac{1}{3} \cdot A \cdot h = \frac{1}{3} \cdot \frac{\sqrt{3}}{4}s^2 \cdot \sqrt{\frac{2}{3}} \cdot s = \frac{\sqrt{2}}{12} \cdot s^3$

Für $A = 20\,\text{cm}^3$ und damit $s \approx 6{,}80\,\text{cm}$ ergibt sich als Tetraedervolumen $V \approx 37\,\text{cm}^3$.

Wird die Kantenlänge verdoppelt, so folgt aus $A = \frac{\sqrt{3}}{4}s^2$ und $V = \frac{\sqrt{2}}{12} \cdot s^3$, dass sich der Oberflächeninhalt vervierfacht (2^2) und das Volumen verachtfacht (2^3).

4 **4 P**

Die Flasche setzt sich näherungsweise aus einem zylindrischen Teil (unten) und einem Kegel(stumpf) (oben) zusammen.

Durchmesser der Flasche: $d_1 \approx 8\,\text{cm}$ (unten)
bzw. $d_2 = 4\,\text{cm}$ (an der Oberfläche des Saftes)
Höhe $h_1 \approx 14{,}5\,\text{cm}$ (unten); $h_2 \approx 9{,}0\,\text{cm}$ (oben)
$V = \pi r_1^2 h_1 + \frac{1}{3}\left(\pi r_1^2 h^* - \pi r_2^2 (h^* - h_2)\right) \approx 993\,\text{cm}^3$
mit $h^* : h_2 = r_1 : r_2$; $h^* = 18\,\text{cm}$
angegebener Wert: $V = 1\,\text{l} = 1000\,\text{cm}^3$
Abweichung: $7\,\text{cm}^3$, also 0,7 %

Kapitel 8 • Seite 89

1 **a) 2 P, b) 3 P**

a) $S_1(-0{,}5|-3)$, $S_2(3|0{,}5)$

b) Beispielsweise aus der Scheitelpunktform $y = (x-3)^2 - 4$ ist zu erkennen, dass die Parabel zwei Schnittpunkte mit der x-Achse hat.
Die Schnittpunkt mit der Geraden $y = -3$ sind $S_1(4|-3)$, $S_2(2|-3)$.

2 **5 P**

Ist x die Breite der Rinne in cm und A ihre Querschnittsfläche in cm^2, dann gilt:

$A(x) = x \cdot \frac{140 - x}{2} = -\frac{1}{2}x^2 + 70x$

In Scheitelpunktform:

$A(x) = -\frac{1}{2}(x - 70)^2 + 2450$

Im Scheitel wird der größtmögliche Wert erreicht. Die Rinne muss demnach 70 cm breit werden. Dazu sind die Bleche jeweils 35 cm von außen hochzubiegen.

3 **a), b) je 2 P**

a) $x = -1{,}4$; $y = 6{,}8$; $z = -3{,}2$

b) $x = 2{,}2$; $y = -4{,}7$; $z = -1{,}7$

4 **Funktionsterm 3 P, Scheitel 2 P**

$f(x) = -2x^2 + 36x - 151 = -2(x-9)^2 + 11$

$S(9|11)$ lässt sich auch aus den gegebenen Punkten B und C erkennen: Wegen $y_B = y_C$ ist die Mittelsenkrechte zu $[BC]$, also die Gerade mit der Gleichung $x = 9$, die Symmetrieachse der Parabel. Aus $x_S = 9$ folgt $y_S = f(x_S) = f(9) = 11$.

5 **a), b) je 2 P**

a) $\sqrt[4]{5000} : \sqrt[4]{8} = \sqrt[4]{5000 : 8} = \sqrt[4]{625} = 5$ oder z. B.

$\sqrt[4]{5000} : \sqrt[4]{8} = 5000^{\frac{1}{4}} : 8^{\frac{1}{4}} = (5000 : 8)^{\frac{1}{4}} = 625^{\frac{1}{4}}$

$= (5^4)^{\frac{1}{4}} = 5^1 = 5$

b) $\sqrt[3]{4^5} \cdot 2^{-\frac{4}{3}} = 4^{\frac{5}{3}} \cdot 2^{-\frac{4}{3}} = (2^2)^{\frac{5}{3}} \cdot 2^{-\frac{4}{3}} = 2^{\frac{10}{3}} \cdot 2^{-\frac{4}{3}}$

$= 2^{\frac{10}{3} - \frac{4}{3}} = 2^2 = 4$

6 **7 P**

Die gleichmäßige Abnahme Besucherzahl N in Abhängigkeit vom Eintrittspreis P wird durch eine lineare Funktion $N(P) = A \cdot P + B$ (mit $A < 0$) beschrieben. Bei festen Kosten K beträgt der Gewinn

$G(P) = N(P) \cdot P - K = A \cdot P^2 + B \cdot P - K$.

Aus den gegebenen Daten folgt:

$G(4) = 400 \Rightarrow$ (I) $16A + 4B - K = 400$
$G(6) = 700 \Rightarrow$ (II) $36A + 6B - K = 700$
$G(8) = -200 \Rightarrow$ (III) $64A + 8B - K = -200$

Daraus ergibt sich:

$G(P) = -150P^2 + 1650P - 3800$

Aus der Scheitelpunktform

$G(P) = -150(P - 5{,}5)^2 + 737{,}5$ ist zu erkennen:

Der maximale Gewinn beträgt 737,50 € und wird bei einem Eintrittspreis von 5,50 € erreicht.

Dabei beträgt die Besucherzahl in diesem Falle:

$N(5{,}5) = -150 \cdot 5{,}5 + 160 = 825$.

Die Fixkosten belaufen sich auf 3800 €.

Natürliche Grenzen des Modells: $P > 0$ (oder ein geeigneter Mindestwert, der durch die maximal mögliche Besucherzahl bestimmt wird) und $P < 11$ (Nullstelle von $N(P)$).

Grundwissen – Überblick

Reele Zahlen, Wurzeln und Potenzen

Die **Menge $\mathbb{R}$ der reellen Zahlen** besteht aus der Menge der rationalen Zahlen und der **Menge der irrationalen Zahlen.** Die rationalen Zahlen sind die endlichen und unendlichen, periodischen Dezimalzahlen, die irrationalen Zahlen sind die **unendlichen, nichtperiodischen Dezimalzahlen.**

Rationale Zahlen sind z. B.:
$0;\ 1;\ -7;\ 0{,}8771;\ \frac{4}{5};\ -1{,}3\overline{42};\ \sqrt{36}$

Irrationale Zahlen sind z. B.:
$\pi;\ \sqrt{3};\ -\sqrt[4]{100};\ 1{,}491625364964\ldots$

D Die ***n*-te Wurzel** ($n \in \mathbb{N}$) aus einer reellen Zahl $a \geq 0$ ist diejenige nichtnegative Zahl, deren n-te Potenz a ergibt.

$\sqrt[3]{125} = 5 \quad \Leftrightarrow \quad 5^3 = 125$ und $5 > 0$
$\sqrt[7]{0{,}3} \approx 0{,}842 \quad \Leftrightarrow \quad 0{,}842^7 \approx 0{,}3$ und $0{,}842 > 0$

Äquivalent dazu:

D Die ***n*-te Wurzel** ($n \in \mathbb{N}$) aus einer reellen Zahl $a \geq 0$ ist die nichtnegative Lösung der Gleichung $x^n = a$.

$x^4 = 100 \Leftrightarrow x = \sqrt[4]{100} \approx 3{,}16$ oder $x = -\sqrt[4]{100} \approx -3{,}16$

a heißt **Radikand** der n-ten Wurzel.

Die 2. Wurzel aus einer reellen Zahl $a \geq 0$ heißt **Quadratwurzel**.

Statt $\sqrt[2]{a}$ wird kurz $\sqrt{a}$ geschrieben.

Für alle reellen Zahlen $a \geq 0$ können Wurzeln ($n, m \in \mathbb{N}$) auch als Potenzen geschrieben werden:

$\boldsymbol{\sqrt[n]{a} = a^{\frac{1}{n}}}$ bzw. $\boldsymbol{\sqrt[n]{a^m}} = (a^m)^{\frac{1}{n}} = a^{m \cdot \frac{1}{n}} = \boldsymbol{a^{\frac{m}{n}}}$

$\sqrt[6]{0{,}09^3} = 0{,}09^{\frac{3}{6}} = 0{,}09^{\frac{1}{2}} = \sqrt{0{,}09} = 0{,}3$

Für das **Rechnen mit Quadratwurzeln** gilt u. a.:

$\boldsymbol{\sqrt{a} \cdot \sqrt{b} = \sqrt{a \cdot b}}$ $\quad (a, b \geq 0)$

$\sqrt{12} \cdot \sqrt{3} = \sqrt{12 \cdot 3} = \sqrt{36} = 6$

$\boldsymbol{\frac{\sqrt{a}}{\sqrt{b}} = \sqrt{\frac{a}{b}}}$ $\quad (a \geq 0, b > 0)$

$\frac{\sqrt{0{,}8}}{\sqrt{5}} = \sqrt{\frac{0{,}8}{5}} = \sqrt{0{,}16} = 0{,}4$

Summen und Differenzen von Quadratwurzeln kann man nur dann zusammenfassen, wenn die Radikanden gleich sind.

$2 \cdot \sqrt{7} + 4 \cdot \sqrt{5} - 3 \cdot \sqrt{7} = 4 \cdot \sqrt{5} - \sqrt{7}$

Lässt sich der Radikand so faktorisieren, dass ein Faktor eine Quadratzahl ist, dann kann die Wurzel teilweise radiziert werden. Umgekehrt lässt sich ein positiver Faktor vor einer Quadratwurzel durch Quadrieren unter die Wurzel ziehen.

$\sqrt{8} = \sqrt{4 \cdot 2} = 2 \cdot \sqrt{2}$

$7 \cdot \sqrt{2} = \sqrt{7^2 \cdot 2} = \sqrt{98}$

Für das **Rechnen mit Potenzen** gelten die folgenden in Kurzform aufgeführten Regeln. Die Exponenten x, y können dabei beliebige Zahlen sein.
Diese Regeln gelten allerdings nur für solche reellen Zahlen a, b, für die die vorkommenden Terme alle definiert sind.

(1) $\boldsymbol{a^x \cdot a^y = a^{x+y}}$ $\qquad 3^{-4} \cdot 3^4 = 3^{-4+4} = 3^0 = 1$

(2) $\boldsymbol{a^x : a^y = a^{x-y}}$ $\qquad 0{,}4 : 0{,}4^{\frac{1}{2}} = 0{,}4^{1-\frac{1}{2}} = 0{,}4^{\frac{1}{2}} = \sqrt{0{,}4}$

(3) $\boldsymbol{(a^x)^y = a^{x \cdot y}}$ $\qquad (5^4)^{\frac{1}{2}} = 5^{4 \cdot \frac{1}{2}} = 5^2 = 25$

(4) $\boldsymbol{a^x \cdot b^x = (a \cdot b)^x}$ $\qquad 3^{\frac{1}{3}} \cdot 9^{\frac{1}{3}} = (3 \cdot 9)^{\frac{1}{3}} = 27^{\frac{1}{3}} = \sqrt[3]{27} = 3$

(5) $\boldsymbol{a^x : b^x = (a : b)^x}$ $\qquad \left(\frac{1}{5}\right)^4 : \left(\frac{1}{10}\right)^4 = \left(\frac{1}{5} : \frac{1}{10}\right)^4 = 2^4 = 16$

Die Satzgruppe des Pythagoras und einige Folgerungen daraus

S Satz des Pythagoras

Wenn ein Dreieck rechtwinklig ist, dann ist die Summe der Quadrate der Kathetenlängen gleich dem Quadrat der Hypotenusenlänge.
Kurz: $\boldsymbol{a^2 + b^2 = c^2}$

Im rechtwinkligen Dreieck hat das Hypotenusenquadrat denselben Flächeninhalt (c^2) wie die Summe der Kathetenquadrate ($a^2 + b^2$).

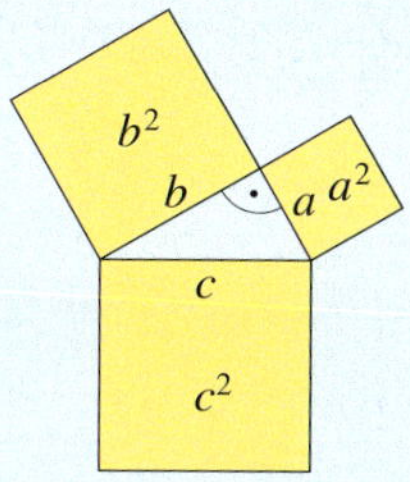

S Kehrsatz zum Satz des Pythagoras

Wenn in einem Dreieck das Quadrat einer Seitenlänge gleich der Summe der Quadrate der beiden anderen Seitenlängen ist, dann ist das Dreieck rechtwinklig.

S Kathetensatz

Im rechtwinkligen Dreieck ist das Quadrat einer Kathetenlänge gleich dem Produkt aus der Hypotenusenlänge und der Länge des anliegenden Hypotenusenabschnitts.
Kurz: $\boldsymbol{a^2 = c \cdot p}$ bzw. $\boldsymbol{b^2 = c \cdot q}$

Im rechtwinkligen Dreieck hat das Quadrat über einer Kathete denselben Flächeninhalt wie ein Rechteck, dessen Seiten so lang wie die Hypotenuse und der an der Kathete anliegende Hypotenusenabschnitt sind.

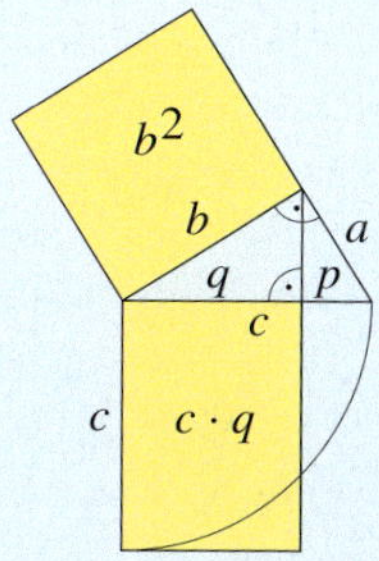

S Höhensatz

Im rechtwinkligen Dreieck ist das Quadrat der Hypotenusenhöhe gleich dem Produkt aus den Längen der beiden Hypotenusenabschnitte.
Kurz: $\boldsymbol{h^2 = p \cdot q}$

Im rechtwinkligen Dreieck hat das Quadrat über der Höhe auf der Hypotenuse denselben Flächeninhalt wie ein Rechteck, dessen Seiten so lang wie die beiden Hypotenusenabschnitte sind.

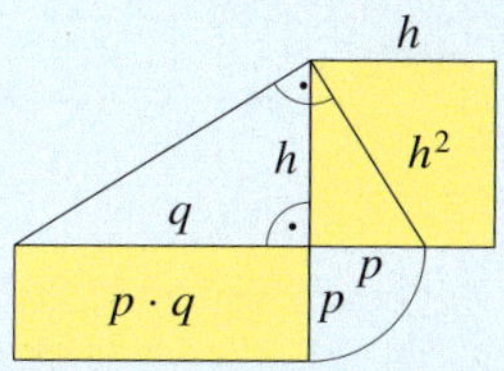

Einige Anwendungen des Satzes des Pythagoras auf ebene und räumliche Figuren

Quadrat

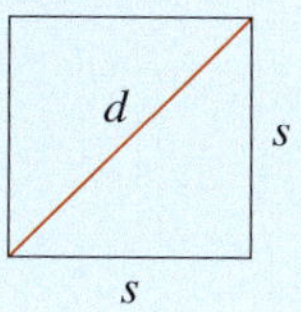

$d = \sqrt{2}\, s$

Rechteck

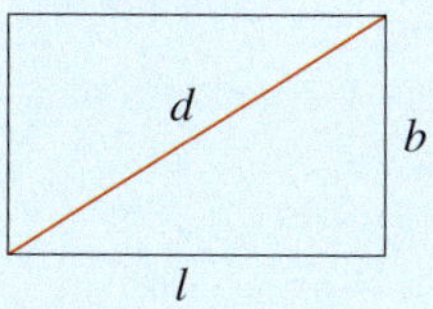

$d = \sqrt{l^2 + b^2}$

gleichschenkliges Dreieck

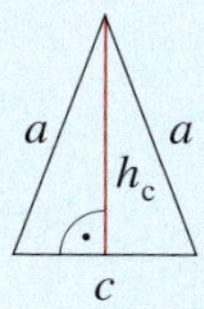

$h_c = \sqrt{a^2 - \frac{1}{4}c^2}$

gleichseitiges Dreieck

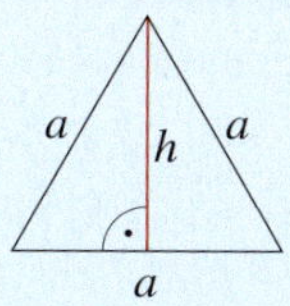

$h = \frac{1}{2}\sqrt{3}\, a$

Würfel

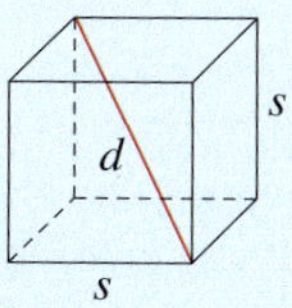

$d = \sqrt{3}\, s$

Quader

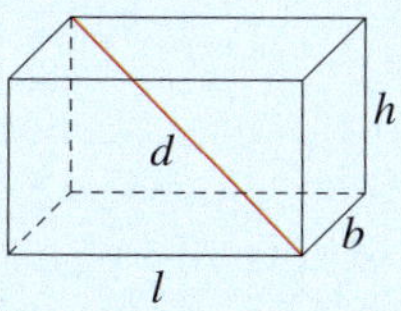

$d = \sqrt{l^2 + b^2 + h^2}$

Tetraeder

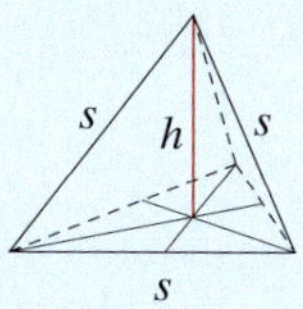

$h = \frac{1}{3}\sqrt{6}\, s$

Siehe auch auf Seite 99 die Zusammenhänge in den „Stützdreiecken" von quadratischer Pyramide und Kreiskegel.

Trigonometrische Beziehungen im rechtwinligen Dreieck

D Jedem spitzen Winkel im rechtwinkligen Dreieck wird ein Seitenverhältnis zugeordnet, welches mit **Sinus**, **Kosinus** bzw. **Tangens** bezeichnet wird:

$\sin\alpha = \frac{\text{Gegenkathete}}{\text{Hypotenuse}}$ $\cos\alpha = \frac{\text{Ankathete}}{\text{Hypotenuse}}$ $\tan\alpha = \frac{\text{Gegenkathete}}{\text{Ankathete}}$

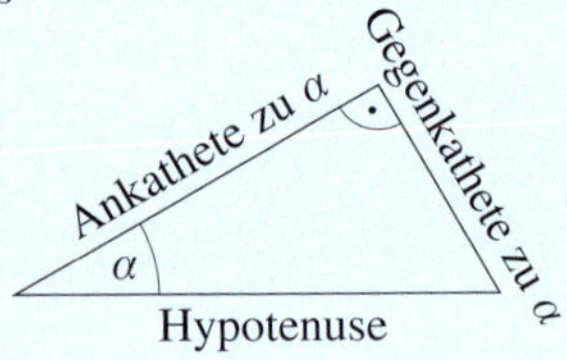

Beziehungen zwischen Sinus, Kosinus und Tangens:

$\tan\alpha = \frac{\sin\alpha}{\cos\alpha}$ $\alpha \neq 90°$

$(\cos\alpha)^2 + (\sin\alpha)^2 = 1$ („Trigonometrischer Pythagoras")

$\sin\alpha = \cos(90° - \alpha)$ bzw. $\cos\alpha = \sin(90° - \alpha)$ („Komplementbeziehungen")

Taschenrechner liefern Näherungswerte für Sinus, Kosinus und Tangens (Tasten sin, cos und tan). Ebenso kann man zu vorgegebenen Sinus-, Kosinus- und Tangenswerten Näherungswerte für den zugehörigen Winkel ermitteln (Tasten $\sin^{-1}$, $\cos^{-1}$ und $\tan^{-1}$). Der Taschenrechner muss dabei auf Winkel im Gradmaß (DEG) eingestellt sein.

Eingabe in den Taschenrechner:
$\sin 40° = 0{,}642\,787\,6$

Winkel mit $\cos\alpha = 0{,}76$:
SHIFT $\cos 0{,}76 = 49{,}46420°$

(SHIFT cos wird verwendet, wenn $\cos^{-1}$ die Zweitbelegung der cos-Taste ist. Die Taste SHIFT wird öfter auch mit INV oder 2nd bezeichnet.)

Spezielle Werte

	0°	30°	45°	60°	90°
$\sin\alpha$	0	$\frac{1}{2}$	$\frac{1}{2}\sqrt{2}$	$\frac{1}{2}\sqrt{3}$	1
$\cos\alpha$	1	$\frac{1}{2}\sqrt{3}$	$\frac{1}{2}\sqrt{2}$	$\frac{1}{2}$	0
$\tan\alpha$	0	$\frac{1}{\sqrt{3}} = \frac{1}{3}\sqrt{3}$	1	$\sqrt{3}$	nicht. def.

Berechnungen mithilfe von rechtwinkligen Dreiecken

Eine mögliche Strategie für das Finden einer Lösung mithilfe rechtwinkliger Dreiecke:

1. Erstelle eine Zeichnung und suche darin rechtwinklige Dreiecke. Markiere dabei bekannte und gesuchte Strecken und Winkel verschiedenfarbig.
2. Prüfe, ob in einem eingezeichneten rechtwinkligen Dreieck mindestens ein Winkel und eine Seite bzw. zwei Seiten bekannt sind.
3. Verwende nun eine Beziehung im rechtwinkligen Dreieck (Sinus, Kosinus, Tangens oder Satz des Pythagoras), in der neben zwei bekannten Größen eine gesuchte Größe vorkommt. Berechne die gesuchte Größe.
4. Beurteile deine gefundene Lösung, z. B. im Hinblick auf sinnvolle Genauigkeit. Formuliere eine Antwort zur ursprünglichen Fragestellung.

Die Rohrleitung eines Wasserkraftwerks überwindet einen Höhennunterschied von 500 m. Der Steigungswinkel beträgt 35°. Wie lang ist die Leitung?

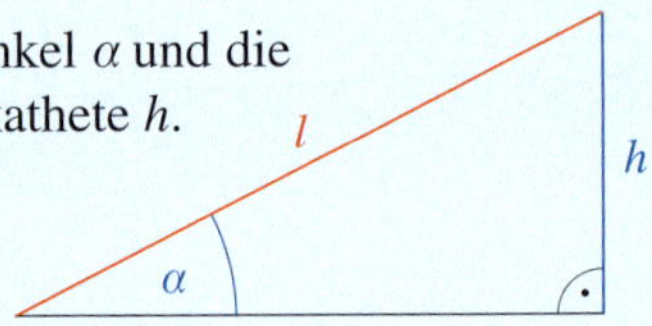

Bekannt sind der Winkel α und die Länge seiner Gegenkathete h. Gesucht ist die Hypotenusenlänge l. Es kann der Sinus verwendet werden:
$\sin\alpha = \frac{h}{l}$. Durch Umformen erhältst du
$l = \frac{h}{\sin\alpha} = \frac{500\,\text{m}}{\sin 35°} = 871{,}723\,39\ldots\,\text{m} \approx 872\,\text{m}.$

Die Messungen des Höhenunterschieds sowie des Steigungswinkels unterliegt Messfehlern. Ebenso ist in der Realität die Steigung des Rohres nicht konstant. Eine sinnvolle Genauigkeit ergibt sich durch das Runden auf Meter.
Die Rohrleitung ist ca. 872 m lang.

Oberflächeninhalt und Volumen von Prisma, Zylinder, Pyramide und Kegel

Gerades Prisma

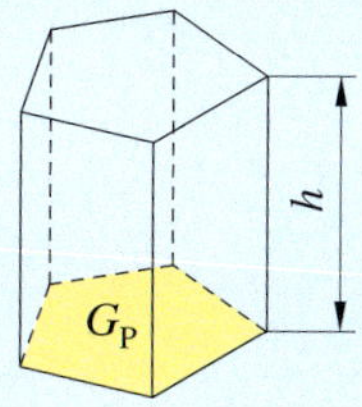

Sind u_n der Umfang des n-Ecks und h die Höhe des Prismas, dann ist der Mantelflächeninhalt: $\boldsymbol{M_P = u_n \cdot h}$

Für den Oberflächeninhalt gilt: $\boldsymbol{O_P = 2 \cdot G_P + M_P}$

Für das Volumen gilt: $\boldsymbol{V_P = G_P \cdot h}$

Gerader Kreiszylinder

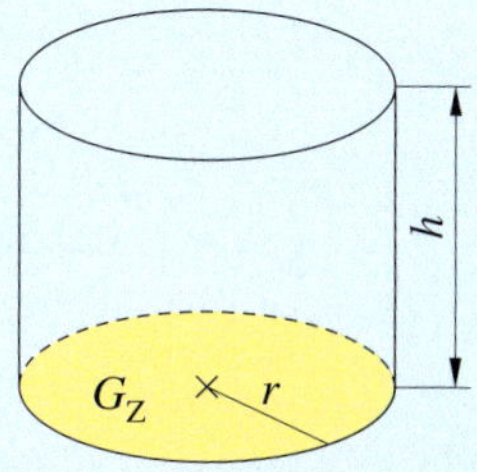

Sind r der Radius des Kreises und h die Höhe des Zylinders, dann ist der Mantelflächeninhalt: $\boldsymbol{M_Z = 2\pi r \cdot h}$

Für den Oberflächeninhalt gilt:
$\boldsymbol{O_Z = 2 \cdot G_Z + M_Z}$ bzw. $\boldsymbol{O_Z = 2 \cdot \pi r^2 + 2\pi r \cdot h}$ bzw. $\boldsymbol{O_Z = 2\pi r \cdot (r + h)}$

Für das Volumen gilt: $\boldsymbol{V_Z = G_Z \cdot h}$ bzw. $\boldsymbol{V_Z = \pi r^2 \cdot h}$

Pyramide

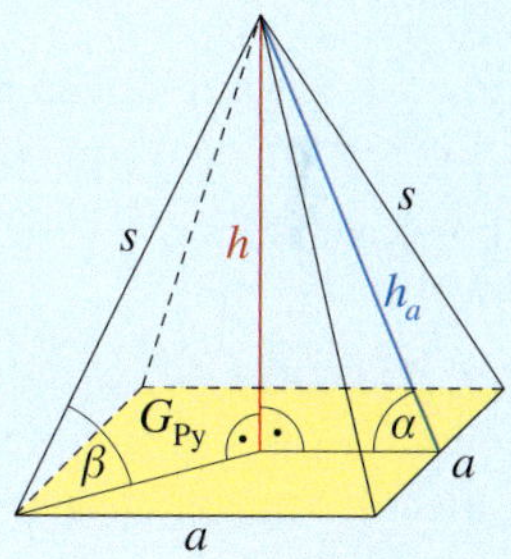

Für den Oberflächeninhalt gilt: $\boldsymbol{O_{Py} = G_{Py} + M_{Py}}$

Für das Volumen einer Pyramide mit der Höhe h gilt: $\boldsymbol{V_{Py} = \frac{1}{3} \cdot G_{Py} \cdot h}$

Zusammenhänge in den „Stützdreiecken“ einer quadratischen Pyramide:

$\boldsymbol{h_a^2 = h^2 + \left(\frac{a}{2}\right)^2}$ $\quad$ $\boldsymbol{h_a^2 = s^2 - \left(\frac{a}{2}\right)^2}$ $\quad$ $\boldsymbol{s^2 = \frac{a^2}{2} + h^2}$

$\boldsymbol{\sin\alpha = \frac{h}{h_a}}$ $\quad$ $\boldsymbol{\tan\alpha = \frac{2h}{a}}$ $\quad$ $\boldsymbol{\sin\beta = \frac{h}{s}}$

Gerader Kreiskegel

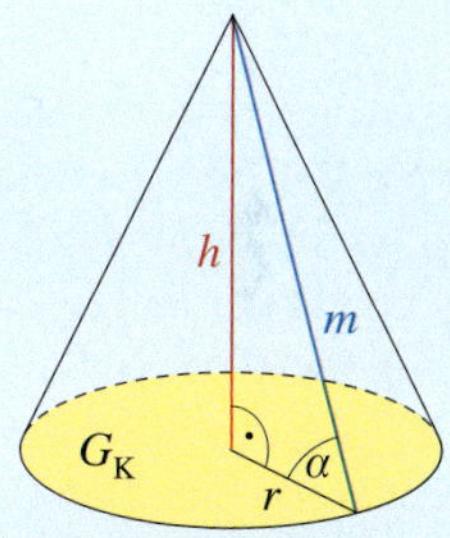

Sind r der Radius des Kreises und m die Länge einer Mantellinie, dann ist der Mantelflächeninhalt: $\boldsymbol{M_K = \pi \cdot r \cdot m}$

Zusammenhänge im „Stützdreieck“: $\boldsymbol{m^2 = r^2 + h^2}$ $\quad$ $\boldsymbol{\sin\alpha = \frac{h}{m}}$ $\quad$ $\boldsymbol{\tan\alpha = \frac{h}{r}}$

Für den Oberflächeninhalt gilt:
$\boldsymbol{O_K = G_K + M_K}$ bzw. $\boldsymbol{O_K = \pi \cdot r^2 + \pi \cdot r \cdot m = \pi r \cdot (r + m)}$

Für das Volumen gilt: $\boldsymbol{V_K = \frac{1}{3} \cdot G_K \cdot h}$ bzw. $\boldsymbol{V_K = \frac{1}{3} \cdot \pi r^2 \cdot h}$

Binomische Formeln und quadratische Ergänzung

Mithilfe der **binomischen Formeln**

$a^2 + 2ab + b^2 = (a + b)^2$ („Plusformel")
$a^2 - 2ab + b^2 = (a - b)^2$ („Minusformel")
$a^2 - b^2 = (a + b)(a - b)$ („Plusminusformel")

lassen sich Summen dieser Form leicht als Produkte schreiben (und umgekehrt).

Quadratische Ergänzung:

Ein Term $x^2 \pm bx$ wird zu einem vollständigen Quadrat $\left(x \pm \frac{b}{2}\right)^2$ ergänzt.

$9 + 6u + u^2 = (3 + u)^2$ $\quad (a = 3;\ b = u)$
$4v^2 - 16v + 16 = (2v - 4)^2$ $\quad (a = 2v;\ b = 4)$
$v^2 - 0{,}25\,w^2 = (v + 0{,}5\,w)(v - 0{,}5\,w)$ $\quad (a = v;\ b = 0{,}5\,w)$

Quadratische Ergänzung von $x^2 + 8x$:
$x^2 + 8x = x^2 + 2 \cdot x \cdot 4 + 4^2 - 4^2 = (x + 4)^2 - 4$

Umformen in Scheitelpunktform (s. S. 100):

$y = 7x^2 + 56x + 127 = 7(x^2 + 8x) + 127$
$\quad = 7(x + 4)^2 - 7 \cdot 4^2 + 127 = 7(x + 4)^2 + 15$

Quadratische Funktionen

Eine Funktion mit einem Term der Form
$f(x) = ax^2 + bx + c$
mit reellen Zahlen a, b und c sowie $a \neq 0$ heißt **quadratische Funktion**. Ihr Graph ist eine Parabel.

Der Graph der Funktion f mit $f(x) = x^2$ heißt **Normalparabel**. Sie ist symmetrisch zur y-Achse. Der Schnittpunkt $S(0|0)$ der Parabel mit der Symmetrieachse, der **Scheitel** der Parabel, ist ihr tiefster Punkt.
$\boldsymbol{y = ax^2}$ ($a \in \mathbb{R}$; $a \neq 0$) ist die Gleichung einer Parabel mit Scheitel $\boldsymbol{S(0|0)}$, die wie folgt aus der Normalparabel entsteht:

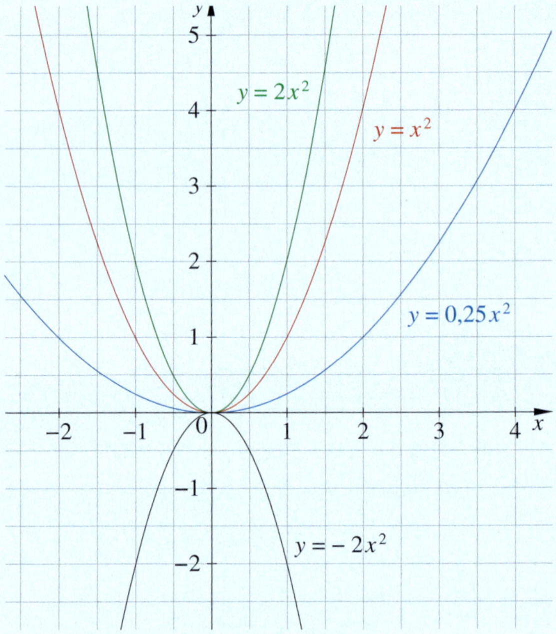

$\boldsymbol{a > 1}$**:** Die Parabel ist enger als die Normalparabel. Die y-Werte aller Punkte der Normalparabel werden mit dem Faktor a multipliziert, also vergrößert.

$\boldsymbol{0 < a < 1}$**:** Die Parabel ist weiter als die Normalparabel. Die y-Werte aller Punkte der Normalparabel werden mit dem Faktor a multipliziert, also verkleinert.

Ist $\boldsymbol{a}$ **negativ**, so wird die Form der Parabel gemäß dem (positiven!) Öffnungsfaktor $|a|$ verändert (siehe oben) und anschließend an der x-Achse gespiegelt. Sie ist also nach unten geöffnet. Ihr Scheitel ist der höchste Punkt der Parabel.

Um Lage und Form der Parabel mit der Gleichung $y = ax^2 + bx + c$ zu bestimmen, kann die Gleichung in die Scheitelpunktform $y = a(x - d)^2 + e$ gebracht werden (z. B. mittels quadratischer Ergänzung, siehe Seite 99).
Die Gleichung $y = a(x - d)^2 + e$ ($a, d, e \in \mathbb{R}$; $a \neq 0$) beschreibt eine Parabel, die aus der Parabel $y = ax^2$ durch Verschiebung um d in x-Richtung und um e in y-Richtung entsteht. Sie besitzt die Symmetrieachse $x = d$ und den Scheitel $S(d|e)$.

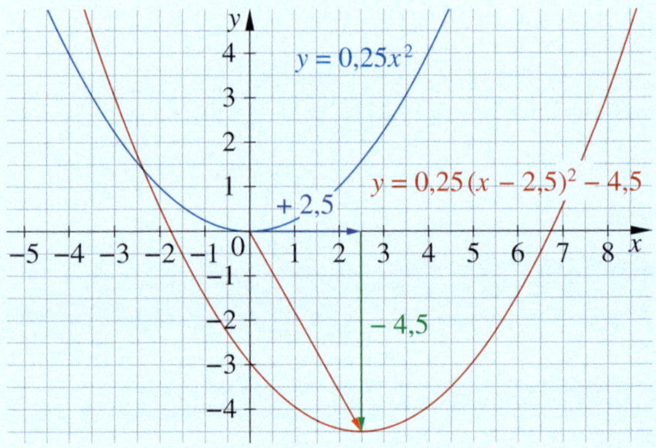

Eine Parabel schneidet die x-Achse entweder in zwei Punkten oder sie berührt sie in einem Punkt oder sie schneidet sie gar nicht.
Dementsprechend hat eine quadratisch Funktion entweder zwei Nullstellen, eine oder gar keine Nullstelle.
Die Nullstellen der quadratischen Funktion f mit $f(x) = ax^2 + bx + c$ sind die Lösungen der Gleichung $ax^2 + bx + c = 0$.

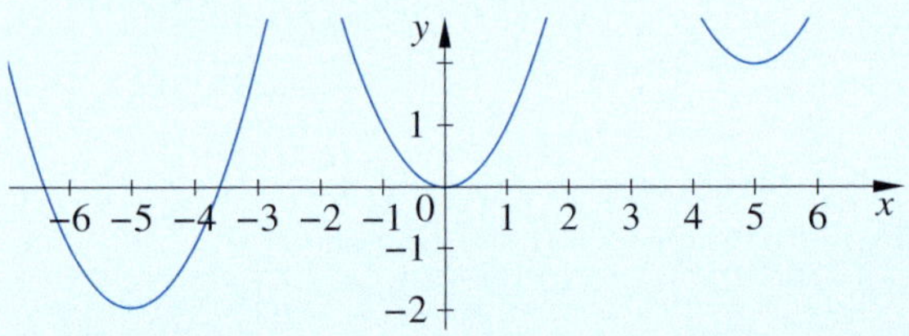

zwei Nullstellen	eine Nullstelle	keine Nullstelle
$x \approx -3{,}6$ oder	$x \approx 0$	keine Lösung
$x \approx -6{,}4$		

Quadratische Gleichungen

Eine Gleichung, die sich durch Äquivalenzumformungen in die Form $ax^2 + bx + c = 0$ mit reellen Koeffizienten a, b, c und $a \neq 0$ überführen lässt, heißt **quadratische Gleichung**.

Eine quadratische Gleichung kann zwei Lösungen, eine Lösung oder keine Lösung besitzen.

Manchmal ist bereits aus der Struktur der quadratischen Gleichung zu erkennen, wie viele Lösungen sie hat. Anderenfalls hilft eine Untersuchung der **Diskriminante** $D = b^2 - 4ac$:
Im Falle $D > 0$ hat die Gleichung zwei Lösungen, für $D = 0$ eine Lösung und im Falle $D < 0$ keine Lösung.

In einfachen Fällen können die Lösungen unmittelbar aus der Gleichung abgelesen oder nach äquivalenten Umformungen gefunden werden. Nur wenn kein solch einfacher Fall vorliegt, solltest du die **Lösungsformel** nutzen:
Für $D > 0$ sind die zwei Lösungen:
$x = \frac{-b + \sqrt{D}}{2a}$ oder $x = \frac{-b - \sqrt{D}}{2a}$,
kurz $x_{1/2} = \frac{-b \pm \sqrt{D}}{2a}$.

Für $D = 0$ ist die eine Lösung: $x = \frac{-b}{2a}$.

Quadratische Gleichungen sind beispielsweise $(7x + 4)^2 = -3$; $2x^2 + 5x - 3 = 0$; $3x^2 - 15 = 0$; $(x - 0{,}3)(x + 1{,}5) = 0$ oder $30x^2 + 20x = 5x^2 - 4$.

Keine quadratischen Gleichungen sind dagegen $2x + 3 = 0$ oder $x^2 + \frac{3}{x} - 4 = 0$ oder $x^2 - 3x = x^2$.

Dass die Gleichung $(7x + 4)^2 = -3$ keine Lösung hat, ist offensichtlich. Ebenso ist sofort zu sehen, dass $(x - 0{,}3)(x + 1{,}5) = 0$ zwei Lösungen hat, nämlich $x = 0{,}3$ oder $x = -1{,}5$.

Bei der Gleichung $3x^2 - 15 = 0$ ist nach äquivalenter Umformung in $x^2 = 5$ zu erkennen, dass sie zwei Lösungen hat: $x = \sqrt{5}$ oder $x = -\sqrt{5}$.

Die Diskriminante zu $2x^2 + 5x - 3 = 0$ ist $D = 5^2 - 4 \cdot 2 \cdot (-3) = 49$; diese Gleichung hat also zwei Lösungen.

$x = \frac{-5 + \sqrt{49}}{2 \cdot 2} = 0{,}5$ oder $x = \frac{-5 - \sqrt{49}}{2 \cdot 2} = -3$

$30x^2 + 20x = 5x^2 - 4$ ist äquivalent zu $25x^2 + 20x + 4 = 0$. Die Diskriminante dazu ist $D = 400 - 4 \cdot 25 \cdot 4 = 0$; die Gleichung hat demnach eine Lösung.

$x = -\frac{20}{2 \cdot 25} = -0{,}4$

Quadratische Funktion zu drei Wertepaaren

Sind von einer quadratischen Funktion drei Wertepaare bekannt, dann kann daraus die Funktionsgleichung $f(x) = ax^2 + bx + c$ ermittelt werden.

Jedes Wertepaar $(x_i|y_i)$ führt zu einer linearen Gleichung für die drei unbekannten Parameter.

Das **System von linearen Gleichungen mit drei Unbekannten** a, b, c kann z. B. mit dem Einsetzungsverfahren gelöst werden:

$(1|5)$, $(4|2)$ und $(-2|-10)$ sind Wertepaare einer quadratischen Funktion f.

$f(1) = 5 \Rightarrow$ (I) $a + b + c = 5$
$f(4) = 2 \Rightarrow$ (II) $16a + 4b + c = 2$
$f(-2) = -10 \Rightarrow$ (III) $4a - 2b + c = -10$

① Löse eine der Gleichungen nach einer der Unbekannten auf (Ziel: Einfacher Term!).

(I) $\Rightarrow c = -a - b + 5$ (*)

② Ersetze mit dem Ergebnis diese Unbekannte in den anderen beiden Gleichungen

(*) in (II): $16a + 4b + (-a - b + 5) = 2$
(II'): $15a + 3b = -3$
(*) in (III): $4a - 2b + (-a - b + 5) = -10$
(III'): $3a - 3b = -15$

③ Löse das entstandene lineare Gleichungssystem mit zwei Unbekannten

(III') $\Rightarrow b = a + 5$ (**)
(**) in (II'): $15a + 3(a + 5) = -3 \Rightarrow \underline{\underline{a = -1}}$

④ Bestimme mit dem Ergebnis von Schritt (1) den Wert der dritten Unbekannten.

in (**) $\Rightarrow \underline{\underline{b}} = -1 + 5 = \underline{\underline{4}}$
in (*) $\Rightarrow \underline{\underline{c}} = -(-1) - 4 + 5 = \underline{\underline{2}}$

Zusammengesetzte Zufallsexperimente

Zufallsexperimente, bei denen mehrere Teilexperimente nacheinander ausgeführt werden, bezeichnet man als **zusammengesetzte Zufallsexperimente** oder auch als **mehrstufige Zufallsexperimente**.

In einem Baumdiagramm kann man die zugehörigen Wahrscheinlichkeiten antragen. Für diese gelten folgende Regeln:

Die Summe der Wahrscheinlichkeiten an den Ästen, die von einem Knoten ausgehen, beträgt immer 1.

1. Pfadregel: Die Wahrscheinlichkeit eines Ergebnisses ist gleich dem Produkt der Wahrscheinlichkeiten auf dem Pfad, der zu dem Ergebnis führt („Pfadwahrscheinlichkeit").

2. Pfadregel: Die Wahrscheinlichkeit eines Ereignisses ist gleich der Summe der Pfadwahrscheinlichkeiten, die zu diesem Ereignis gehören.

Beispiel: In Urne 1 befinden sich gleich viele weiße und schwarze Kugeln, in Urne 2 doppelt so viele weiße wie schwarze Kugeln. Wie groß ist bei zufälliger Wahl einer der beiden Urnen die Wahrscheinlichkeit für das Ziehen einer weißen Kugel?

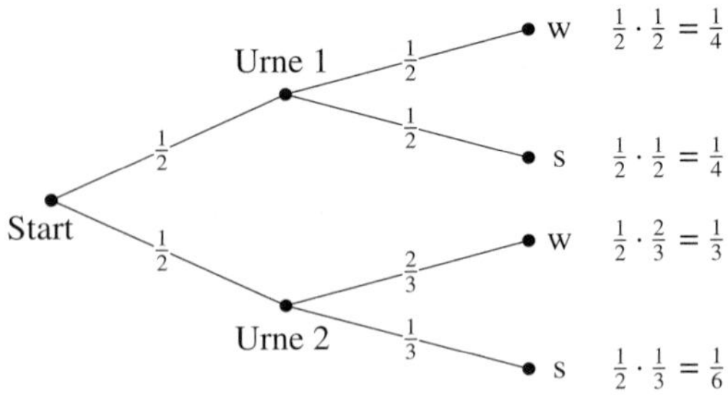

Die Pfadwahrscheinlichkeiten wurden entsprechend der 1. Pfadregel berechnet.
Nach der zweiten Pfadregel ergibt sich als Wahrscheinlichkeit für das Ziehen einer weißen Kugel:
$\frac{1}{4} + \frac{1}{3} = \frac{7}{12} \approx 0{,}583 = 58{,}3\,\%$

Die Wahrscheinlichkeit eines Ereignisses kann auch experimentell ermittelt werden. Dazu musst du das Zufallsexperiment so oft durchführen, dass sich die relative Häufigkeit des betrachteten Ereignisses gemäß dem empirischen Gesetz der großen Zahlen stabilisiert.
Da das reale Experiment oft aufwändig ist, bietet es sich in solchen Fällen an, das Experiment unter vereinfachten Bedingungen nachzuspielen. Dieses Vorgehen nennt man **Simulation**.
Günstige Hilfsmittel zur Simulation von Zufallsexperimenten sind Urnen, Münzen, Würfel und besonders auch **Zufallszahlen**. Zufallszahlen gibt es in Tabellenform oder du kannst sie mit einem Taschenrechner bzw. Computerprogramm erzeugen.
Die Simulation besteht aus drei Phasen:
1. Phase: **Modellierung**
Finde als Modell ein leicht durchführbares Zufallexperiment, welches dem ursprünglichen Problem entspricht.
2. Phase: **Nachspielen des Problems**
Wiederhole das Simulationsexperiment genügend oft.
3. Phase: **Auswertung**
Übertrage die Ergebnisse der Simulation auf die ursprüngliche Fragestellung.

Beispiel: Auf einer Geburtstagsfeier werden an 10 Kinder 20 Süßigkeiten zufällig verteilt. Dazu wird jede Süßigkeit neu unter allen 10 Kindern verlost. Wie groß ist die Wahrscheinlichkeit, dass ein zufällig ausgewähltes Kind genau 4 Süßigkeiten bekommt?

Mithilfe der folgenden Zufallszahlen kann die Verteilungen der Süßigkeiten simuliert werden.

14266 28132 69324 28673 19407 78413 88670
29316 33943 80662 72421 09998 19781 96115
23509 73498 06511 74254 70613 12488 68629

Jede Zufallsziffer steht für eine Süßigkeit, ihr Wert gibt an, welches Kind (0 bis 9) sie erhält.
Die erste Verteilung von 20 Süßigkeiten (erste 20 Ziffern; schwarz) ergibt:

Kind	0	1	2	3	4	5	6	7	8	9
Anzahl	0	2	5	3	2	0	4	1	2	1

Eines der zehn Kinder würde genau vier Süßigkeiten bekommen.
Mit obigen Zahlen könnte der Versuch noch viermal simuliert werden, bei einer längeren Zufallszahlentabelle noch viel öfter. Das würde ergeben: Im Mittel erhält jeweils eins von zehn Kinder genau vier Süßigkeiten.

10

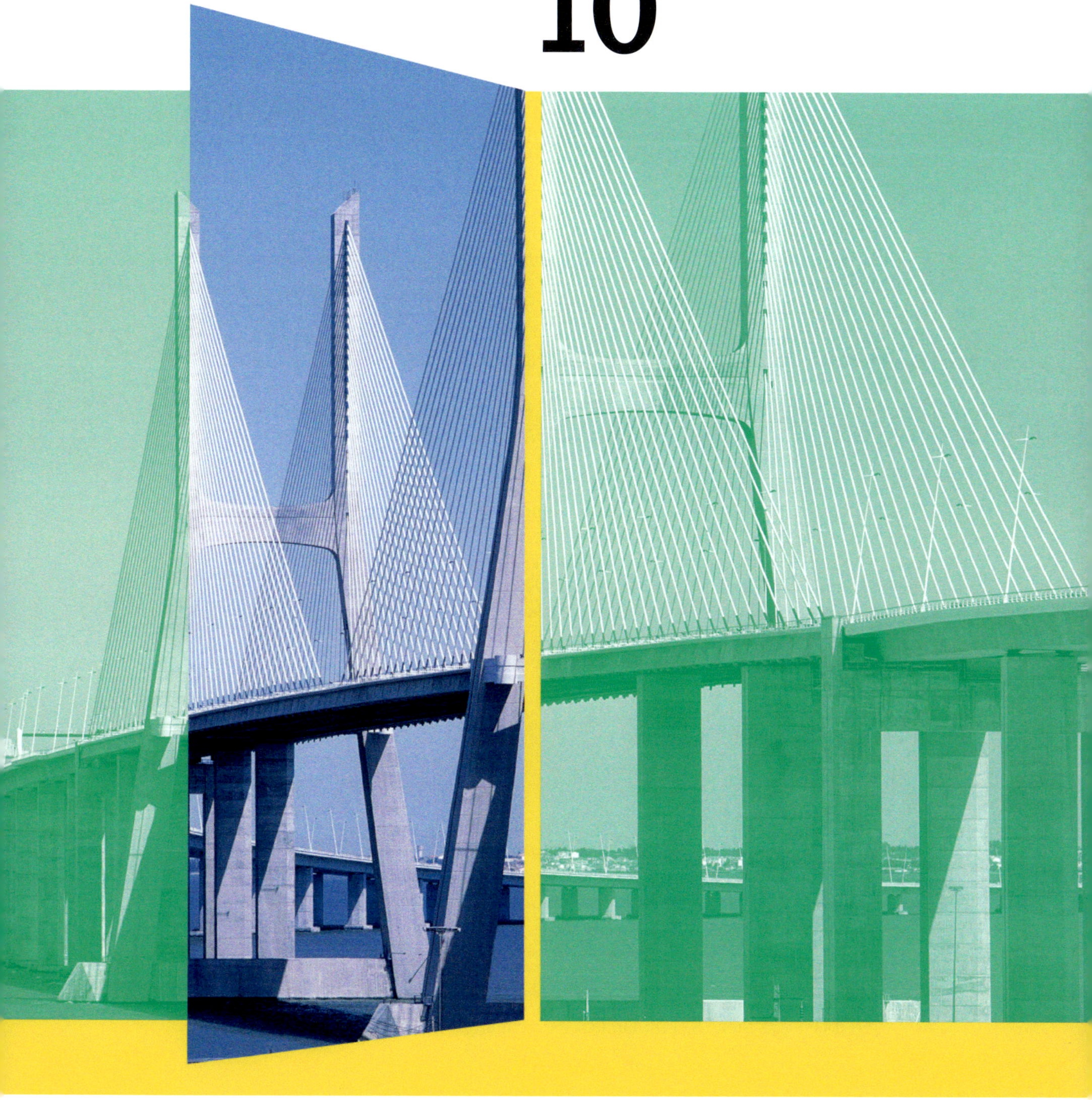

Zeigen Sie, was Sie können!

1 Wandeln Sie ins Bogenmaß bzw. Gradmaß um.
a) $\alpha = 80°$ **b)** $\beta = \frac{11}{12}\pi$

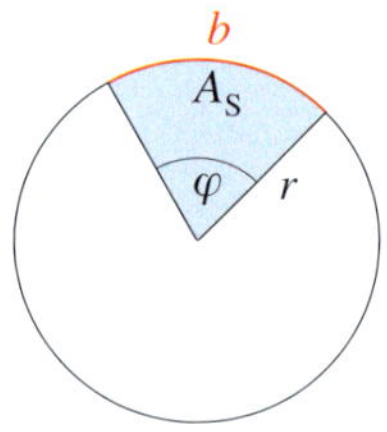

Bild 1

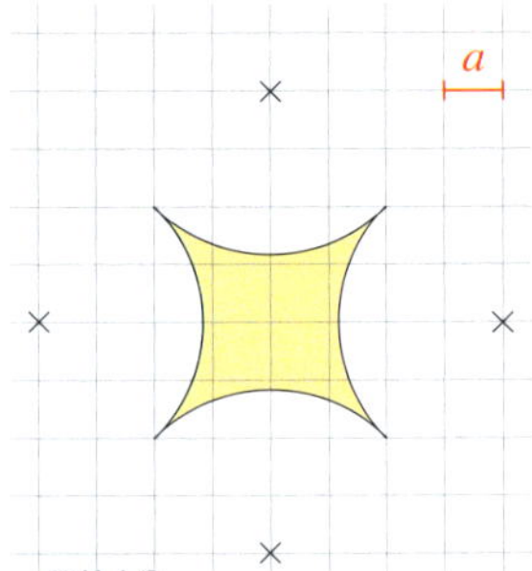

Bild 2

2 Berechnen Sie die restlichen Größen (siehe Bild 1).
a) $\varphi = 37°$; $r = 2{,}3\,\text{dm}$ **b)** $A_S = 5{,}3\,\text{cm}^2$; $r = 17\,\text{mm}$

3 Bestimmen Sie Umfang und Flächeninhalt der Figur aus Bild 2 in Abhängigkeit von der Gitterkonstanten a.

4 Bestimmen Sie die Werte ohne Taschenrechner durch Zurückführung auf spitze Winkel.
a) $\sin 240°$ **c)** $\tan 330°$
b) $\cos(-225°)$ **d)** $\cos\left(\frac{7}{6}\pi\right)$

5 Bestimmen Sie alle Winkel α zwischen $-360°$ und $720°$, für die gilt (Angabe auf Grad genau).
a) $\sin\alpha = 0{,}42$ **b)** $\cos\alpha = -0{,}86$

6 *Berechnen Sie die fehlenden Stücke und den Flächeninhalt der folgenden Figuren.
a) Dreieck ABC mit $b = 12{,}4\,\text{cm}$; $\beta = 39{,}4°$; $\gamma = 67{,}8°$
b) Viereck $ABCD$ mit $a = 6{,}3\,\text{cm}$; $d = 9{,}1\,\text{cm}$; $f = \overline{BD} = 12{,}5\,\text{cm}$; $\beta = 121{,}2°$; $\gamma = 34{,}1°$

7 *Ein Flugzeug fliegt vom Ort A zum Ort B. Nehmen Sie zur Vereinfachung an, dass der Flug in der Ebene des Towers T stattfindet. Durch Radarmessungen sind die Entfernungen $\overline{TA} = 64\,\text{km}$, $\overline{TB} = 71\,\text{km}$ und $\overline{TG} = 74\,\text{km}$ bekannt sowie die Winkel $\sphericalangle ATB = 81°$ und $\sphericalangle GTB = 22°$ (siehe Bild 3).
In welcher Entfernung passiert das Flugzeug den Gipfel G?

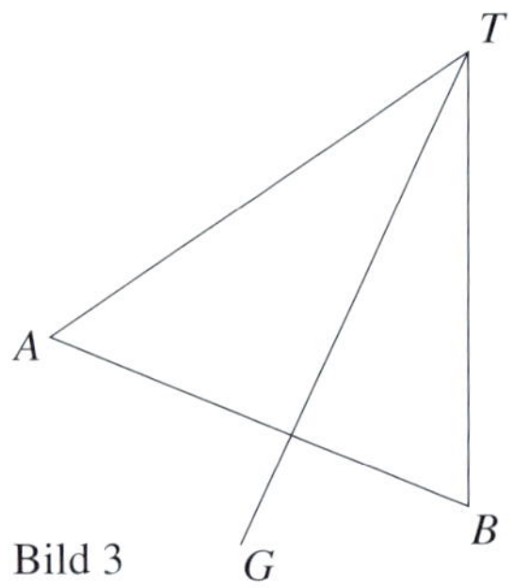

Bild 3

8 *Erstellen Sie Aufgaben des folgenden Typs, die entweder nicht oder nicht eindeutig lösbar sind:
a) Dreieck mit drei gegebenen Stücken.
b) Viereck mit sechs gegebenen Stücken.

* fakultativ

Aufg.-Nr.	Punkte	Lösungshinweis
1	2 P	Siehe S. 117; Bogenmaß.
2	4 P	Siehe S. 117; Kreisteile.
3	4 P	Siehe S. 117; Kreisteile.
4	4 P	Siehe S. 118.
5	4 P	Siehe S. 118.
6	14 P	Siehe S. 119; Dreiecksberechnung.
7	8 P	Siehe S. 119; Dreiecksberechnung.
8	4 P	ohne Hinweis

Lösungen Seite 111

38–44 Punkte
31–37 Punkte
22–30 Punkte

Zeigen Sie, was Sie können!

1 Vergleichen Sie die Sinusfunktion mit der Kosinusfunktion.

a) Zeichnen Sie dazu die Graphen in ein gemeinsames Koordinatensystem im Intervall $[-2\pi; \pi]$.

b) Geben Sie Gemeinsamkeiten beider Funktionen an.

c) Erklären Sie, wie die Kosinuskurve in die Sinuskurve überführt werden kann, und geben Sie eine zugehörige Gleichung an.

2 Sinus- und Kosinusfunktion im Intervall $[-\pi; 2\pi]$.

a) Geben Sie die Nullstellen der beiden Funktionen in diesem Intervall an.

b) Ermitteln Sie graphisch, an welchen Stellen des Intervalls die Sinus- bzw. die Kosinusfunktion den Wert $-0{,}7$ hat.

3 Geben Sie einen Funktionsterm zu dem Graphen an, der aus der Sinuskurve durch die genannten Veränderungen entsteht.

a) Stauchung in y-Richtung mit dem Faktor 0,5 und Verschiebung um π in x-Richtung.

b) Stauchung in x-Richtung, sodass die Periode halbiert wird, und gleichzeitig Verschiebung um 1,5 in y-Richtung.

4 Ermitteln Sie zu den Graphen jeweils einen Funktionsterm der Form $f(x) = a \cdot \sin(b(x + c)) + d$.

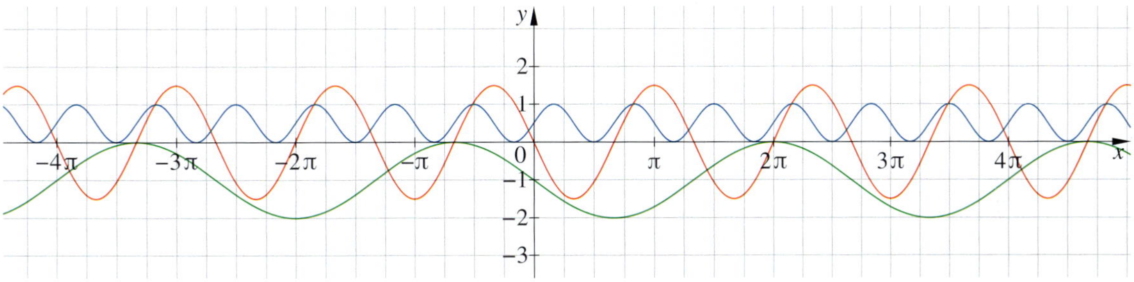

Aufg.-Nr.	Punkte	Lösungshinweis	Lösungen Seite 112
1	8 P	Siehe S. 120.	
2	7 P	Siehe S. 120.	
3	4 P	Siehe S. 124.	
4	11 P	Siehe S. 124.	

26–30 Punkte

21–25 Punkte

15–20 Punkte

Zeigen Sie, was Sie können!

1 In einer Nährlösung verdoppelt sich eine Bakterienkultur alle 8 Stunden von anfangs 3 g Bakterien. Berechnen Sie die Masse an Bakterien nach 40 Stunden, nach 3 Tagen und nach einer Woche.

2 Vom Graphen einer allgemeinen Exponentialfunktion sind die beiden Punkte $P(2|-25{,}2)$ und $Q(5|-680{,}4)$ bekannt. Ermitteln Sie die zugehörige Funktionsgleichung.

3 Skizzieren Sie den Verlauf der Graphen zu den folgenden Funktionen (alle $x \in \mathbb{R}$) anhand ihrer charakteristischen Eigenschaften.

$f: x \mapsto 1{,}5^x$ $\qquad g: x \mapsto \left(\frac{2}{3}\right)^x$ $\qquad h: x \mapsto -1{,}5^x$

4 Stellen Sie eine zugehörige Gleichung auf und berechnen Sie die Lösung im Kopf.

a) $\log_5 125$ **b)** $\log_7(49^{-3})$ **c)** $\lg 0{,}01$

5 Berechnen Sie mithilfe von Rechenregeln für Logarithmen und ohne Verwendung des Taschenrechners.

a) $\log_{0,5} 6{,}4 + \log_{12} \sqrt{12} + \log_{\frac{1}{2}} 5$ **b)** $\log_{0,25} \frac{7}{16} + \log_3 \frac{1}{27} - \log_{\frac{1}{4}} 7$

6 Lösen Sie die Exponentialgleichung mit der jeweils günstigsten Strategie.

a) $5^{x-1} = 125$ **b)** $3^{2x} = 7^{x+1}$ **c)** $2 \cdot 3^{x-1} = 1{,}6^{2x} \cdot 2^x$

7 Die Intensität von Licht in Wasser verringert sich pro Meter um 8 %.

a) Wie viel Prozent der Intensität von Licht über dem Wasser ist in einer Wassertiefe von 4 Meter (x Meter) noch vorhanden?

b) In welcher Wassertiefe ist die Lichtintensität auf die Hälfte abgesunken?

8 Infolge des Atomreaktorunglücks am 26. April 1986 in Tschernobyl (Ukraine) gelangte aufgrund ungünstiger Winde das Isotop Cäsium-137 auch in die Böden Süddeutschlands. Es besitzt eine Halbwertszeit von 30,2 Jahren. Wann ist die Radioaktivität dieses Materials auf 10 % des ursprünglichen Wertes gesunken?

Info
Die Radioaktivität ist proportional zur Anzahl der noch nicht zerfallenen Cäsium-137-Kerne.

Aufg.-Nr.	Punkte	Lösungshinweis
1	4 P	Siehe S. 126; exponentielles Wachstum.
2	3 P	ohne Hinweis
3	6 P	Siehe S. 123 und 124.
4	3 P	Siehe S. 119; Logarithmus und …
5	6 P	Siehe S. 119; Logarithmus und …
6	7 P	Siehe S. 119; Logarithmus und …
7	5 P	Siehe S. 126; exponentielles Wachstum.
8	3 P	Siehe S. 126; exponentielles Wachstum.

Lösungen Seiten 112 f.

32–37 Punkte

26–31 Punkte

18–25 Punkte

Zeigen Sie, was Sie können!

1 In einer Klasse sind 20 Mädchen und 12 Buben. Von den Mädchen sind $\frac{3}{4}$ Fahrschüler, bei den Buben nur die Hälfte. Es wird eine Person aus der Klasse zufällig ausgewählt.

a) Wie groß ist die Wahrscheinlichkeit, dass es sich um einen Fahrschüler handelt?

b) Wie groß ist die Wahrscheinlichkeit, dass es sich um einen männlichen Fahrschüler handelt?

c) Die ausgewählte Person ist ein Fahrschüler. Mit welcher Wahrscheinlichkeit ist es ein Mädchen?

d) Beschreiben Sie eine Zusammensetzung einer 32-köpfigen Klasse, sodass die unter c) beschriebene Wahrscheinlichkeit 60 % beträgt.

2 Aus den Zahlen von 1 bis 100 wird zufällig eine Zahl ausgewählt.

a) Mit welcher Wahrscheinlichkeit ist sie durch 3 und 5 teilbar?

b) Mit welcher Wahrscheinlichkeit ist sie durch 3 teilbar, wenn man weiß, dass sie durch 5 teilbar ist?

c) Mit welcher Wahrscheinlichkeit ist sie durch 6 teilbar, wenn man weiß, dass sie durch 3 teilbar ist?

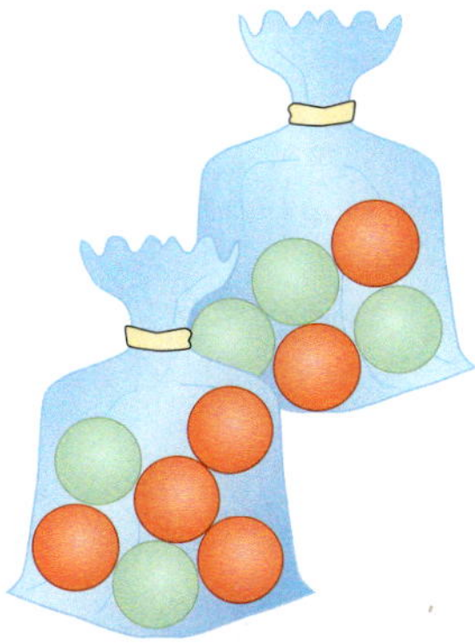

3 In zwei Säckchen sind jeweils Murmeln. Im ersten 4 rote und 2 grüne und im zweiten 2 rote und 3 grüne. Nun wird zufällig ein Säckchen ausgewählt und dann daraus eine Kugel gezogen. Die gezogene Kugel ist grün.

a) Mit welcher Wahrscheinlichkeit hat man aus dem zweiten Säckchen gezogen?

b) Nun wird, ohne Zurücklegen, eine zweite Kugel aus dem gleichen Säckchen gezogen. Sie ist wieder grün. Wie groß ist, unter Hinzuziehung dieser weiteren Information, die Wahrscheinlichkeit aus dem zweiten Säckchen gezogen zu haben?

4 Ein Sportartikelgroßhändler bezieht seine – für den Laien nicht unterscheidbaren – Golfbälle von zwei verschiedenen Herstellern *A* und *B*. *A* liefert 85 % der Bälle und hat im Durchschnitt 0,05 % Ausschuss, *B* hat 0,2 % Ausschuss. Mit welcher Wahrscheinlichkeit stammt ein zufällig ausgewählter defekter Ball vom Hersteller *B*?

Aufg.-Nr.	Punkte	Lösungshinweis	Lösungen Seiten 113 f.
1	7 P	Siehe S. 127.	
2	8 P	Siehe S. 127.	
3	8 P	Siehe S. 127.	
4	7 P	Siehe S. 127.	

26–30 Punkte

21–25 Punkte

15–20 Punkte

Zeigen Sie, was Sie können!

1 *Beschreiben Sie eine Möglichkeit zur näherungsweisen Bestimmung der Kreiszahl π.
Schätzen Sie ein, ob sich Rundungsfehler des Computers bei diesem Verfahren sehr stark auswirken oder nicht.

2 Das Pantheon in Rom ist eines der am besten erhaltenen Bauwerke römischer Baukunst. Es besteht hauptsächlich aus einem zylindrischen Raum mit einer aufgesetzten Halbkugel. Dabei entspricht die Höhe des Innenraumes etwa dem Durchmesser der Halbkugel von 43,20 m. Berechnen Sie das Volumen des Innenraumes.

Pantheon in Rom

3 Der Radius eines kugelförmigen Ballons nimmt beim Höhersteigen um 10 Prozent zu. Um wie viel Prozent nehmen Oberflächeninhalt und Volumen zu?

4 Eine Firma erhält den Auftrag, für einen internationalen Wettkampf Kugeln mit einer Masse von 7,257 kg herzustellen. Die Kugeln bestehen aus einer Eisenlegierung mit einer Dichte von $7{,}874\,\frac{\text{g}}{\text{cm}^3}$.
Welchen Durchmesser müssen die Kugeln haben?

5 Wie groß ist der Radius eines Kreises, der den gleichen Flächeninhalt hat wie die Oberfläche einer Kugel mit dem Radius r?

6 Auf einem Tisch liegt eine Halbkugel (Radius R) auf ihrer ebenen Seite. Darüber wird ein Pappkegel gestülpt; er verdeckt die Halbkugel vollständig. Beim Pappkegel sind der Grundkreisradius r und die Höhe h gleich lang. Wie groß muss der Grundkreisradius r des Kegels im Vergleich zum Halbkugelradius R mindestens sein, und wie groß ist mindestens der zwischen Pappkegel und Halbkugel verbleibende Raum?

* fakultativ

Aufg.-Nr.	Punkte	Lösungshinweis
1	6 P	ohne Hinweis
2	5 P	Siehe S. 99 und 117; Volumen und Oberflächeninhalt.
3	5 P	Siehe S. 117; Kugel.
4	4 P	Siehe S. 117; Kugel.
5	4 P	ohne Hinweis
6	6 P	ohne Hinweis

Lösungen Seite 114

26–30 Punkte
21–25 Punkte
15–20 Punkte

Zeigen Sie, was Sie können!

1 Im nebenstehenden Bild sind die Graphen der Funktionen
$x \mapsto x^3 \quad x \mapsto x^4 \quad x \mapsto x^8 \quad x \mapsto x^{11}$
dargestellt. Ordnen Sie jedem Graphen die passende Funktion zu, und begründen Sie Ihre Wahl.

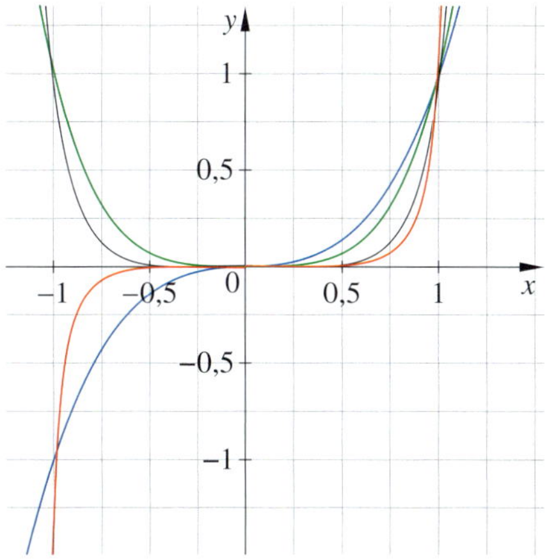

2 Ordnen Sie die Zahlenterme ohne Benützung des Taschenrechners in einer steigenden Ungleichheitskette an, und begründen Sie Ihre Anordnung.
$(-0{,}2)^5$; $(0{,}2)^4$; $(-0{,}2)^6$; $(0{,}2)^3$

3 Geben Sie die maximale Definitionsmenge und die Wertemenge der Funktion sowie Symmetrie und Steigungsverhalten des dazugehörigen Graphen an.

a) $x \mapsto x^{123}$ **b)** $x \mapsto x^{100n}$ $(n \in \mathbb{N})$

4 Bestimmen Sie Nullstellen der Funktionen f und g, und geben Sie die Art der jeweiligen Nullstelle an.

a) $f(x) = x^2(x - 3{,}4)(x + 4{,}2)^2$ **b)** $g(x) = 3x(x^2 + x - 12)(x - 3)$

5 Skizzieren Sie die zu den Funktionstermen gehörenden Graphen durch „Felder abstreichen".

a) $f(x) = x^3 - 3x^2$ **b)** $g(x) = x^3 + 4x^2 + 4x$

6 Bestimmen Sie jeweils den Funktionsterm einer ganzrationalen Funktion zum gegebenen Graphen. Die Nullstellen sind alle ganzzahlig. Der Grad der Funktion ist angegeben. Der angegebene Punkt liegt auf dem Graphen.

a)

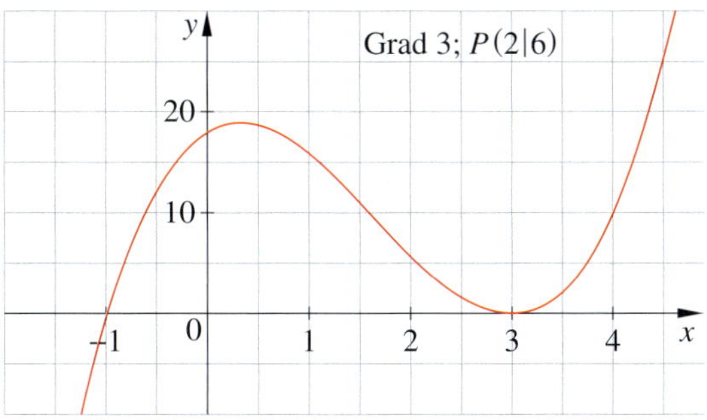

b)

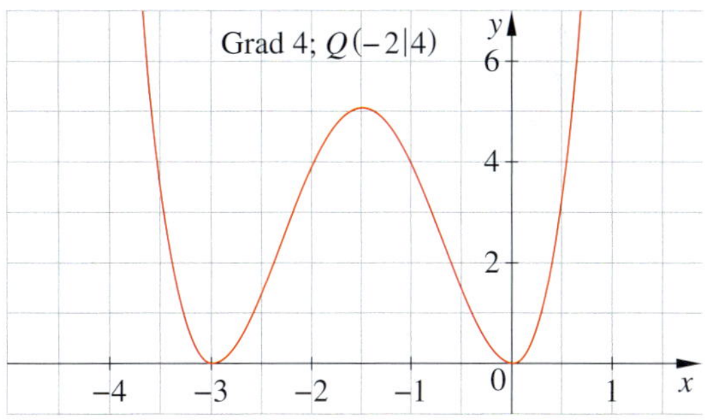

Aufg.-Nr.	Punkte	Lösungshinweis	Lösungen Seite 115
1	6 P	Siehe S. 122; Potenzfunktionen.	
2	4 P	Siehe S. 122; Potenzfunktionen.	
3	3 P	Siehe S. 122; Potenzfunktionen.	
4	3 P	Siehe S. 121.	
5	8 P	Siehe S. 121.	
6	6 P	Siehe S. 121.	

26–30 Punkte

21–25 Punkte

15–20 Punkte

Zeigen Sie, was Sie können!

1 Bestimmen Sie, wenn möglich, die Grenzwerte der Funktionen für $x \to \pm\infty$.

$f_1\colon x \mapsto \frac{2x}{x^2-1}$ $\qquad$ $f_2\colon x \mapsto 1-\left(\frac{1}{2}\right)^x$ $\qquad$ $f_3\colon x \mapsto \sqrt{\frac{60}{x^2}+4}$ $\qquad$ $f_4\colon x \mapsto 0{,}9^x \cdot \cos(2x)$

2 Skizzieren Sie die Graphen der folgenden Funktionen qualitativ richtig (eventuelle Nullstellen, das Symmetrieverhalten und das Vorzeichen der Funktionswerte sollten stimmen, das Verhalten an den Rändern des Definitionsbereichs sollte erkennbar sein).

$f\colon x \mapsto x^3 - x$ $\qquad$ $g\colon x \mapsto \frac{3}{x^2} - 1$ $\qquad$ $h\colon x \mapsto 1 - \frac{3}{(x+1)^2}$

3 Gesucht ist eine Funktion f mit folgenden zwei Eigenschaften:

$\lim\limits_{x \to \infty} f(x) = \infty$ und $\lim\limits_{x \to -\infty} f(x) = -1$.

a) Begründen Sie, dass f weder ganz- noch gebrochen-rational sein kann.
b) Geben Sie eine Funktion mit den gewünschten Eigenschaften an.

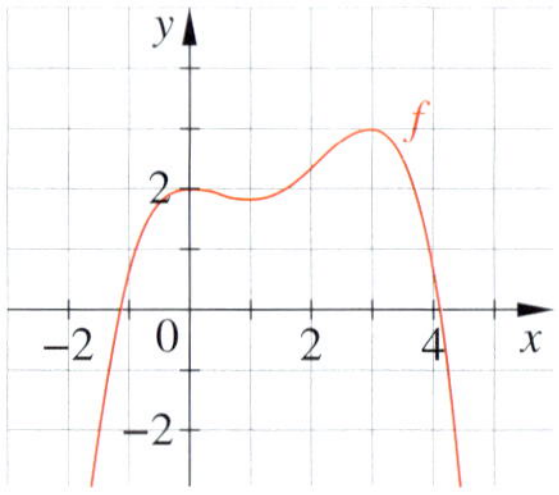

4 Die Abbildung rechts zeigt den Graphen einer Funktion f. Begründen Sie, welche der im Folgenden abgebildeten Graphen zu Funktionen gehören, die aus f durch die besprochenen Veränderungen am Funktionsterm hervorgegangen sind, und ordnen Sie diesen jeweils den richtigen Funktionsterm zu.

$-2f(x)+3$; $\quad -f(x+1)+3$; $\quad f(x+2)-1$; $\quad \frac{1}{2}f(-x)$; $\quad f(x+1)-1$; $\quad \frac{3}{2}f(2x)$

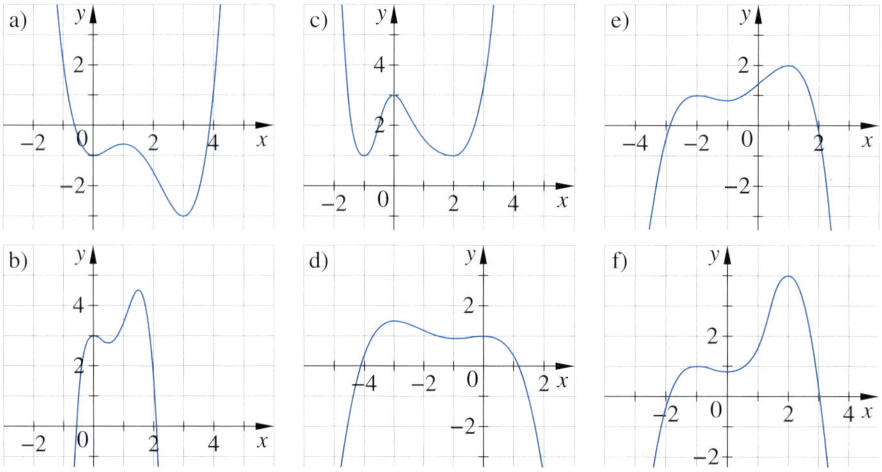

Aufg.-Nr.	Punkte	Lösungshinweis
1	4P	Siehe S. 125.
2	12P	Siehe S. 123f. und 126.
3	4P	Siehe S. 123f. und 125.
4	12P	Siehe S. 124.

Lösungen Seite 116

26–30 Punkte

21–25 Punkte

15–20 Punkte

Lösungen: Zeigen Sie, was Sie können!

Kapitel 1 • Seite 104

1 a), b) je 1 P

a) $\alpha_{RAD} = \frac{4}{9}\pi \approx 1{,}396$ **b)** $\beta_{DEG} = 165°$

2 a), b) je 2 P

a) $b = \frac{37°}{360°} \cdot 2 \cdot 2{,}3\,\text{dm} \cdot \pi \approx 1{,}5\,\text{dm}$

$A_S = \frac{37°}{360°} \cdot (2{,}3\,\text{dm})^2 \cdot \pi \approx 1{,}7\,\text{dm}^2$

b) $\varphi = \frac{A_S \cdot 360}{r^2\pi} = \frac{5{,}3\,\text{cm}^2 \cdot 360°}{\pi \cdot (1{,}7\,\text{cm})^2} \approx 210°$

$b = \frac{A_S \cdot 360°}{r^2\pi \cdot 360°} \cdot 2r\pi = \frac{2A_S}{r} = \frac{2 \cdot 5{,}3\,\text{cm}^2}{1{,}7\,\text{cm}} \approx 6{,}2\,\text{cm}$

3 4 P

Die vier Kreismittelpunkte bilden ein Quadrat mit der Diagonalenlänge $8a$ und dem Flächeninhalt $A_{Qu} = 32a^2$.
Die vier Kreisbögen haben alle einen Mittelpunktswinkel von 90° und einen Radius von $\sqrt{8} \cdot a$, bilden also zusammen einen Vollkreis mit dem Umfang $u = 2 \cdot \sqrt{8} \cdot a \cdot \pi = 4\sqrt{2} \cdot \pi \cdot a$.
Der Flächeninhalt der gefärbten Figur ergibt sich als Differenz der Flächeninhalte von Quadrat und Vollkreis:
$A = 32a^2 - 8a^2\pi = (32 - 8\pi)a^2$.

4 a), b), c), d) je 1 P

a) $\sin 240° = -\sin 60° = -\frac{1}{2}\sqrt{3}$

b) $\cos(-225°) = \cos 225° = -\cos 45° = -\frac{1}{2}\sqrt{2}$

c) $\tan 330° = \frac{\sin 330°}{\cos 330°} = \frac{-\sin 30°}{\cos 30°} = \frac{-\frac{1}{2}}{\frac{1}{2}\sqrt{3}}$
$= -\frac{1}{\sqrt{3}} = -\frac{1}{3}\sqrt{3}$

d) $\cos\left(\frac{7}{6}\pi\right) = \cos\left(\pi + \frac{\pi}{6}\right) = -\cos\left(\frac{\pi}{6}\right) = -\frac{1}{2}\sqrt{3}$

5 a), b) je 2 P

a) $\alpha_1 \approx 25°$; $\alpha_2 = 180° - \alpha_1 \approx 155°$;
$\alpha_3 = \alpha_1 + 360° \approx 385°$; $\alpha_4 = \alpha_1 - 360° \approx -335°$;
$\alpha_5 = \alpha_2 + 360° \approx 515°$; $\alpha_6 = \alpha_2 - 360° \approx -205°$

b) $\alpha_1 \approx 149°$; $\alpha_2 = 180° + (180° - \alpha_1) \approx 211°$;
$\alpha_3 = \alpha_1 + 360° \approx 509°$; $\alpha_4 = \alpha_1 - 360° \approx -211°$;
$\alpha_5 = \alpha_2 + 360° \approx 571°$; $\alpha_6 = \alpha_2 - 360° \approx -149°$

6 a) 6 P, b) 8 P

a) $c = b \cdot \frac{\sin\gamma}{\sin\beta} \approx 18{,}1\,\text{cm}$
$\alpha = 180° - \beta - \gamma = 72{,}8°$
$a = \sqrt{b^2 + c^2 - 2bc\cos\alpha} \approx 18{,}7\,\text{cm}$
$h_b = a\sin\gamma \approx 17{,}3\,\text{cm}$
$A = \frac{1}{2}bh_b \approx 107\,\text{cm}^2$

b)

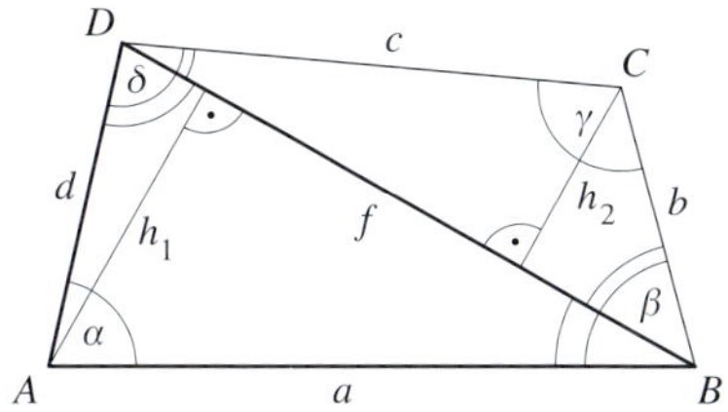

Kosinussätze im Teildreieck ABD: $\alpha \approx 107{,}1°$;
$\sphericalangle DBA \approx 44{,}1°$; $\sphericalangle ADB \approx 28{,}8°$;
$\Rightarrow \sphericalangle CBD = \beta - \sphericalangle DBA \approx 77{,}1°$.
Im Teildreieck DBC: Sinussatz: $c \approx 21{,}7\,\text{cm}$;
Innenwinkelsumme: $\sphericalangle BDC \approx 68{,}8°$;
Kosinussatz: $b \approx 20{,}8\,\text{cm}$;
$\delta = \sphericalangle ADB + \sphericalangle BDC \approx 97{,}6°$.
Flächeninhalt: $h_1 = d \cdot \sin(\sphericalangle ADB) \approx 4{,}4\,\text{cm}$;
$h_2 = b \cdot \sin(\sphericalangle CBD) \approx 20{,}3\,\text{cm}$;
$A = \frac{1}{2}f(h_1 + h_2) \approx 154\,\text{cm}^2$.

7 8 P

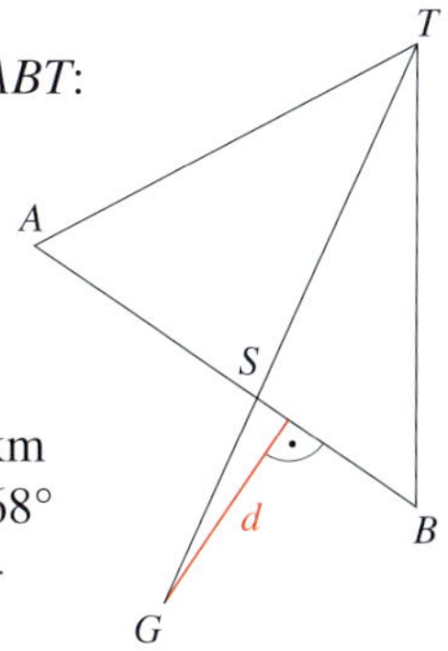

Kosinussätze im Dreieck ABT:
$\overline{AB} \approx 87{,}8\,\text{km}$
$\sphericalangle TBA \approx 46{,}0°$
Im Dreieck SBT:
$\sphericalangle BST \approx 112°$
Sinussatz: $\overline{ST} \approx 55{,}1\,\text{km}$
$\Rightarrow \overline{SG} = \overline{TG} - \overline{TS} \approx 18{,}9\,\text{km}$
$\sphericalangle GSB = 180° - \sphericalangle BST \approx 68°$
Damit ist der gesuchte Abstand: $d \approx 18{,}4\,\text{km}$

8 a), b) je 2 P

a) Nicht lösbar: Verstoß gegen Dreiecksungleichung, Innenwinkelsumme oder Seiten-Winkel-Beziehung (z. B. $a = 6\,\text{cm}$, $c = 8\,\text{cm}$, $\alpha = 95°$: Wegen der Seiten-Winkel-Beziehung müsste die Innenwinkelsumme größer als 180° sein.)
Nicht eindeutig lösbar: Bei Situation sSW.

b) Nicht oder nicht eindeutig lösbar: Fälle von Teilaufgabe a) treffen auf ein Teildreieck zu.
Alternative für „nicht lösbar“: Wahl von fünf Stücken so, dass eindeutig ein Viereck entsteht; Wahl der sechsten Forderung so, dass sie nicht diesem Viereck entspricht.

Kapitel 2 • Seite 105

1 a) 2 P, b) 3 P, c) 3 P

a)

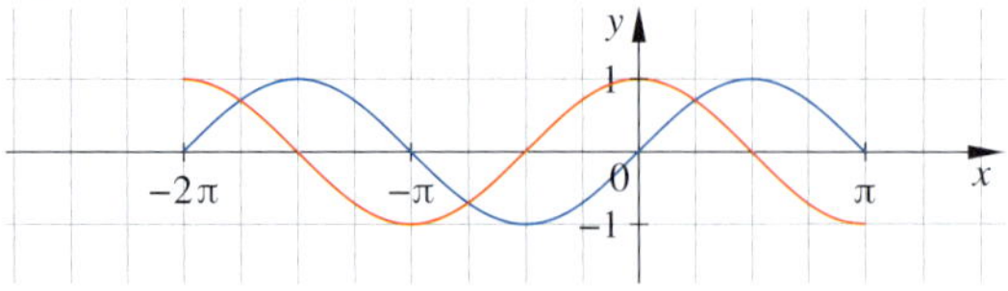

b) Beide Funktionen sind periodisch mit Periode 2π und haben die Wertemenge $[-1;\ 1]$.

c) Man erhält die Sinuskurve aus der Kosinuskurve durch eine Verschiebung um $\frac{\pi}{2}$ in x-Richtung.
Es gilt: $\sin x = \cos\left(x - \frac{\pi}{2}\right),\ x \in \mathbb{R}$.

2 a) 3 P, b) 4 P

a) Nullstellen der Sinusfunktion in $[-\pi;\ 2\pi]$:
$-\pi;\ 0;\ \pi;\ 2\pi$
Nullstellen der Kosinusfunktion in $[-\pi;\ 2\pi]$:
$-0{,}5\pi;\ 0{,}5\pi;\ 1{,}5\pi$

b)

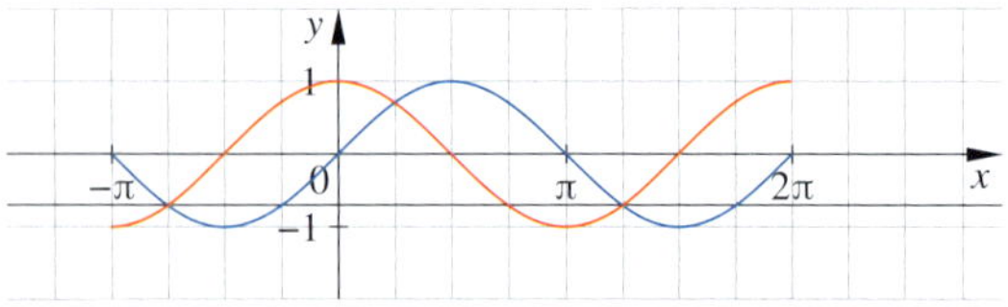

Die Sinusfunktion nimmt den Funktionswert $-0{,}7$ im Intervall $[-\pi;\ 2\pi]$ etwa an den Stellen $-\frac{3}{4}\pi$, $-\frac{1}{4}\pi$, $\frac{5}{4}\pi$ und $\frac{7}{4}\pi$ an.
Die Kosinusfunktion nimmt den Funktionswert $-0{,}7$ im Intervall $[-\pi;\ 2\pi]$ etwa an den Stellen $-\frac{3}{4}\pi$, $\frac{3}{4}\pi$ und $\frac{5}{4}\pi$ an.

3 a), b) je 2 P

Die allgemeine Sinusfunktion hat einen Funktionsterm der Form $f(x) = a \cdot \sin(b(x + c)) + d$, $x \in \mathbb{R}$.

a) Eine Stauchung in y-Richtung mit dem Faktor 0,5 wird durch den Faktor $a = 0{,}5$ erreicht, eine Verschiebung um π in x-Richtung durch $c = -\pi$.
Ein zugehöriger Funktionsterm ist also:
$f(x) = 0{,}5 \cdot \sin(x - \pi),\ x \in \mathbb{R}$.
Weitere mögliche Funktionsterme:
$f(x) = 0{,}5 \cdot \sin(x + \pi),\ x \in \mathbb{R}$ oder
$f(x) = -0{,}5 \cdot \sin x,\ x \in \mathbb{R}$.

b) Eine Stauchung in x-Richtung, sodass die Periode halbiert wird, erreicht man durch den Faktor $b = 2$, eine Verschiebung um 1,5 in y-Richtung durch $d = 1{,}5$.
Ein zugehöriger Funktionsterm ist also:
$f(x) = \sin(2x) + 1{,}5,\ x \in \mathbb{R}$.

4 rote Kurve 3 P, blaue und grüne je 4 P

Es handelt sich um Graphen der allgemeinen Sinusfunktion. Der Funktionsterm hat die Form $f(x) = a \cdot \sin(b(x + c)) + d,\ x \in \mathbb{R}$.
Der rote Graph hat eine Periode $\frac{4}{3}\pi = 2\pi : 1{,}5$, also ist $b = 1{,}5$. Die Amplitude beträgt 1,5 und die Kurve geht vom Ursprung in den vierten Quadranten. Dies entspricht $a = -1{,}5$.
Ein zugehöriger Funktionsterm ist also:
$f(x) = -1{,}5 \cdot \sin(1{,}5x),\ x \in \mathbb{R}$.
Weitere mögliche Funktionsterme:

$$f(x) = 1{,}5 \cdot \sin\left(1{,}5\left(x + \tfrac{2}{3}\pi\right)\right),\ x \in \mathbb{R},$$

$$f(x) = 1{,}5 \cdot \sin\left(1{,}5\left(x - \tfrac{2}{3}\pi\right)\right),\ x \in \mathbb{R}.$$

Der blaue Graph hat eine Periode $\frac{2}{3}\pi = 2\pi : 3$, also ist $b = 3$. Die Amplitude beträgt 0,5, dies entspricht $a = 0{,}5$. Die Kurve ist dann noch um 0,5 in y-Richtung verschoben, d. h. $d = 0{,}5$.
Ein zugehöriger Funktionsterm ist also:
$f(x) = 0{,}5 \cdot \sin(3x) + 0{,}5,\ x \in \mathbb{R}$.
Der grüne Graph hat eine Periode $\frac{8}{3}\pi = 2\pi : \frac{3}{4}$, also ist $b = 0{,}75$. Die Amplitude beträgt 1 und die Kurve geht vom Ursprung in den vierten Quadranten. Dies entspricht $a = -1$. Die Kurve ist dann noch um -1 in y-Richtung verschoben, d. h. $d = -1$. Ein zugehöriger Funktionsterm ist also: $f(x) = -\sin(0{,}75x) - 1,\ x \in \mathbb{R}$.
Weitere mögliche Funktionsterme:

$$f(x) = \sin\left(0{,}75\left(x + \tfrac{4}{3}\pi\right)\right) - 1,\ x \in \mathbb{R},$$

$$f(x) = \sin\left(0{,}75\left(x - \tfrac{4}{3}\pi\right)\right) - 1,\ x \in \mathbb{R}.$$

Kapitel 3 • Seite 106

1 4 P

Die Bakterienmasse m in g nach der vergangenen Zeit t in h, kann mit der Gleichung $m = 3 \cdot 2^{\frac{t}{8}}$ berechnet werden. Nach 40 Stunden beträgt die Bakterienmasse demnach 96 Gramm, nach 3 Tagen (72 Stunden) sind es 1536 Gramm und nach einer Woche (168 Stunden) bereits etwa 6,3 Tonnen (falls der Behälter groß genug ist und die Nährlösung ausreicht).

2 3 P

Gleichung der Exponentialfunktion:
$y = c \cdot a^x$ mit $c \neq 0$
Aus $P(2|-25{,}2)$ folgt (I) $-25{,}2 = c \cdot a^2$ und
aus $Q(5|-680{,}4)$ folgt (II) $-680{,}4 = c \cdot a^5$.

(II : I) $\frac{-680{,}4}{-25{,}2} = \frac{c \cdot a^5}{c \cdot a^2} \Rightarrow 27 = a^3$

$\Rightarrow$ (*) $a = \sqrt[3]{27} = 3$

(* → I) $-25{,}2 = c \cdot 3^2 \Rightarrow c = -\frac{25{,}2}{9} = -2{,}8$

$y = -2{,}8 \cdot 3^x$

3 Jeder Graph 2 P

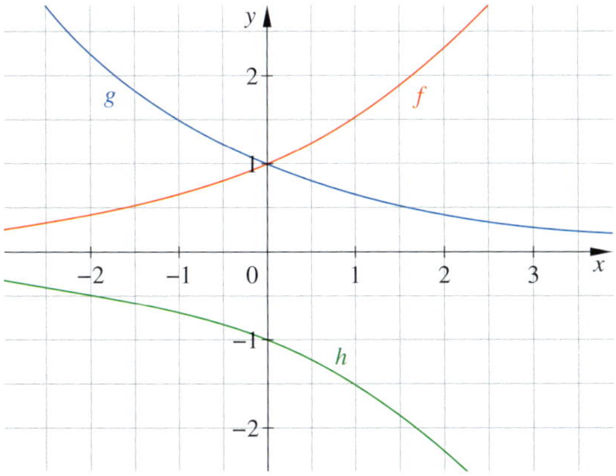

4 a), b), c) je 1 P

a) $\log_5 125 = x \Leftrightarrow 5^x = 125 \Leftrightarrow x = 3$

b) $\log_7(49^{-3}) = x \Leftrightarrow 7^x = 49^{-3} = 7^{-6} \Leftrightarrow x = -6$

c) $\lg 0{,}01 = x \Leftrightarrow 10^x = 0{,}01 \Leftrightarrow x = -2$

5 a), b) je 3 P

a) $\log_{0,5} 6{,}4 + \log_{12}\sqrt{12} + \log_{\frac{1}{2}} 5$

$= \log_{\frac{1}{2}} 6{,}4 + \frac{1}{2}\log_{12} 12 + \log_{\frac{1}{2}} 5 = \log_{\frac{1}{2}}(6{,}4 \cdot 5) + \frac{1}{2}$

$= \log_{\frac{1}{2}} 32 + \frac{1}{2} = \log_{\frac{1}{2}}\left(\frac{1}{2}\right)^{-5} + \frac{1}{2} = -5 + \frac{1}{2} = -4{,}5$

b) $\log_{0,25}\frac{7}{16} + \log_3\frac{1}{27} - \log_{\frac{1}{4}} 7$

$= \log_{\frac{1}{4}} 7 - \log_{\frac{1}{4}} 16 + \log_3(3^{-3}) - \log_{\frac{1}{4}} 7$

$= -\log_{\frac{1}{4}}\left(\frac{1}{4}\right)^{-2} - 3 = -(-2) - 3 = -1$

6 a), b) je 2 P, c) 3 P

a) $5^{x-1} = 125 \Leftrightarrow 5^{x-1} = 5^3 \Leftrightarrow x - 1 = 3$

$\Leftrightarrow x = 4$

b) Eine Möglichkeit ist:

$3^{2x} = 7^{x+1} \Leftrightarrow 9^x = 7 \cdot 7^x \Leftrightarrow \left(\frac{9}{7}\right)^x = 7$

$\Leftrightarrow x \cdot (\lg 9 - \lg 7) = \lg 7$

$\Leftrightarrow x = \frac{\lg 7}{\lg 9 - \lg 7} \approx 7{,}74$

c) Eine Möglichkeit ist:

$2 \cdot 3^{x-1} = 1{,}6^{2x} \cdot 2^x \Leftrightarrow 3^{x-1} = 1{,}6^{2x} \cdot 2^{x-1}$

$\Leftrightarrow 1{,}5^{x-1} = 1{,}6^{2x}$

$\Leftrightarrow (x-1)\lg 1{,}5 = 2x \lg 1{,}6$

$\Leftrightarrow x \cdot (\lg 1{,}5 - 2\lg 1{,}6) = \lg 1{,}5$

$\Leftrightarrow x = \frac{\lg 1{,}5}{\lg 1{,}5 - 2\lg 1{,}6} \approx -0{,}759$

7 a) 3 P, b) 2 P

a) Die Intensität I des Lichts in x Meter Wassertiefe beträgt $I = I_0 \cdot 0{,}92^x$, wobei I_0 die Intensität des Lichts an der Wasseroberfläche ist.

Prozentuale Intensität in 4 Meter Tiefe:

$\frac{I_0 \cdot 0{,}92^4}{I_0} = 0{,}92^4 \approx 0{,}72 = 72\,\%$

In x Meter Tiefe ist der noch vorhandene Anteil an der ursprünglichen Intensität $0{,}92^x$.

b) $0{,}92^x = 0{,}5 \Leftrightarrow x = \frac{\lg 0{,}5}{\lg 0{,}92} \approx 8{,}3$

In etwa 8,3 Meter Tiefe ist die Lichtintensität auf die Hälfte abgesunken.

8 3 P

Nach t Jahren beträgt die Intensität I der radioaktiven Strahlung $I = I_0 \cdot 0{,}5^{\frac{t}{30,2}}$, wobei I_0 die ursprüngliche Intensität ist.

$\frac{I_0 \cdot 0{,}5^{\frac{t}{30,2}}}{I_0} = 0{,}1$ bzw. $0{,}5^{\frac{t}{30,2}} = 0{,}1$

$\Leftrightarrow \frac{t}{30{,}2} \cdot \lg 0{,}5 = \lg 0{,}1 = -1$

$\Leftrightarrow t = -\frac{30{,}2}{\lg 0{,}5} \approx 100$

Nach etwa 100 Jahren ist die Radioaktivität auf 10 % des ursprünglichen Werts abgesunken.

Kapitel 4 • Seite 107

1 Tabelle 2 P, a), b), c) je 1 P, d) 2 P

	Fahrschüler	Nicht-Fahrsch.	
Mädchen	15	5	20
Buben	6	6	12
	21	11	32

a) Fahrschüler: $\frac{21}{32} \approx 65{,}6\,\%$

b) Männlicher Fahrschüler: $\frac{6}{32} \approx 18{,}8\,\%$

c) Ausgewählter Fahrschüler ist ein Mädchen:

$\frac{15}{21} \approx 71{,}4\,\%$

d) Zum Beispiel 16 Mädchen, davon 6 Fahrschülerinnen, 16 Buben, davon 4 Fahrschüler.

2 a) 2 P, b), c) je 3 P

a) $|\{15; 30; 45; 60; 75; 90\}| = 6 \Rightarrow \pi = 6\,\%$

b) 20 der Zahlen sind durch 5 teilbar.

$\Rightarrow p = \frac{6}{20} = 30\,\%$

c) 33 Zahlen sind durch 3 teilbar, 16 davon sind durch 6 teilbar. $\Rightarrow p = \frac{16}{33} \approx 48{,}5\,\%$

3 a), b) je 4 P

B: „Säckchen 2 gewählt."

a) A: „Kugel ist grün."

$P(A) = \frac{1}{2} \cdot \frac{1}{3} + \frac{1}{2} \cdot \frac{3}{5} = \frac{7}{15}$

$P(A \cap B) = \frac{1}{2} \cdot \frac{3}{5} = \frac{3}{10}$

$P_A(B) = \frac{3}{10} : \frac{7}{15} = \frac{9}{14} \approx 64{,}3\,\%$

b) A: „Beide Kugeln sind grün."

$P(A) = \frac{1}{2} \cdot \frac{1}{3} \cdot \frac{1}{5} + \frac{1}{2} \cdot \frac{3}{5} \cdot \frac{1}{2} = \frac{11}{60}$

$P(A \cap B) = \frac{1}{2} \cdot \frac{3}{5} \cdot \frac{1}{2} = \frac{3}{20}$

$P_A(B) = \frac{3}{20} : \frac{11}{60} = \frac{9}{11} \approx 81{,}8\,\%$

4 7 P

A: „vom Hersteller A"
B: „vom Hersteller B"
D: „Ball defekt"

	D	$\overline{D}$	
A	0,000425		0,85
B	0,0003		0,15
	0,000725		

$P_D(B) = \frac{0{,}0003}{0{,}000725} \approx 41{,}4\,\%$

Kapitel 5 • Seite 108

1 6 P

Individuelle Lösung

2 5 P

$r_{\text{Zylinder}} = r_{\text{Halbkugel}} = h_{\text{Zylinder}} = 21{,}60\,\text{m} = r$

$V = V_{\text{Zylinder}} + V_{\text{Halbkugel}}$

$\quad = \pi r^3 + \frac{2}{3}\pi r^3 = \frac{5}{3}\pi r^3 \approx 52\,766\,\text{m}^3$

Das Volumen des Innenraumes beträgt etwa $52\,770\,\text{m}^3$.

3 5 P

Die Ausgangswerte werden mit 1 und die Werte nach Vergrößerung des Radius um 10 % mit 2 gekennzeichnet.

$r_2 = 1{,}1 \cdot r_1$

$\frac{O_2}{O_1} = \frac{4\pi \cdot r_2^2}{4\pi \cdot r_1^2} = \frac{4\pi \cdot (1{,}1 \cdot r_1)^2}{4\pi \cdot r_1^2} = 1{,}1^2 = 1{,}21 = 121\,\%$

Der Oberflächeninhalt des Ballons nimmt also um 21 % zu.
In analoger Weise ergibt sich eine Vergrößerung des Volumens auf $1{,}1^3 = 1{,}331 = 133{,}1\,\%$.
Das Volumen nimmt also um 33,1 % zu.

4 4 P

Bekannt sind die Masse m der Kugel und die Dichte ϱ des verwendeten Materials. Gesucht ist der Kugeldurchmesser.

Aus $V = \frac{4}{3}\pi r^3$ und $\varrho = \frac{m}{V}$ folgt $\frac{m}{\varrho} = \frac{4}{3}\pi r^3$.

Daraus folgt:

$r = \sqrt[3]{\frac{3m}{4\pi\varrho}} = \sqrt[3]{\frac{3 \cdot 7257\,\text{g}}{4 \cdot \pi \cdot 7{,}874\,\text{g}\,\text{cm}^{-3}}} \approx 6{,}037\,\text{cm}.$

Der Kugeldurchmesser beträgt 12,07 cm und entspricht damit den internationalen Wettkampfnormen, nach denen er zwischen 110 mm und 130 mm liegen darf.

5 4 P

$A_{\text{Kreis}} = \pi r_{\text{Kreis}}^2 \qquad O_{\text{Kugel}} = 4\pi r^2$

$\pi r_{\text{Kreis}}^2 = 4\pi r^2$

$r_{\text{Kreis}} = \sqrt{\frac{4\pi r^2}{\pi}} = 2r$

Der Radius des Kreises ist doppelt so groß wie der Radius der Kugel.

6 6 P

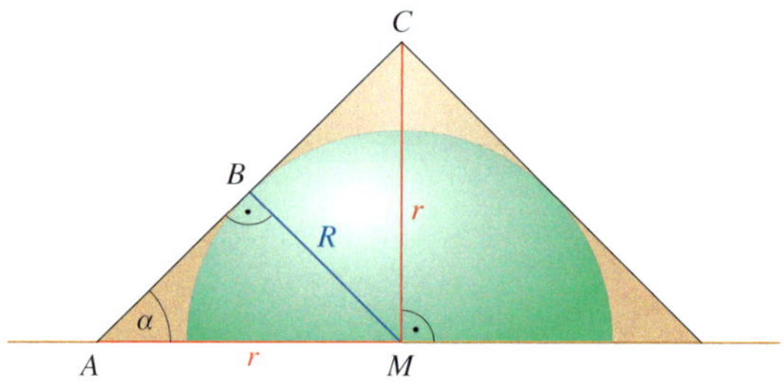

Das Bild zeigt die Situation, wenn der Radius r und der verbleibende Raum minimal sein sollen. Die Dreiecke AMC und AMB stimmen im rechten Winkel und im Winkel α überein und sind demnach ähnlich zueinander. Das Dreieck AMC ist ein gleichschenklig-rechtwinkliges Dreieck und damit auch das dazu ähnliche Dreieck AMB.
Im Dreieck AMB gilt deshalb nach Satz des Pythagoras $r^2 = 2R^2$ und damit $r = \sqrt{2} \cdot R$.

$V = V_{\text{Kegel}} - V_{\text{Halbkugel}}$

$= \frac{1}{3}\pi r^3 - \frac{2}{3}\pi R^3$

$= \frac{1}{3}\pi(\sqrt{2} \cdot R)^3 - \frac{2}{3}\pi R^3$

$= (\sqrt{2} - 1) \cdot \frac{2}{3}\pi R^3 = (\sqrt{2} - 1) \cdot V_{\text{Halbkugel}}$

Der verbleibende Raum ist immer größer als 41,4 % des Halbkugelvolumens.

Kapitel 6 • Seite 109

1 6 P

Der grüne und der schwarze Graph sind achsensymmetrisch zur y-Achse und gehören daher zu Potenzfunktionen mit geraden Exponenten.
Der schwarze Graph gehört dabei zur Potenzfunktion mit dem größeren Exponenten, weil er für $-1 < x < 1$ näher an der x-Achse verläuft.
Der grüne Graph gehört zu $x \mapsto x^4$ und der schwarze zu $x \mapsto x^8$.
Der rote und der blaue Graph sind punktsymmetrisch zum Ursprung und gehören daher zu Potenzfunktionen mit ungeraden Exponenten.
Der rote Graph gehört dabei zur Potenzfunktion mit dem größeren Exponenten, weil er für $-1 < x < 1$ näher an der x-Achse verläuft.
Der blaue Graph gehört zu $x \mapsto x^3$ und der rote zu $x \mapsto x^{11}$.

2 4 P

$(-0{,}2)^5 = -0{,}2^5 < 0 \quad (-0{,}2)^6 = 0{,}2^6 > 0$
Eine Potenz a^n mit $0 < a < 1$ wird mit wachsendem n immer kleiner.
$(-0{,}2)^5 < (-0{,}2)^6 < (0{,}2)^4 < (0{,}2)^3$

3 a) 1 P, b) 2 P

a) $x \mapsto x^{123}$: $x \in \mathbb{R}$; $y \in \mathbb{R}$
Der zugehörige Graph ist punktsymmetrisch zum Ursprung und überall monoton steigend.

b) $x \mapsto x^{100n}$ $(n \in \mathbb{N})$: $x \in \mathbb{R}$
Für alle natürlichen Zahlen n ist der Exponent $100n$ gerade. Der zugehörige Graph ist demnach immer achsensymmetrisch zur y-Achse und streng monoton fallend für $x < 0$ sowie streng monoton steigend für $x > 0$. $y \in \mathbb{R}_0^+$.

4 a) 1 P, b) 2 P

a) $x^2(x-3{,}4)(x+4{,}2)^2 = 0$
$x_1 = 0$ doppelte Nullstelle
$x_2 = 3{,}4$ einfache Nullstelle
$x_3 = -4{,}2$ doppelte Nullstelle

b) $3x(x^2 + x - 12)(x-3) = 0$
$x_1 = 0$ einfache Nullstelle
$x^2 + x - 12 = 0 \quad D = 1 - 4 \cdot 1 \cdot (-12) = 49$
$x_2 = \frac{-1-7}{2} = -4$ einfache Nullstelle
$x_3 = \frac{-1+7}{2} = 3$ x_3 ist doppelte Nullstelle, da aus dem Faktor $(x-3)$ ebenfalls 3 als Nullstelle folgt.

5 a), b) je 4 P

a) $f(x) = x^3 - 3x^2 = x^2(x-3)$
$x_1 = 0$ ist doppelte und $x_2 = 3$ einfache Nullstelle.
Aus einer Vorzeichentabelle folgt:
Für $x < 0$ ist $f(x) < 0$, für $0 < x < 3$ ist $f(x) < 0$ und für $x > 3$ ist $f(x) > 0$.
Für x gegen ∞ geht $f(x)$ gegen ∞ und für x gegen $-\infty$ geht $f(x)$ gegen $-\infty$.

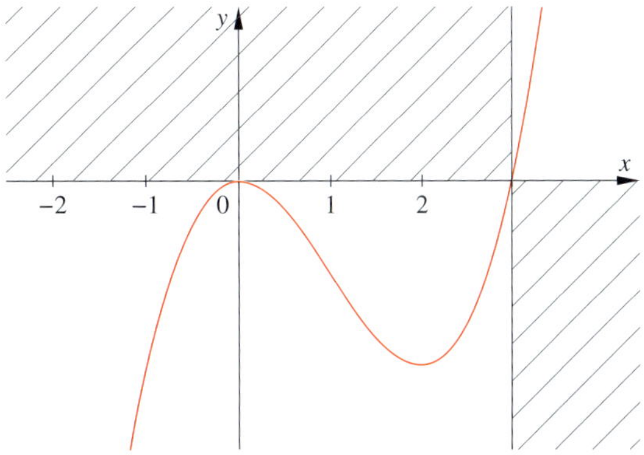

b) $g(x) = x^3 + 4x^2 + 4x = x(x^2 + 4x + 4) = x(x+2)^2$
$x_1 = 0$ ist einfache und $x_2 = -2$ doppelte Nullstelle. Aus einer Vorzeichentabelle folgt:
Für $x < -2$ ist $g(x) < 0$, für $-2 < x < 0$ ist $g(x) < 0$ und für $x > 0$ ist $g(x) > 0$.
Für x gegen ∞ geht $g(x)$ gegen ∞ und für x gegen $-\infty$ geht $g(x)$ gegen $-\infty$.

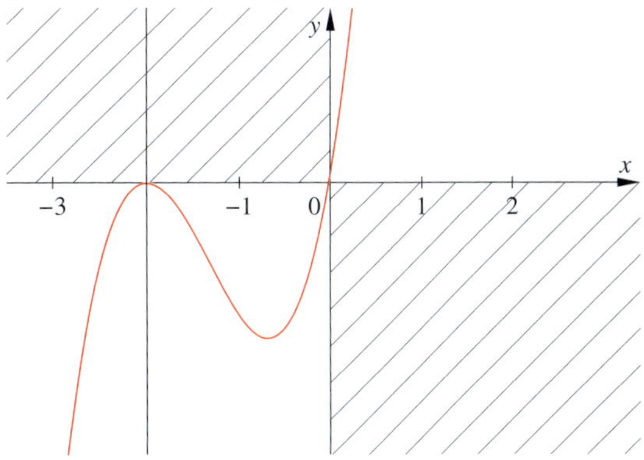

6 a), b) je 3 P

a) Aufgrund der Nullstellen und des Grades folgt:
$f(x) = a(x+1)(x-3)^2$
Da P ein Punkt des Graphen ist, muss gelten:
$6 = a(2+1)(2-3)^2 \Rightarrow a = 2$
$f(x) = 2(x+1)(x-3)^2$

b) Analoges Vorgehen wie bei a):
$g(x) = ax^2(x+3)^2$
$4 = a(-2)^2(-2+3)^2 \Rightarrow a = 1$
$g(x) = x^2(x+3)^2$

Kapitel 7 • Seite 110

1 pro Funktion 1 P

$\lim\limits_{x \to \pm\infty} f_1(x) = \lim\limits_{x \to \pm\infty} \dfrac{2x}{x^2\left(1 - \frac{1}{x^2}\right)} = \lim\limits_{x \to \pm\infty} \dfrac{2}{x\left(1 - \frac{1}{x^2}\right)} = 0$

$\lim\limits_{x \to \infty} f_2(x) = 1$ $\qquad \lim\limits_{x \to -\infty} f_2(x) = -\infty$

$\lim\limits_{x \to \pm\infty} f_3(x) = 2$

f_4: Der Faktor $0{,}9^x$ hat für x gegen ∞ den Grenzwert 0 und für x gegen $-\infty$ den Grenzwert ∞, $\cos(2x)$ hat keinen Grenzwert, ist aber beschränkt: $|\cos(2x)| \leq 1$. Aus beiden folgt, dass f_4 nur für x gegen ∞ einen Grenzwert hat: $\lim\limits_{x \to \infty} f_4(x) = 0$.

2 pro Funktion 4 P

Graph der Funktion f:

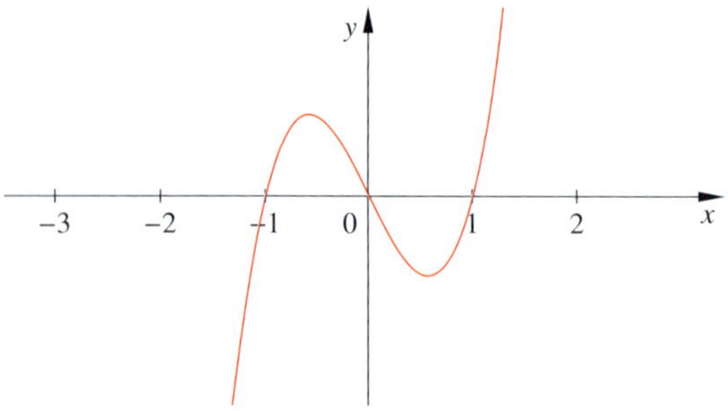

Graph der Funktion g:

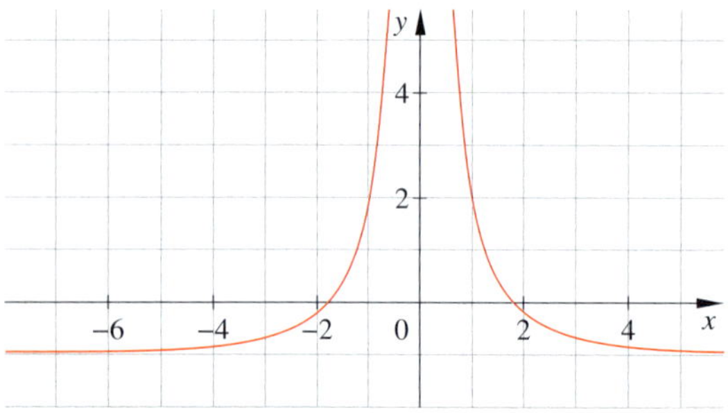

Graph der Funktion h:

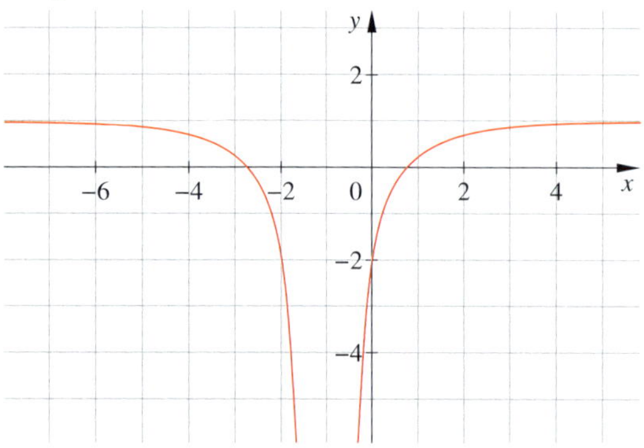

3 a), b) je 2 P

a) Bei einer ganzrationalen Funktion kommen nur ∞ und $-\infty$ als Grenzwerte infrage, aber nicht -1. Bei einer gebrochen-rationalen Funktion sind entweder beide Grenzwerte endlich oder beide Grenzwerte ($\pm$) unendlich (in Abhängigkeit von den Graden der Funktionsterme in Zähler und Nenner), aber nicht einer ∞ und einer -1.

b) Exponentialfunktionen haben einen endlichen und einen unendlichen Grenzwert.
Alle Funktionen f mit $f(x) = a^x - 1$ mit $a > 1$ erfüllen die beiden Grenzwertbedingungen.
Man kann aber auch geeignete Funktionen stückweise zusammensetzen – beispielsweise:

$$f(x) = \begin{cases} -1 & \text{für } x < 0 \\ x - 1 & \text{für } x \geq 0 \end{cases}$$

4 a) bis f) je 2 P

a) Der Graph entsteht aus dem Graphen von f z. B. durch Spiegelung an der x-Achse, anschließender Streckung mit dem Faktor 2 in Richtung der y-Achse und abschließender Verschiebung um den Wert 3 in Richtung der y-Achse:
$-2f(x) + 3$

b) Der Graph entsteht aus dem Graphen von f z. B. durch Streckung mit dem Faktor $\frac{3}{2}$ in Richtung der y-Achse und anschließender Stauchung mit dem Faktor $\frac{1}{2}$ in Richtung der x-Achse:
$\frac{3}{2}f(2x)$

c) Der Graph kann nicht aus dem Graphen von f entstanden sein, denn keine der besprochenen Veränderungen würde dazu führen, dass die beiden Hochpunkte anschließend auf derselben Höhe liegen (nun als Tiefpunkte).

d) Der Graph entsteht aus dem Graphen von f z. B. durch Spiegelung an der y-Achse und anschließender Stauchung mit dem Faktor $\frac{1}{2}$ in Richtung der y-Achse:
$\frac{1}{2}f(-x)$

e) Der Graph entsteht aus dem Graphen von f z. B. durch Verschiebung in Richtung der x-Achse um den Wert -2 und anschließender Verschiebung in Richtung der y-Achse um den Wert -1:
$f(x+2) - 1$

f) Der Graph kann nicht aus dem Graphen von f entstanden sein, denn keine der besprochenen Veränderungen würde dazu führen, dass der Graph nur bei einem der beiden Hochpunkte in Richtung der y-Achse gestreckt wird.

Grundwissen – Überblick

Elementare Kreisteile

Jeder Mittelpunktswinkel φ eines Kreises mit Radius r bestimmt einen **Kreisbogen** der Länge b sowie einen **Kreissektor** mit dem Flächeninhalt A_S.

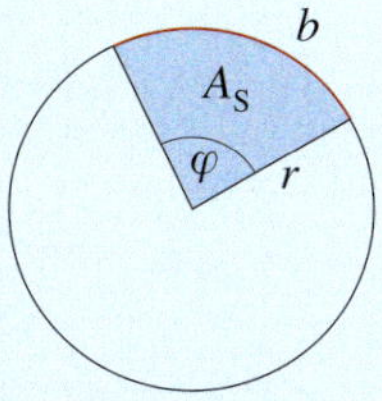

Die Länge b des Kreisbogens und der Flächeninhalt A_S sind proportional zum Mittelpunktswinkel φ, daher gilt:

$\frac{b}{2r\pi} = \frac{\varphi}{360°}$ bzw. $b = \frac{\varphi}{360°} \cdot 2r\pi = \frac{\varphi}{180°} \cdot r\pi$

$\frac{A_S}{r^2\pi} = \frac{\varphi}{360°}$ bzw. $A_S = \frac{\varphi}{360°} \cdot r^2\pi$

Umfang und Inhalt von Flächen, die aus Kreisteilen zusammengesetzt sind, lassen sich durch Ergänzen oder Zerlegen ermitteln.

Bestimmen Sie Umfang u und Flächeninhalt A eines Spitzbogens mit $r = 1{,}5\,\text{m}$.

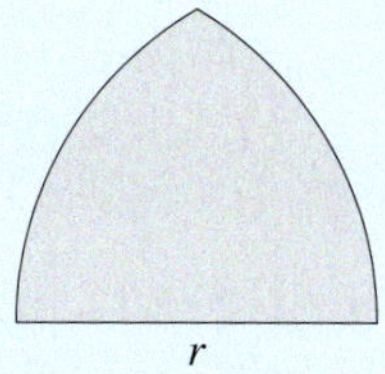

Mit b als Länge der Kreisbögen gilt $u = 2b + r$.
$b = \frac{60°}{360°} \cdot 2 \cdot 1{,}5\,\text{m} \cdot \pi = 0{,}5\pi\,\text{m}$
$u = \pi\,\text{m} + 1{,}5\,\text{m} \approx 4{,}6\,\text{m}$

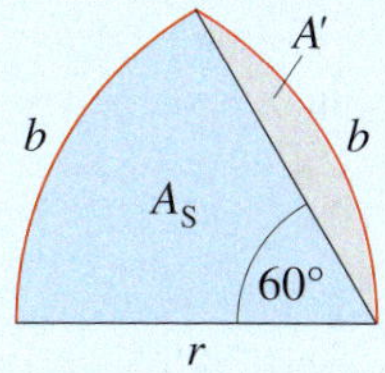

Mit A_S als Inhalt der (blauen) Sektorfläche und A' als Inhalt des (grauen) **Kreissegments** und A_D als Inhalt des gleichseitigen Dreiecks mit der Seitenlänge r gilt:
$A = A_S + A'$ und $A' = A_S - A_D$,
also $A = 2A_S - A_D$

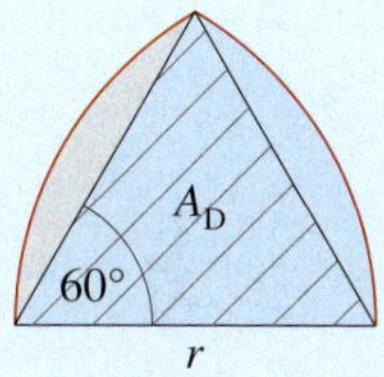

$A_S = \frac{60°}{360°} \cdot (1{,}5\,\text{m})^2 \cdot \pi = \frac{3}{8}\pi\,\text{m}^2$

$A_D = \frac{1}{4}\sqrt{3} \cdot (1{,}5\,\text{m})^2 = \frac{9}{16}\sqrt{3}\,\text{m}^2$

$A = \frac{3}{4}\pi\,\text{m}^2 - \frac{9}{16}\sqrt{3}\,\text{m}^2 \approx 1{,}4\,\text{m}^2$

Das Verhältnis $\frac{b}{r}$ aus Bogenlänge b und Radius r ist für einen festen Mittelpunktswinkel φ konstant. Daher eignet sich dieses Verhältnis auch als Winkelmaß. Es wird als **Bogenmaß φ_{RAD}** des Winkels φ bezeichnet: $\varphi_{RAD} = \frac{b}{r}$

Zur Unterscheidung davon wird das Gradmaß des Winkels φ mit φ_{DEG} bezeichnet.

Es gilt der Zusammenhang: $\varphi_{RAD} = \frac{\varphi_{DEG}}{180°} \cdot \pi$

$\frac{b_1}{r_1} = \frac{b_2}{r_2} = \frac{b_3}{r_3} = \varphi_{RAD}$

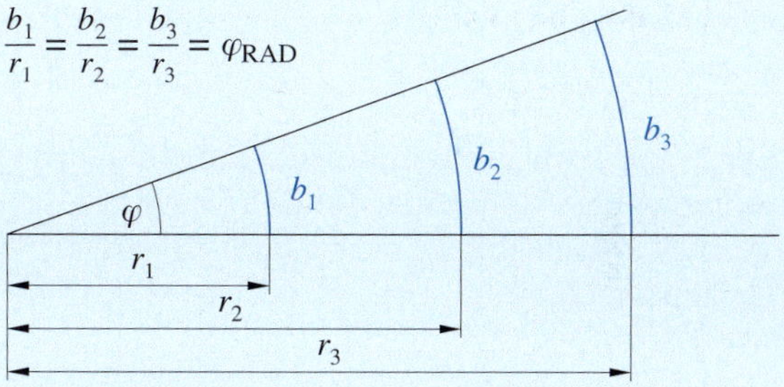

Wichtige Umrechnungen:

φ_{DEG}	360°	270°	180°	90°	60°	45°	30°
φ_{RAD}	2π	$\frac{3}{2}\pi$	π	$\frac{\pi}{2}$	$\frac{\pi}{3}$	$\frac{\pi}{4}$	$\frac{\pi}{6}$

Volumen und Oberflächeninhalt von Kugeln

Eine Kugel mit dem Radius r hat das Volumen
$V_{Kugel} = \frac{4}{3}\pi \cdot r^3$
und den Oberflächeninhalt
$O_{Kugel} = 4\pi \cdot r^2$.

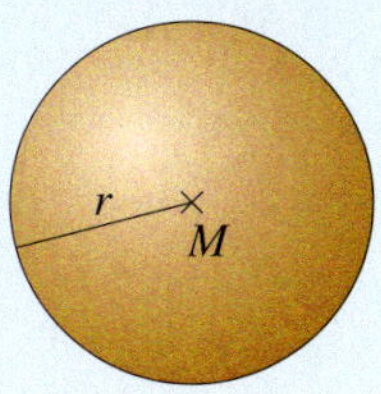

Kugel von 51,0 cm Durchmesser

$r = \frac{d}{2} = 25{,}5\,\text{cm}$

$V_{Kugel} = \frac{4}{3}\pi \cdot (25{,}5\,\text{cm})^3 \approx 69\,500\,\text{cm}^3 = 69{,}5\,\text{dm}^3$

$O_{Kugel} = 4\pi \cdot (25{,}5\,\text{cm})^2 \approx 8170\,\text{cm}^2 = 81{,}7\,\text{dm}^2$

Sinus und Kosinus für beliebige Winkel

D Ein Punkt $P(x|y)$ auf dem Einheitskreis hat die Koordinaten $x = \cos\alpha$; $y = \sin\alpha$.
Für Winkel α mit $\cos\alpha \neq 0$ gilt: $\tan\alpha = \frac{\sin\alpha}{\cos\alpha}$
α ist dabei der Winkel zwischen der positiven x-Achse und der Halbgeraden vom Ursprung durch P.

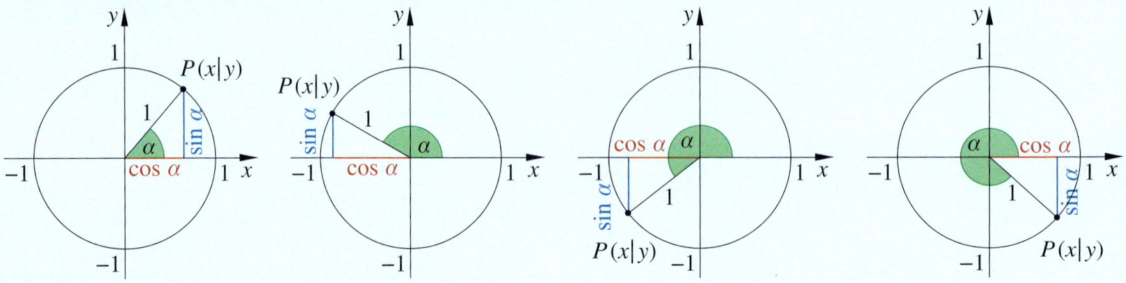

Die Werte von Sinus und Kosinus für beliebige Winkel lassen sich aus den entsprechenden Werten für spitze Winkel ermitteln. Dazu ist die Veranschaulichung der Definition am Einheitskreis hilfreich.
(Auf diese Weise lässt sich die bekannte Tabelle für spezielle Winkelwerte nun auch für Winkel $\alpha > 90°$ und $\alpha < 0°$ fortsetzen.)

90° < α < 180°
Aus der 2. Figur ist zu ersehen:
$\sin\alpha = y = y'$
$= \sin(180° - \alpha)$
$\cos\alpha = x = -x'$
$= -\cos(180° - \alpha)$

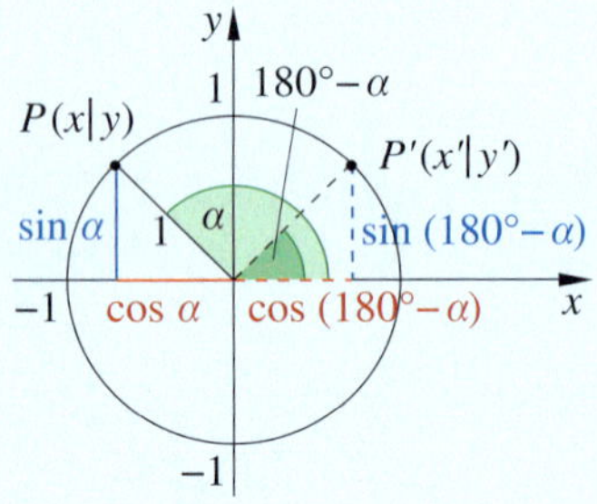

Das Vorzeichen von Sinus und Kosinus in den verschiedenen Quadranten kann man ebenfalls an den vier Figuren ablesen.

Sinus: 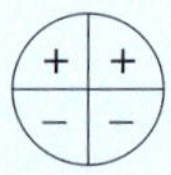

Kosinus: 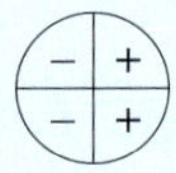

Für Winkel, die größer als 360° sind (Drehung weiter als eine Volldrehung) **und für negative Winkel** (Drehung im Uhrzeigersinn) gilt obige Definition auch.

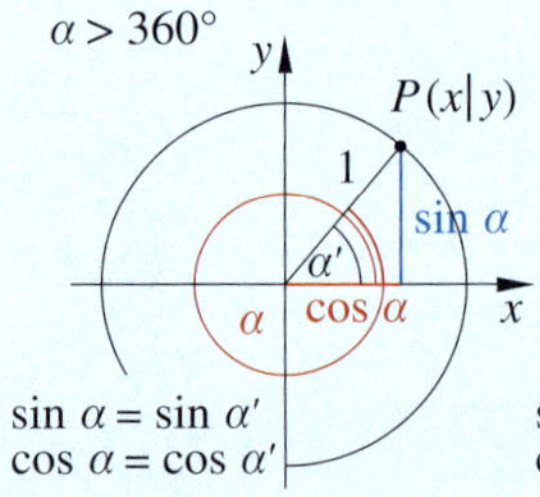

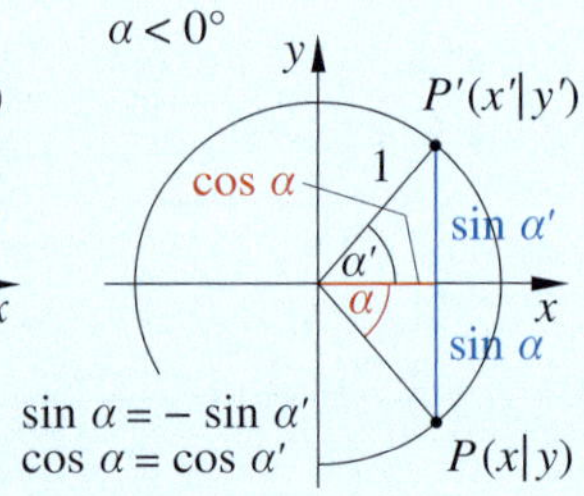

Werden Winkel mithilfe des Taschenrechners ermittelt, bietet der Taschenrechner jeweils nur eine der möglichen Lösungen an. Die zur Situation passende Lösung muss dann noch erschlossen werden.
Achten Sie immer auf die richtige Einstellung des Winkelmaßes auf dem Taschenrechner: Gradmaß (meistens mit DEG oder D angezeigt) oder Bogenmaß (meistens mit RAD oder R angezeigt)!

Ges.: Winkel α mit $\sin\alpha = 0{,}7$
TR (eingestellt auf Gradmaß) liefert: $\alpha_1 \approx 44°$.
Ebenso gilt $\sin(180° - 44°) = \sin 136° = 0{,}7$
$\alpha_2 = 136°$ ist somit ebenfalls Lösung.
Außerdem sind alle Winkel Lösungen, die sich von α_1 und α_2 um ganzzahlige Vielfache von 360° unterscheiden, wie z. B.
$\alpha_3 = 136° + 360° = 496°$
$\alpha_4 = 44° - 2 \cdot 360° = -676°$

Berechnungen an beliebigen Dreiecken*

Ist ein Dreieck durch die gegebenen Stücke entsprechend einem Kongruenzsatz eindeutig festgelegt, dann lassen sich mithilfe der folgenden Sätze die restlichen Stücke des Dreiecks eindeutig berechnen.

S **Sinussatz:**
In jedem Dreieck verhalten sich die Längen zweier Seiten wie die Sinuswerte der den Seiten gegenüberliegenden Winkel.

$\frac{\sin\alpha}{\sin\beta} = \frac{a}{b}$ $\frac{\sin\alpha}{\sin\gamma} = \frac{a}{c}$ $\frac{\sin\beta}{\sin\gamma} = \frac{b}{c}$

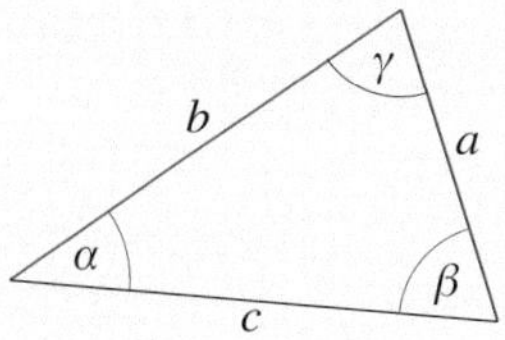

S **Kosinussatz:**
In jedem Dreieck ist das Quadrat einer Seitenlänge gleich der Summe der Quadrate der beiden anderen Seitenlängen vermindert um das Doppelte des Produkts aus diesen beiden Seitenlängen und dem Kosinus des von ihnen eingeschlossenen Winkels.

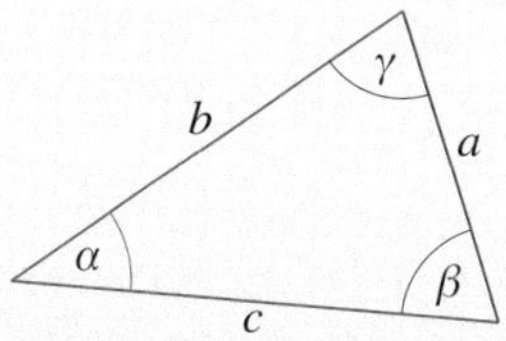

Beispielsweise: $a^2 = b^2 + c^2 - 2bc\cos\alpha$

Im Dreieck ABC sind $\alpha = 37°$, $b = 4{,}7\,\text{cm}$ und $c = 6{,}2\,\text{cm}$.
Das Dreieck ist nach Kongruenzsatz SWS eindeutig festgelegt.
Zu bedrechnen sind a, β und γ.

$a = \sqrt{b^2 + c^2 - 2bc\cos\alpha}$
$a \approx 3{,}7\,\text{cm}$

β muss nach der Seiten-Winkel-Beziehung ein spitzer Winkel sein.

$\frac{\sin\beta}{\sin\alpha} = \frac{b}{a} \Rightarrow \sin\beta = \frac{b\sin\alpha}{a}$

$\beta \approx 49°$

$\gamma = 180° - \alpha - \beta \approx 94°$

Logarithmus und einfache Exponentialgleichungen

Das Logarithmieren ist eine Umkehrung des Potenzierens (siehe auch Seite 72):

D Für $a, b \in \mathbb{R}^+$ und $a \neq 1$ gilt:
Der **Logarithmus von b zur Basis a** ist diejenige Zahl, mit der man a potenzieren muss, um b zu erhalten.
Man schreibt für diese Zahl $\log_a b$.

$\log_a b$ zu berechnen, bedeutet $a^x = b$ zu lösen.

Für das **Rechnen mit Logarithmen** gelten die folgenden in Kurzform formulierten Regeln ($b > 0$; $c > 0$):

$\log_a(b \cdot c) = \log_a b + \log_a c$
$\log_a(b : c) = \log_a b - \log_a c$
$\log_a(b^c) = c \cdot \log_a b$

D Gleichungen, bei denen die Unbekannte nur im Exponenten auftritt, heißen **Exponentialgleichungen**.

Um eine einfache Exponentialgleichung zu lösen, versucht man sie möglichst nach der Unbekannten aufzulösen, wobei oft die Definition des Logarithmus und die Rechenregeln für Logarithmen genutzt werden können (siehe auch Seite 81).

Gesucht ist die Zahl x mit der man 3 potenzieren muss, um 81 zu erhalten: $3^x = 81$.
Die gesuchte Zahl x ist der Logarithmus $\log_3 81$.
Die gesuchte Zahl x ist 4:

$\log_3 81 = 4$, da $3^4 = 81$
$\log_2\left(\frac{1}{8}\right) = -3$, da $2^{-3} = \frac{1}{2^3} = \frac{1}{8}$

Taschenrechner geben u. a. die Werte des **dekadischen Logarithmus $\log_{10} b$**, kurz **$\lg b$**, aus.

Die folgende Exponentialgleichung lässt sich mithilfe des Logarithmus und der Rechenregeln für Logarithmen lösen.

$7 \cdot 3^x = \frac{5}{4^{2x}}$	| logarithmieren
$\lg(7 \cdot 3^x) = \lg\left(\frac{5}{4^{2x}}\right)$	| 1. und 2. Regel
$\lg 7 + \lg(3^x) = \lg 5 - \lg(4^{2x})$	| 3. Regel
$\lg 7 + x\lg 3 = \lg 5 - 2x\lg 4$	| ordnen
$x\lg 3 + 2x\lg 4 = \lg 5 - \lg 7$	| x ausklammern
$x(\lg 3 + 2\lg 4) = \lg 5 - \lg 7$	| : Klammer
$x = \frac{\lg 5 - \lg 7}{\lg 3 + 2\lg 4}$	| berechnen
$x \approx -0{,}0867$	

* fakultativ

Sinus- und Kosinusfunktion

D Die Funktion $x \mapsto \sin x$; $x \in \mathbb{R}$ heißt **Sinusfunktion** und ihr Graph **Sinuskurve**.

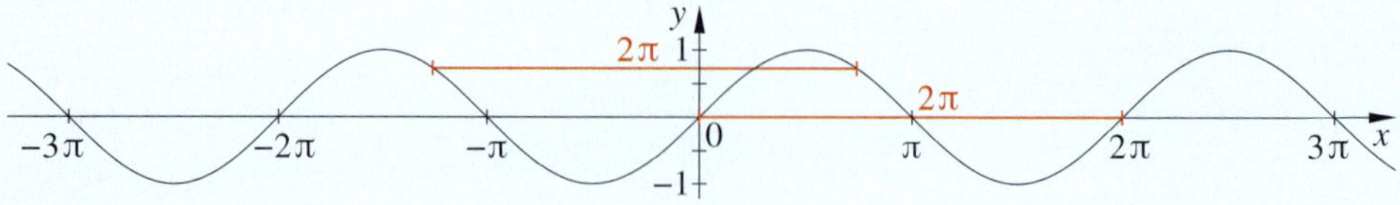

D Die Funktion $x \mapsto \cos x$; $x \in \mathbb{R}$ heißt **Kosinusfunktion** und ihr Graph **Kosinuskurve**.

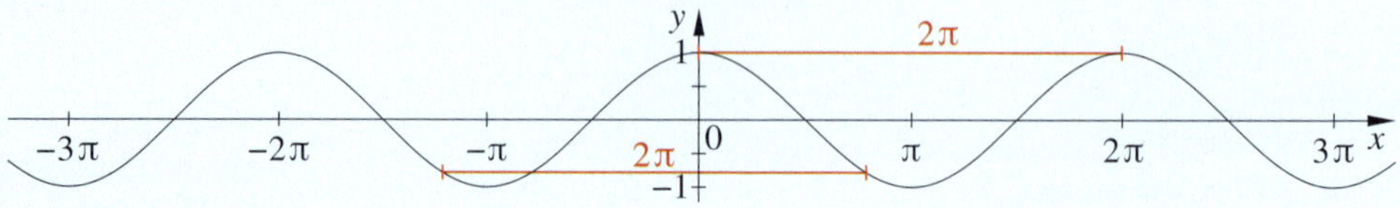

D Eine Funktion f, deren Funktionswerte sich in gleichen Abständen p regelmäßig wiederholen, deren Graph also nach einer Verschiebung um p in x-Richtung mit sich selbst zur Deckung kommt, heißt **periodisch**. $f(x) = f(x + p)$; $x, p \in \mathbb{R}$.
Die kleinste positive Zahl p mit dieser Eigenschaft heißt **Periode**.

S Die Sinusfunktion und die Kosinusfunktion sind periodisch mit Periode 2π. Das heißt, auch nach einer Verschiebung der Sinus- oder Kosinuskurve um ein ganzzahliges Vielfaches von 2π in x-Richtung erhält man wieder die Sinus- bzw. die Kosinuskurve.
$\sin(x + k \cdot 2\pi) = \sin x$; $x \in \mathbb{R}$, $k \in \mathbb{Z}$ bzw. $\cos(x + k \cdot 2\pi) = \cos x$; $x \in \mathbb{R}$, $k \in \mathbb{Z}$.

S Die Sinusfunktion und die Kosinusfunktion haben die Wertemenge $[-1; 1]$.
$-1 \leq \sin x \leq 1$; $x \in \mathbb{R}$ bzw. $-1 \leq \cos x \leq 1$; $x \in \mathbb{R}$.

S Die Sinuskurve ist punktsymmetrisch zum Ursprung.
$\sin(-x) = -\sin x$; $x \in \mathbb{R}$.

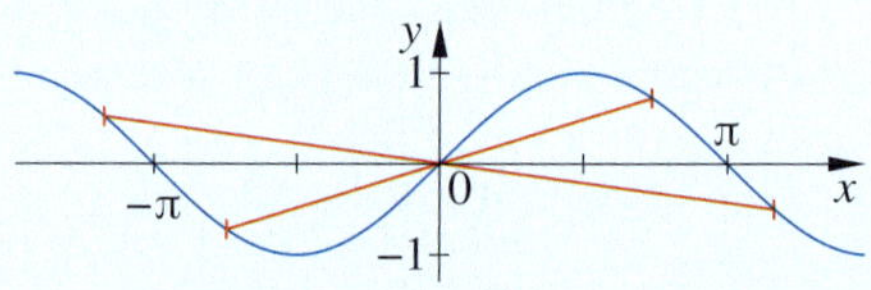

S Die Kosinuskurve ist achsensymmetrisch zur y-Achse.
$\cos(-x) = -\cos x$; $x \in \mathbb{R}$.

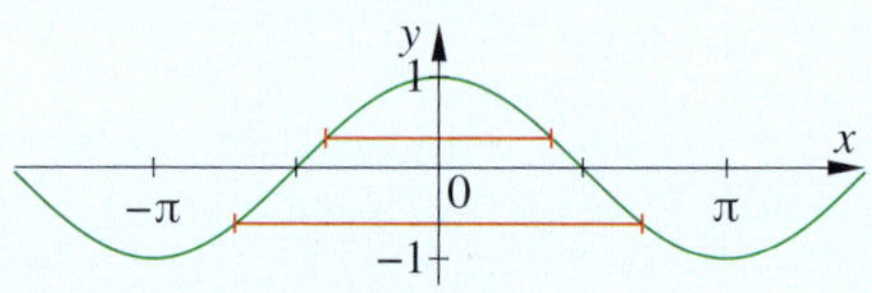

S Die Sinuskurve und die Kosinuskurve lassen sich jeweils durch eine Verschiebung in x-Richtung um $\frac{\pi}{2}$ bzw. $-\frac{\pi}{2}$ ineinander überführen.

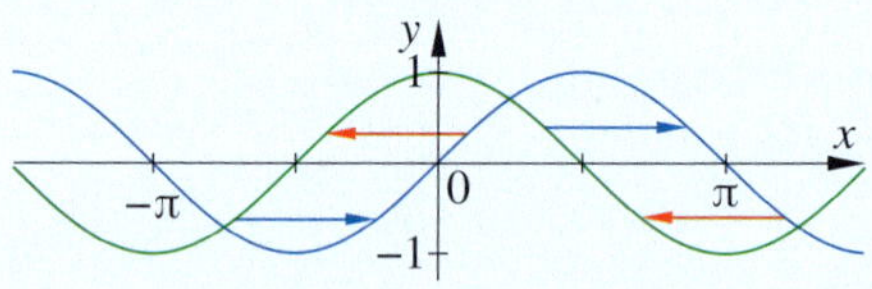

Alle Nullstellen und Extremstellen, an denen die Funktionen ihren größten oder kleinsten Wert annehmen, erhält man aus den entsprechenden Stellen im Intervall $[0; 2\pi]$ aufgrund der Periodizität.

	Nullstellen in $[0; 2\pi]$	Stellen kleinster Werte in $[0; 2\pi]$	Stellen größter Werte in $[0; 2\pi]$
$x \mapsto \sin x$	$0; \pi; 2\pi$	$\frac{3}{2}\pi$	$\frac{1}{2}\pi$
$x \mapsto \cos x$	$\frac{1}{2}\pi; \frac{3}{2}\pi$	π	$0; 2\pi$

Ganzrationale Funktionen

D Funktionen mit einem Term der Form

$f(x) = a_n x^n + a_{n-1} x^{n-1} + \ldots + a_2 x^2 + a_1 x + a_0$

mit der Definitionsmenge $\mathbb{R}$, $n \in \mathbb{N}$, $a_n, a_{n-1}, \ldots, a_2, a_1, a_0 \in \mathbb{R}$ und $a_n \neq 0$ nennt man **ganzrationale Funktionen *n*-ten Grades**.

Die Funktion f mit

$f(x) = -0{,}5x^3 + 2x^2 - 2x$ und $x \in \mathbb{R}$

ist eine ganzrationale Funktion 3. Grades.

Bestimmen der Nullstellen der Funktion

Man löst, wenn möglich, die Gleichung $f(x) = 0$.

Bei einigen Spezialfällen kann man eine Potenz von x (evtl. zusammen mit dem Faktor vor der höchsten Potenz von x) ausklammern und schließlich z. B. mithilfe der Lösungsformel für quadratische Gleichungen die Nullstellen bestimmen.

$$f(x) = 0$$
$$-0{,}5x^3 + 2x^2 - 2x = 0$$
$$-0{,}5x(x^2 - 4x + 4) = 0$$

$x = 0$ oder $x^2 - 4x + 4 = 0$

$x_1 = 0$ binomische Formel oder:

$D = (-4)^2 - 4 \cdot 4 = 0$

eine Lösung $x_2 = \frac{-(-4)}{2} = 2$

In der faktorisierten Form des Funktionsterms gibt der Exponent des dazugehörigen Linearfaktors die Art der Nullstelle an.
Die Art der Nullstelle bestimmt das Verhalten der Funktionswerte links und rechts einer Nullstelle:
einfache Nullstelle – Vorzeichenwechsel
doppelte Nullstelle – kein Vorzeichenwechsel

Der Funktionsterm $f(x) = -0{,}5x^3 + 2x^2 - 2x$ lässt sich faktorisieren:
$f(x) = -0{,}5x(x^2 - 4x + 4) = -0{,}5x(x-2)^2$
Der Faktor x hat den Exponenten 1.
$\Rightarrow x_1 = 0$ ist eine einfache Nullstelle.
Der Linearfaktor $(x - 2)$ hat den Exponenten 2.
$\Rightarrow x_2 = 2$ ist eine doppelte Nullstelle

Bestimmen der Vorzeichen der Funktionswerte

Sie lassen sich aus der faktorisierten Form des Funktionsterms mithilfe einer Vorzeichentabelle ermitteln.

	$x < 0$	$0 < x < 2$	$x > 2$
$-0{,}5$	–	–	–
x	–	+	+
$(x-2)^2$	+	+	+
$f(x)$	+	–	–

Bestimmen des Verhaltens der Funktionswerte im Unendlichen

Ausschlaggebend ist der Term mit der höchsten Potenz von x in der ausmultiplizierten Form des Funktionsterms.

Man betrachtet in $f(x) = -0{,}5x^3 + 2x^2 - 2x$ das Verhalten des Terms $-0{,}5x^3$ und erhält:
$f(x)$ geht für x gegen ∞ gegen $-\infty$.
$f(x)$ geht für x gegen $-\infty$ gegen ∞.

Skizzieren des Graphen

- Schnittpunkte mit den Achsen einzeichnen.
- Auf der Grundlage der Vorzeichentabelle die **Felder abstreichen**, in denen der Graph nicht verläuft.
- Berücksichtigung der Art der Nullstellen und des Verhaltens im Unendlichen.

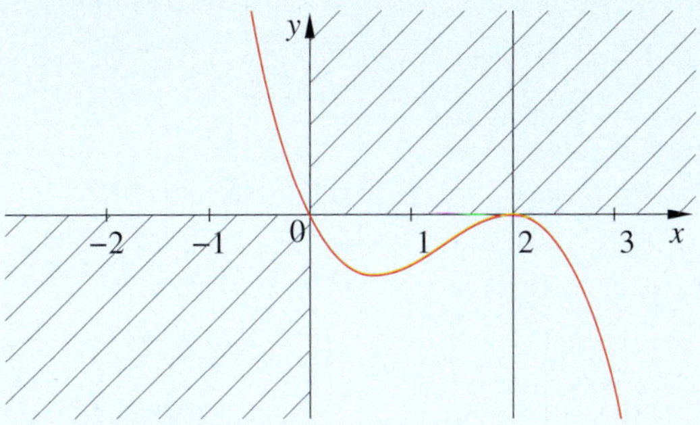

Überblick über bisher behandelte Funktionstypen

	Lineare Funktionen $x \mapsto mx + t$	**Quadratische Funktionen** $x \mapsto ax^2 + bx + c, a \neq 0$ **Scheitel** $S(x_S \mid y_S)$	**Potenzfunktionen mit natürlichen Exponenten** $x \mapsto x^n$
Beispiele	$x \mapsto 2x - 5$	$x \mapsto 0{,}5x^2 - 2x + 1$	$x \mapsto x^3$
(An dem mit einem Funktionsplotter erzeugten Graphen lassen sich bereits wesentliche Eigenschaften der Funktion ablesen.)	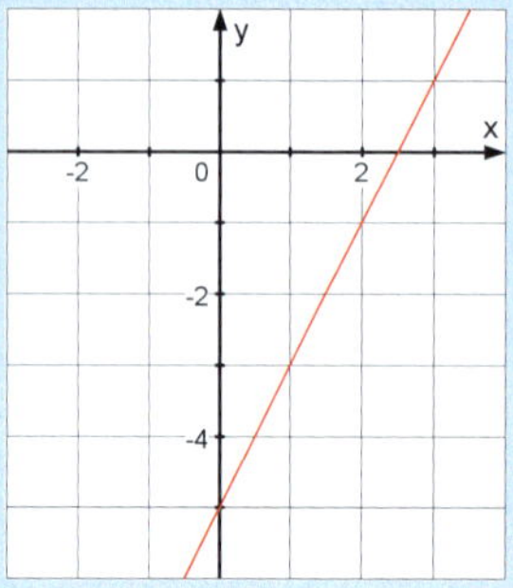	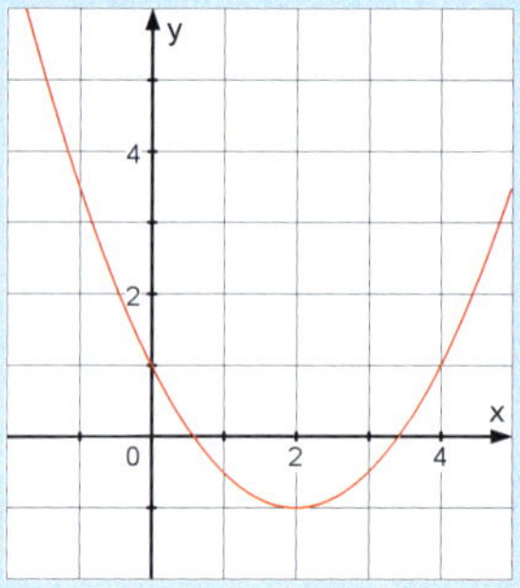	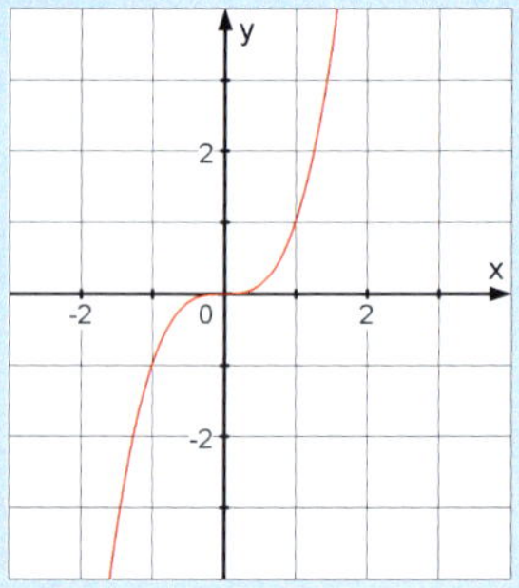
Maximale Definitionsmenge	$\mathbb{R}$	$\mathbb{R}$	$\mathbb{R}$
Symmetrie des Graphen (Zu Kriterien für die Symmetrie von Graphen siehe das noch folgende Teilkapitel 7.3.)	achsensymmetrisch nur für $m = 0$; punktsymmetrisch zu jedem Punkt des Graphen	achsensymmetrisch zur Geraden $x = x_S$	achsensymmetrisch zur y-Achse, wenn der Exponent gerade, punktsymmetrisch zum Ursprung, wenn der Exponent ungerade ist
Nullstellen	genau eine Nullstelle für $m \neq 0$	abhängig von der Diskriminante $D = b^2 - 4ac$ keine ($D < 0$), genau eine ($D = 0$) oder zwei verschiedene Nullstellen ($D > 0$)	jeweils $x = 0$
Extrempunkte	keine Extrempunkte für $m \neq 0$	Scheitel ist Maximum für $a < 0$, Minimum für $a > 0$	für gerades n ist der Scheitel im Koordinatenursprung Minimum
Steigungsverhalten des Graphen	steigend für $m > 0$, fallend für $m < 0$	falls $a > 0$: steigend für $x > x_S$, fallend für $x < x_S$; umgekehrt für $a < 0$	falls n ungerade: steigend; falls n gerade: fallend für $x < 0$, steigend für $x > 0$
Wertemenge	$\mathbb{R}$ für $m \neq 0$	$[y_S; \infty[$ für $a > 0$; $]-\infty; y_S]$ für $a < 0$	$\mathbb{R}$ für n ungerade; $[0; \infty[$ für n gerade

Ganzrationale Funktionen	**Einfache gebrochen-rationale Funktionen**	**Trigonometrische Funktionen** $x \mapsto a\sin(bx + c)$ **bzw.** $x \mapsto a\cos(bx + c),\ a \neq 0$	**Exponentialfunktionen** $x \mapsto a^x$ **mit Basis** $a > 0$ **und** $a \neq 1$
$x \mapsto 2x^4 + 4x^3 - x - 3$	$x \mapsto \frac{2x+1}{x-1}$	$x \mapsto 4\sin(1{,}5x - \pi)$	$x \mapsto 2{,}5^x$
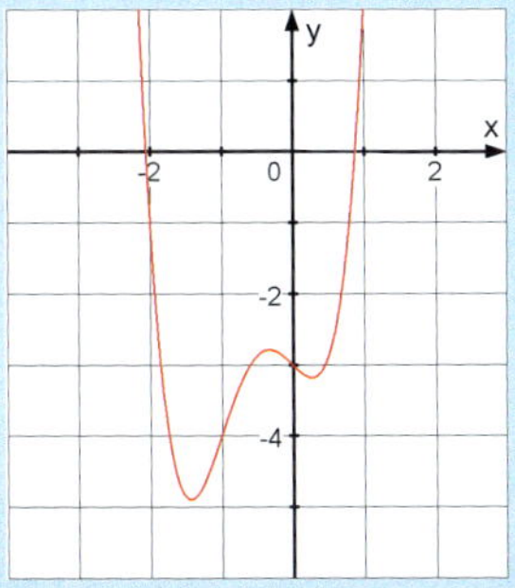	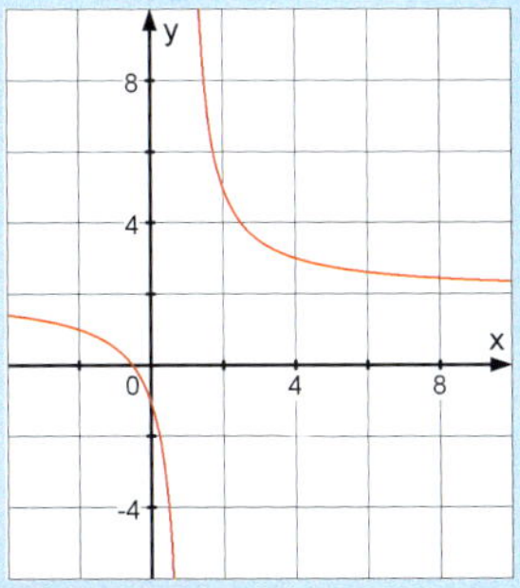	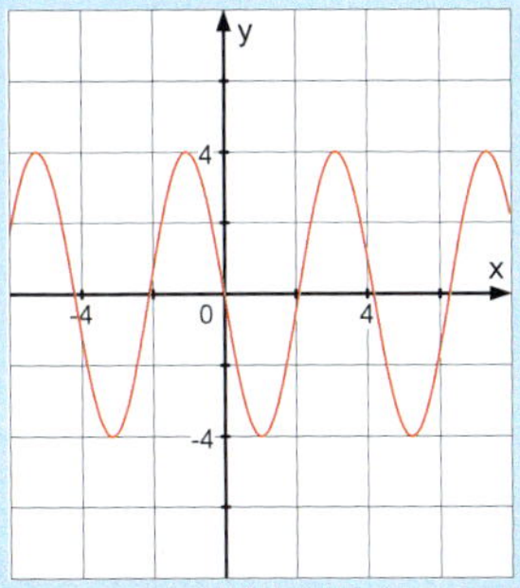	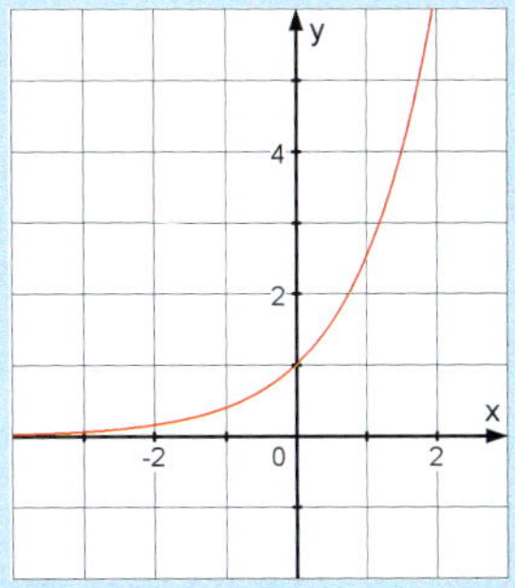
ℝ	ℝ \ {Nullstellen des Nenners}	ℝ	ℝ
achsensymmetrisch zur y-Achse, wenn alle Exponenten gerade sind, punktsymmetrisch zum Ursprung, wenn alle Exponenten ungerade sind und das absolute Glied a_0 null ist	punktsymmetrisch, wenn der Zähler achsen-, der Nenner punktsymmetrisch ist (oder umgekehrt), achsensymmetrisch, wenn beide punkt- bzw. achsensymmetrisch sind	unendlich viele Symmetrieachsen (durch die Extrema), unendlich viele Symmetriepunkte (die Schnittpunkte mit der x-Achse)	weder achsen- noch punktsymmetrisch
maximal so viele Nullstellen wie der Grad, Berechnung der Nullstellen durch Faktorisierung – soweit möglich	Nullstellen des Zählers, soweit diese in der Definitionsmenge liegen	unendlich viele Nullstellen	keine Nullstellen
		unendlich viele Minima und Maxima	keine Extrempunkte
		aus der Lage der Extrema ablesbar	steigend für $a > 1$; fallend für $a < 1$
		$[-a; a]$ für $a > 0$ $[a; -a]$ für $a < 0$	$]0; \infty[$

Parameter verändern Funktionsgraphen

Veränderungen im Funktionsterm[1]	Auswirkung auf den Funktionsgraphen	Beispiele
$g(x) = f(x) + b$	Verschiebung um den Wert b in Richtung der y-Achse.	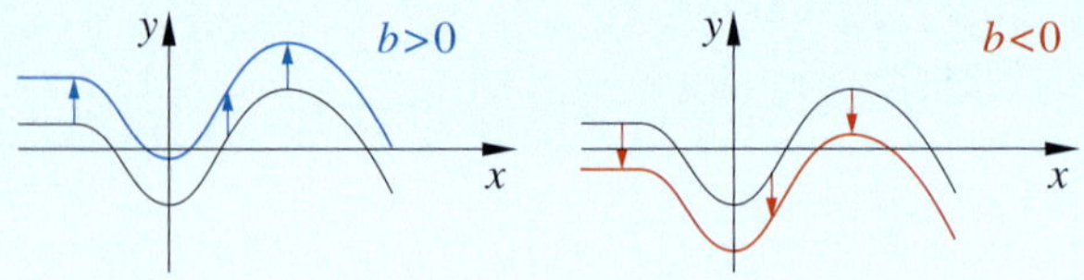
$g(x) = a \cdot f(x)$ $(a \neq 0)$	Streckung mit dem Faktor a in Richtung der y-Achse. Für $\lvert a \rvert < 1$ bedeutet das eine Stauchung, für $a < 0$ zusätzlich eine Spiegelung an der x-Achse.	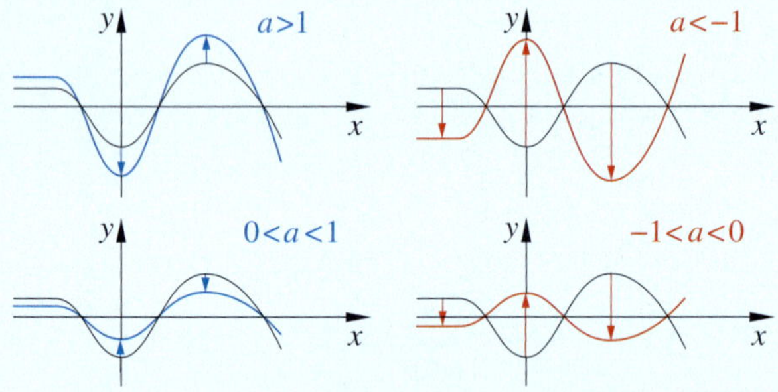
Spezialfall: $g(x) = -f(x)$	Spiegelung an der x-Achse.	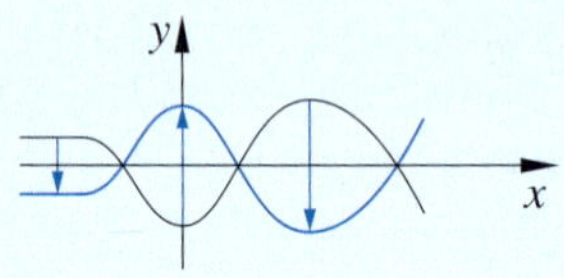
$g(x) = f(x + d)$	Verschiebung um den Wert $-d$ in Richtung der x-Achse.	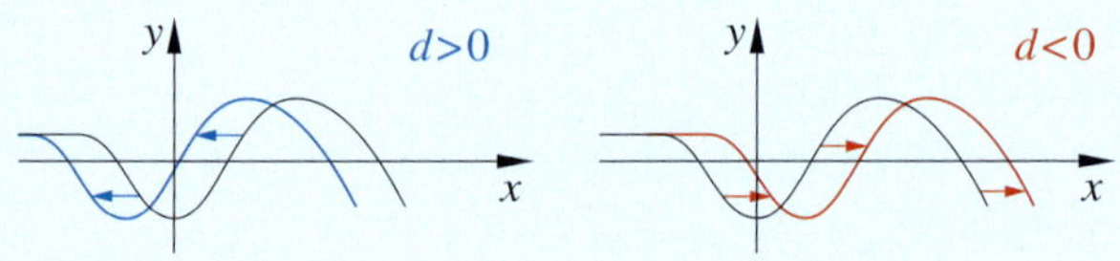
$g(x) = f(c \cdot x)$ $(c \neq 0)$	Streckung mit dem Faktor $\frac{1}{c}$ in Richtung der x-Achse (Stauchung für $\lvert c \rvert > 1$). Für $c < 0$ bedeutet das zusätzlich eine Spiegelung an der y-Achse.	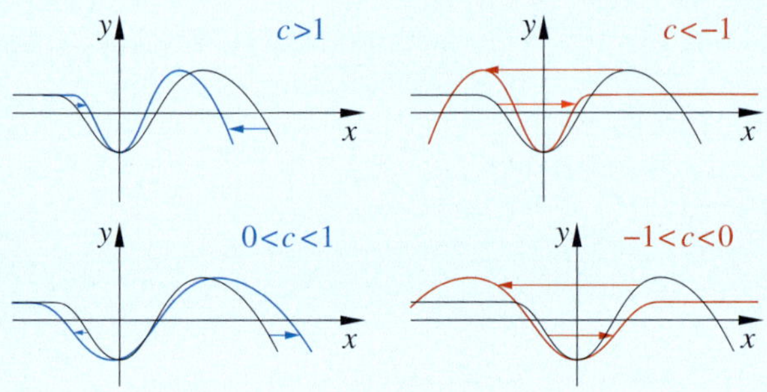
Spezialfall: $g(x) = f(-x)$	Spiegelung an der y-Achse.	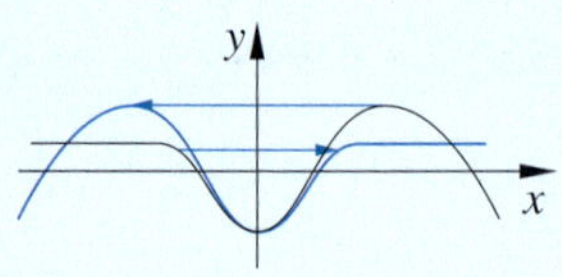

[1] Wirken mehrere solcher Parameter zusammen, ist es entscheidend, die richtige Reihenfolge zu berücksichtigen.

Grenzwerte von Funktionen

D **Der Grenzwert der Funktion f für $x \to \infty$ ist unendlich,** wenn jede noch so große vorgegebene (natürliche) Zahl S ab einem **genügend großen x** von allen Funktionswerten übertroffen wird.
Schreibweise: $\lim\limits_{x \to \infty} f(x) = \infty$

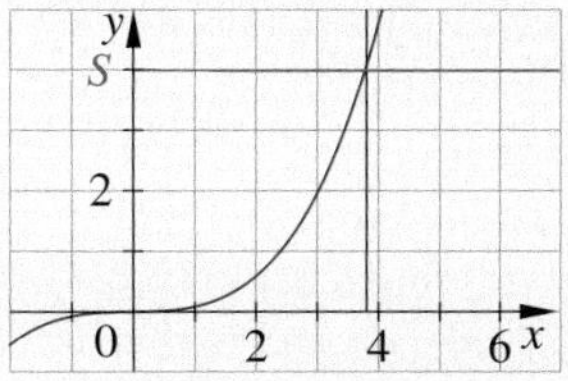

D **Für $x \to \infty$ konvergiert die Funktion f gegen a,** wenn gilt: Die Funktionswerte $f(x)$ liegen beliebig nahe bei a, wenn man nur **x hinreichend groß** wählt.
Schreibweise: $\lim\limits_{x \to \infty} f(x) = a$

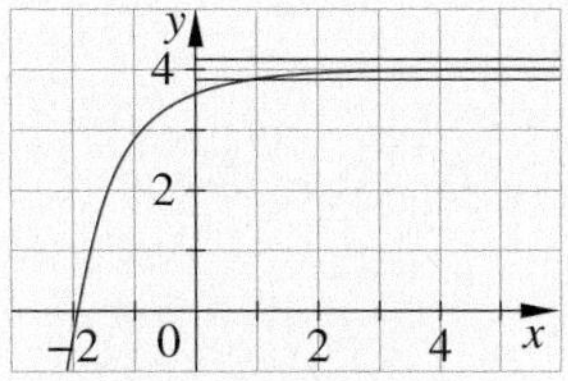

Grenzwert 4, einseitige Annäherung von unten

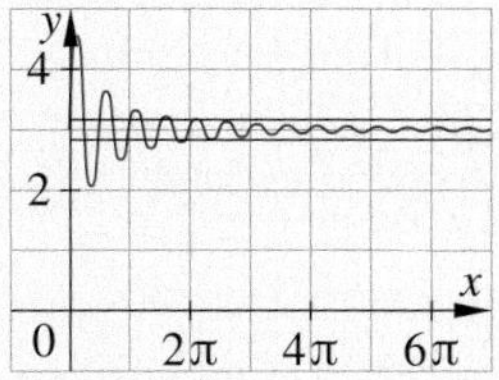

Grenzwert 3, oszillierende Annäherung

Es gibt auch Funktionen wie die Sinusfunktion, die gar keinen Grenzwert für $x \to \infty$ haben.

Grenzwerte, die Sie auswendig wissen sollten:

$\lim\limits_{x \to \infty} x^n = \infty$	für $n \in \mathbb{N}$
$\lim\limits_{x \to -\infty} x^n = \infty$	für $n \in \mathbb{N}$, n gerade
$\lim\limits_{x \to -\infty} x^n = -\infty$	für $n \in \mathbb{N}$, n ungerade
$\lim\limits_{x \to \infty} \frac{1}{x^n} = \lim\limits_{x \to -\infty} \frac{1}{x^n} = 0$	für $n \in \mathbb{N}$
$\lim\limits_{x \to \infty} a^x = \lim\limits_{x \to -\infty} a^{-x} = \infty$	für $a > 1$
$\lim\limits_{x \to -\infty} a^x = \lim\limits_{x \to \infty} a^{-x} = 0$	für $a > 1$

Berechnung von Grenzwerten von Funktionen für $x \to \pm\infty$:
Bei der Berechnung von Grenzwerten von rationalen Funktionen für $x \to \pm\infty$ greift man auf die bekannten Grenzwerte für Potenzfunktionen zurück (siehe oben).

Eine ganzrationale Funktion verhält sich für $x \to \pm\infty$ wie der Summand mit dem höchsten Exponenten im Funktionsterm.

$f\colon x \mapsto -2x^3 - 2x^2 - 3x + 10$ verhält sich für $x \to \pm\infty$ wie die Funktion $x \mapsto -2x^3$. Also gilt:
$\lim\limits_{x \to \infty} f(x) = -\infty$ und $\lim\limits_{x \to -\infty} f(x) = \infty$

Bei gebrochen-rationalen Funktionen klammert man in Zähler und Nenner jeweils die höchste vorkommende Potenz von x aus, kürzt soweit wie möglich und schreibt die verbleibende Potenz von x (Exponent kann auch negativ sein) als Faktor vor den Bruch. Der Grenzwert der Funktion ergibt sich dann aus dem Grenzwert dieser Potenzfunktion und dem reellen Grenzwert des Bruchs.

$f\colon x \mapsto \frac{-3x^2 + 1}{2x^4 - 10}$

$$\lim_{x \to \infty} \frac{-3x^2 + 1}{2x^4 - 10} = \lim_{x \to \infty} \frac{x^2\left(-3 + \frac{1}{x^2}\right)}{x^4\left(2 - \frac{10}{x^4}\right)}$$

$$= \lim_{x \to \infty} \left[\frac{1}{x^2} \cdot \frac{-3 + \frac{1}{x^2}}{2 - \frac{10}{x^4}}\right] = 0$$

$g\colon x \mapsto \frac{x^2 - 3}{x - 2}$

$$\lim_{x \to -\infty} \frac{x^2 - 3}{x - 2} = \lim_{x \to -\infty} \frac{x^2\left(1 - \frac{3}{x^2}\right)}{x\left(1 - \frac{2}{x}\right)} = \lim_{x \to -\infty} \left(x \frac{1 - \frac{3}{x^2}}{1 - \frac{2}{x}}\right) = -\infty$$

Untersuchen und beschreiben von Funktionen und ihren Graphen

Jeder Term mit einer Variablen kann als Funktionsvorschrift einer Funktion f mit Definitionsmenge D_f interpretiert werden.

Die **maximale Definitionsmenge** der Funktion f ist die maximale Definitionsmenge des Terms. Einschränkungen der Definitionsmenge ergeben sich z. B. daraus, dass
Nenner nicht 0 werden dürfen;
Radikanden nicht kleiner als 0 werden dürfen.

Die folgenden Eigenschaften beschreiben den Graphen von f genauer:

Schnittpunkte mit den Koordinatenachsen
Die Schnittstellen mit der x-Achse sind die Lösungen der Gleichung $f(x) = 0$, soweit diese in D_f liegen.
Für $0 \in D_f$ hat der Schnittpunkt mit der y-Achse die Koordinaten $(0 \mid f(0))$.

Symmetrieverhalten
Achsensymmetrie zur y-Achse, falls $f(-x) = f(x)$ für alle $x \in D_f$.
Punktsymmetrie zum Ursprung des Koordinatensystems, falls $f(-x) = -f(x)$ für alle $x \in D_f$.

Verhalten an den Rändern der Definitionsmenge
Dieses beschreiben für $x \to \pm\infty$ die Grenzwerte $\lim\limits_{x \to \infty} f(x)$ bzw. $\lim\limits_{x \to -\infty} f(x)$, sofern sie existieren.

Steigungsverhalten und Extrempunkte
Steigungsverhalten und Extrempunkte lassen sich bisher nur in Ausnahmefällen aus besonderen Eigenschaften des Funktionsterms bestimmen.

Wertemenge
Da die Wertemenge vom Verhalten an den Rändern von D_f und von möglichen Extrema abhängt, lässt sich diese bisher ebenfalls nur in Ausnahmefällen bestimmen.

Exponentielles Wachstum

Viele Wachstumsvorgänge in Natur, Technik und Wirtschaft lassen sich – zumindest in bestimmten Grenzen – mithilfe einer Exponentialfunktion beschreiben:
$\boldsymbol{x \mapsto y = c \cdot a^x}$ $(x \in \mathbb{R};\ a, c \in \mathbb{R}^+;\ a \neq 1)$.

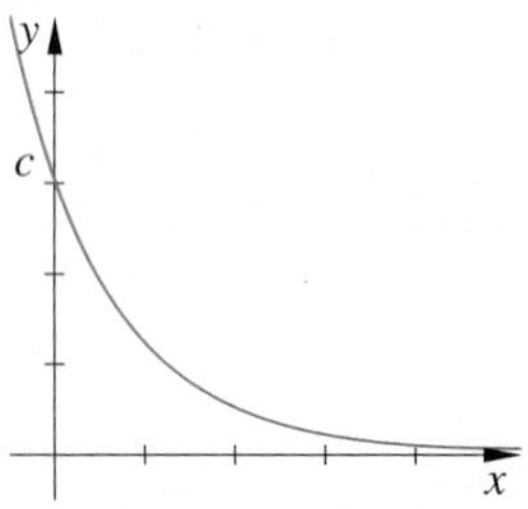

exponentielle Abnahme

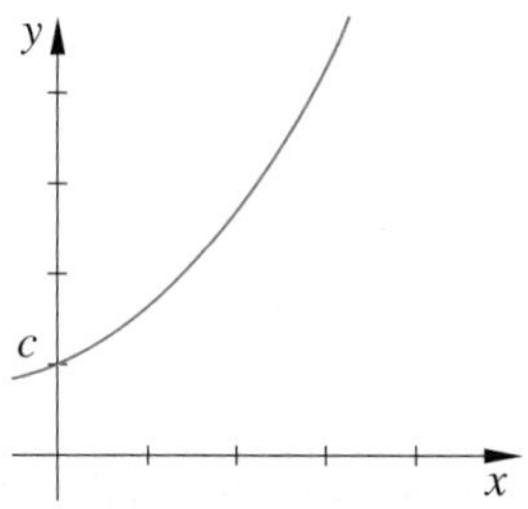

exponentielle Zunahme

Ausgehend von einem **Anfangswert c** verkleinern bzw. vergrößern sich die Funktionswerte y jeweils um einen **konstanten Wachstumsfaktor a**, wenn x jeweils um 1 größer wird.
Im Falle exponentieller Abnahme ist $0 < a < 1$, und bei exponentieller Zunahme ist $a > 1$.

Der zu einem beliebigen Funktionswert $b > 0$ gehörende x-Wert ist eindeutig bestimmt und ergibt sich als Lösung der Exponentialgleichung $c \cdot a^x = b$.

Wird ein Medikament in Normaldosis eingenommen, so hat es anfangs eine Konzentration von 0,8 mg je Liter Blut. Die Konzentration sinkt dann alle drei Stunden auf jeweils die Hälfte ab.
Dieser Vorgang wird im nebenstehenden Bild dargestellt. Dabei ist x die Zahl der vergangenen Halbwertzeiten, t die seit Einnahme vergangene Zeit in Stunden und y die Konzentration in Milligramm pro Liter Blut.

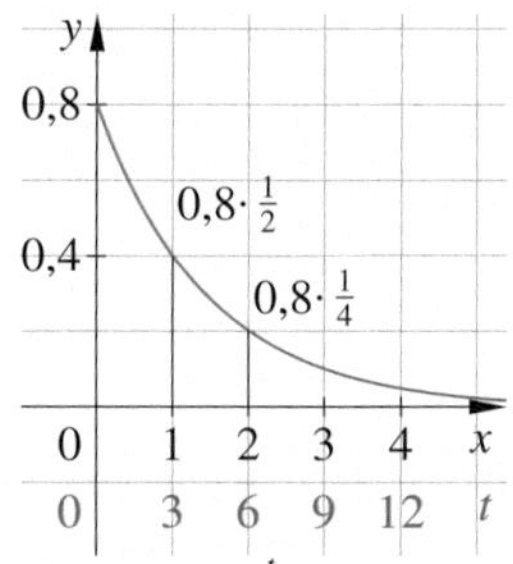

Es gilt: $y = 0{,}8 \cdot 0{,}5^x$ bzw. $y = 0{,}8 \cdot 0{,}5^{\frac{t}{3}}$
Das Medikament ist nur bei einer Konzentration von mindestens 0,3 mg pro Liter wirksam. Nach welcher Zeit muss deshalb die nächste Dosis eingenommen werden?

$0{,}8 \cdot 0{,}5^{\frac{t}{3}} = 0{,}3 \iff 0{,}5^{\frac{t}{3}} = 0{,}3 : 0{,}8 = 0{,}375 \iff$

$\frac{t}{3} \cdot \lg 0{,}5 = \lg 0{,}375 \iff$

$t = \frac{3 \cdot \lg 0{,}375}{\lg 0{,}5} \approx 4{,}25$

Spätestens nach $4\frac{1}{4}$ Stunden muss das Medikament erneut eingenommen werden.

Zusammengesetzte Zufallsexperimente

Sind A und B zwei Ereignisse, die bei einem zusammengesetzten Zufallsexperiment auftreten können, dann sind u. a. folgende Wahrscheinlichkeiten zu unterscheiden:

$\boldsymbol{P(A)}$ ist die Wahrscheinlichkeit für das Eintreten des Ereignisses A.
$\boldsymbol{P(B)}$ ist die Wahrscheinlichkeit für das Eintreten des Ereignisses B.
$\boldsymbol{P(A \cap B)}$ ist die Wahrscheinlichkeit dafür, dass sowohl das Ereignis A als auch das Ereignis B eintritt.
$\boldsymbol{P_A(B)}$ ist die Wahrscheinlichkeit für das Eintreten des Ereignisses B, wenn das Ereignis A eingetreten ist.
$\boldsymbol{P_B(A)}$ ist die Wahrscheinlichkeit für das Eintreten des Ereignisses A, wenn das Ereignis B eingetreten ist.
(Das kann man auch als die Wahrscheinlichkeit dafür interpretieren, dass das Ereignis A eingetreten ist, wenn das Ereignis B beobachtet wird.)

Die Wahrscheinlichkeiten $P_A(B)$ und $P_B(A)$ werden als **bedingte Wahrscheinlichkeit** bezeichnet.

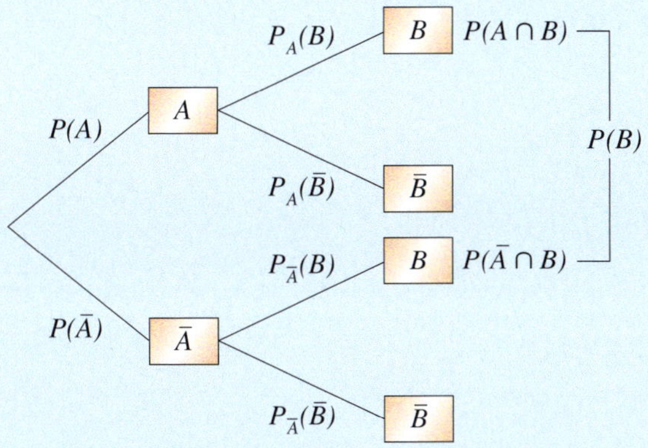

Nach den beiden bekannten **Pfadregeln** gilt:
(I) $\boldsymbol{P(A \cap B) = P(A) \cdot P_A(B)}$
(II) $\boldsymbol{P(B) = P(A \cap B) + P(\bar{A} \cap B)}$

Aus der Pfadregel (I) folgt für $P(A) \neq 0$:

$$\boldsymbol{P_A(B) = \frac{P(A \cap B)}{P(A)}}$$

Analog gilt für die bedingte Wahrscheinlichkeit $P_B(A)$:

$$\boldsymbol{P_B(A) = \frac{P(A \cap B)}{P(B)}} \qquad \text{für } P(B) \neq 0$$

Beispiel für eine Realsituation
Im Durchschnitt leidet von 10 000 Neugeborenen eines an einer Stoffwechselkrankheit, die schlimme Folgen hat, wenn sie nicht früh genug erkannt wird. Bei rechtzeitiger Behandlung treten jedoch keine Folgeschäden auf.
Ein zur Früherkennung dieser Stoffwechselkrankheit verwendeter Test zeigt in 0,05 % der Fälle ein negatives Ergebnis trotz Vorliegens der Stoffwechselerkrankung, und in 0,4 % der Fälle zeigt er ein positives Ergebnis, obwohl die Stoffwechselerkrankung nicht vorliegt.
Wie hoch ist im Falle eines positiven Testergebnisses die Wahrscheinlichkeit für das Vorliegen der Stoffwechselerkrankung?

Systematisches Vorgehen bei der Lösung des Problems
Für ein erfolgreiches Lösen von Problemen, bei denen bedingte Wahrscheinlichkeiten auftreten, können die auf Seite 104 ausführlich erläuterten Schritte hilfreich sein.

Modellierung und Veranschaulichung
Verwendet man nebenstehendes Baumdiagramm, dann bedeuten:
A: „Neugeborenes leidet an der Stoffwechselkrankheit."
$\bar{A}$: „Neugeborenes leidet nicht an der Stoffwechselkrankheit."
B: „Test zeigt positives Ergebnis"
$\bar{B}$: „Test zeigt negatives Ergebnis"
Gesucht ist $P_B(A)$.

Berechnungen
$P(A) = 0{,}0001 \qquad P(\bar{A}) = 0{,}9999$
$P_A(B) = 0{,}9995 \qquad P_A(\bar{B}) = 0{,}0005$
$P_{\bar{A}}(B) = 0{,}004 \qquad P_{\bar{A}}(\bar{B}) = 0{,}996$
$P(A \cap B) = 0{,}0001 \cdot 0{,}9995 = 0{,}000\,099\,95$
$P(\bar{A} \cap B) = 0{,}9999 \cdot 0{,}004 = 0{,}003\,999\,6$
$P(B) = 0{,}000\,099\,95 + 0{,}003\,999\,6 = 0{,}004\,099\,55$

$$P_B(A) = \frac{P(A \cap B)}{P(B)} = \frac{0{,}000\,099\,95}{0{,}004\,099\,55} \approx 0{,}024$$

Interpretation
Auch bei einem positiven Testergebnis, ist die Wahrscheinlichkeit für das Vorliegen der Stoffwechselkrankheit nur relativ gering, nämlich 2,4 %.

Bildnachweis: artur, Köln: 81. Cornelsen Verlagsarchiv: 108. Volker Döring, Hohen-Neuendorf: 65. Getty images: 61. Getty images Deutschland: 23. Getty images Deutschland, München/Hisham F. Ibrahim: 39. Globus Infografik, Hamburg: 57. Alexander Grobe, Berlin: 88. Mauritius, Hamburg: 103. Ristorante Cacciatori Colle Valcolla (CH): 87. Silvia Rohling, Waltrop: 5.